한국건축문화유산

## 사찰대방건축

THE DAEBANG BUILDING
IN BUDDHIST TEMPLES OF KOREA

글·사진 김성도

# 머 리 말

외부의 영향에 노출되지 않은 고유한 건축은 많은 것을 담게 된다. 그 지역의 풍토와 문화를 담는 한편 그 곳에 사는 사람들의 삶과 지혜를 담으며, 건립 당시의 기술과 심미안 또한 담게 된다.

현존하는 건축물에 대한 연구는 이러한 담긴 것에 대한 해석을 시도하는 것이라 하겠으며, 온전한 건축물을 대상으로 한 해석은 다른 어떤 분야보다도 정확하고 다양하게 그것이 지어진 시대를 이해할 수 있게 한다.

반면 외부의 영향에 노출된 고유한 건축은 또 다른 것까지 담아 전하게 된다. 기존과의 차별화된 모습을 통해 영향의 본질까지도 담아 전하는 것이다.

따라서 지난날 건립된 현존 건축물은 기록물인 문헌과 함께 짓던 당시의 상황을 가장 정확하고도 종합적으로 현재에까지 전달하는 1차적 사료가 되며, 이에 대한 연구는 건축사(建築史)의 기본적이고도 핵심적인 사항이라 할 수 있다.

이 책에서는 이러한 원칙에 바탕을 두고, 조선말기에 서울·경기 일원에서 등장한 새로운 형식의 불전인 대방(大房)-염불당-을 대상으로 살펴보았다.

대방(염불당)은 조선말기 당시 중심영역에서 주불전 앞에 위치하여, 주불전을 극락 9품 중 가장 높은 서방정토를 의미하는 공간으로 설정하고 그 실제적·상징적 예배 대상으로 삼아 바라보면서, 서방정토(극락) 왕생을 위해 염불 수행을 하도록 구성된 불전이다.

여기서는 조선말기를 대표하는 건축물의 하나로서 이러한 대방을 대상으로 용어 정의, 형성 배경과 전개 과정, 내·외부 공간 구성과 입면 의장 특성, 그리고 이러한 대방이 나타나게 된 기원을 밝혔으며, 이로부터 대방의 등장과 발전 및 위축되는 전체 과정을 연속적으로 파악하면서 이 건축물에 내재된 우리나라의 공간 정서와 철학을 고찰하도록 하였다.

이를 위해 필자는 박사학위논문의 대방 관련 내용을 골격으로 하고, 대한건축학회와 일본건축학회 및 국제학술대회에 지속적으로 발표한 후속 연구 성과를 더하여 집필하였다.

나아가 이 책의 마지막에는 일본 정토종 사찰의 외부 공간 구성에 관한 내용을 추가하여 기술하였는데, 이는 필자가 한국과학재단의 지원으로 일본에서 박사후해외연수 과제를 수행하면서 살펴 본 일본 사찰과의 비교 과정에서, 조선말기 정토 신앙의 성행으로 성립된 대방 건축의 문화적 독창성이 더욱 돋보였기 때문이다.

이 책은 역사를 제대로 바라보고, 해석할 수 있도록 바른 가르침을 주신 주남철 교수님의 각별한 지도와 적극적인 불교계의 협조 및 문화재청에 계신 여러분의 격려에 힘입어 결실을 맺을 수 있었기에 거듭 감사 드리며, 언제나 든든한 동반자로서 온갖 어려움을 대신해 준 아내에게 이 자리를 빌려 고마움을 전한다.

끝으로 이 책이 우리 전통 건축 역사에 대한 기록으로서뿐 아니라 한국 전통 건축의 우수성을 재인식하고 이를 현대에 활용할 수 있는 작은 계기가 될 수 있기를 바란다.

# 차 례

머리말 ············································································································ 3

## 제1장 대방 - 염불당 - 건축의 출현과 기원 ···································· 9
1. 서울·경기 일원 대방의 형성배경과 정의 ········································· 11
    (1) 머리말 ····································································································· 11
    (2) 형성배경과 정의 ·················································································· 13
2. 선암사 육방과 별방제 ············································································ 26
3. 서울·경기 일원 대방의 평면 구성 ····················································· 28
4. 건봉사와 해인사 홍제암 분석과 대방의 기원 ································ 31
    (1) 건봉사 ····································································································· 32
    (2) 해인사 홍제암 ······················································································ 46
    (3) 대방의 기원 ·························································································· 50

## 제2장 공간 특성 ····························································································· 53
1. 외부공간 ····································································································· 53
    (1) 대방 구성 사찰의 진입 특성 ····························································· 68
    (2) 시지각적 측면에서 본 외부 공간 특성 ·········································· 71
2. 내부공간 ····································································································· 78
3. 소결 ············································································································· 95

## 제3장 의장 고찰 ····························································································· 97
1. 기단부 ········································································································· 99
2. 축부 ············································································································· 101
    (1) 초석 ·········································································································· 101
    (2) 기둥 ·········································································································· 103
    (3) 벽체 ·········································································································· 107
3. 공포부 ········································································································· 112
4. 지붕부 ········································································································· 118
5. 소결 ············································································································· 121

## 제4장 일본의 정토계 사찰 공간 ······························································· 123

맺음말 ············································································································ 129

INTRODUCTION ····························································································· 130

CONTENTS ········································································································· 131

SUMMARY ········································································································ 132

참고문헌 ········································································································ 135

찾아보기 ········································································································ 140

# CONTENTS

## 표 목차

- 【 표 1-1 】 연구대상 대방 건축물 ········· 12
- 【 표 1-2 】 대방의 전면 돌출 누 유무 및 누 이름 ········· 16
- 【 표 1-3 】 주불전과 함께 구성된 사찰 대방 ········· 19
- 【 표 1-4 】 주불전으로 역할을 한 암자 규모의 사찰 대방 ········· 20
- 【 표 1-5 】 대방의 타 명칭, 큰 방의 용도 및 위치 ········· 22
- 【 표 1-6 】 대방의 평면 구성 ········· 30
- 【 표 2-1 】 연구 대상 건축물 ········· 58
- 【 표 2-2 】 대방 구성 사찰의 중정 진입 방식 ········· 69
- 【 표 2-3 】 주불전에 대한 대방 위치 및 주불전과 대방간 거리 ········· 71
- 【 표 2-4 】 주불전 전면과 대방 전후면의 마당 크기 ········· 76
- 【 표 2-5 】 대방 익누의 창가에서 바라 본 시축에 대한 하향각(下向角) ········· 77
- 【 표 2-6 】 대방의 구성 요소별 규모 ········· 91
- 【 표 3-1 】 서울·경기 일원에 건립된 의장 연구 대상 대방 ········· 97
- 【 표 3-2 】 대방의 기단 형태와 위치 ········· 99
- 【 표 3-3 】 각 대방의 초석 형태와 위치 ········· 101
- 【 표 3-4 】 각 대방의 기둥 형태와 위치 ········· 104
- 【 표 3-5 】 각 대방의 벽체 구성 ········· 108
- 【 표 3-6 】 각 대방 부엌의 환기창 구성 ········· 111
- 【 표 3-7 】 각 대방의 공포양식과 사용위치 ········· 113
- 【 표 3-8 】 각 대방의 익공 쇠서 구성 ········· 114
- 【 표 3-9 】 각 대방의 봉두 설치 여부 ········· 117
- 【 표 3-10 】 각 대방의 지붕 장식 부재 형태 ········· 119
- 【 표 3-11 】 각 대방의 천장 구성 형태 ········· 120

## 사진 목차

- 【 사진 1-1 】 용주사 천보루 전경 ········· 15
- 【 사진 1-2 】 건봉사 신축 극락전 지역 1930년대 전경 ········· 41
- 【 사진 1-3 】 해인사 홍제암 전경 ········· 47
- 【사진 2-1】 천축사 대방 전경 ········· 54
- 【사진 2-2】 석남사 대방 전경 ········· 54
- 【사진 2-3】 견성암 대방 전경 ········· 54
- 【사진 2-4】 용궁사 대방 전경 ········· 54
- 【사진 2-5】 흥천사 대방 전경 ········· 54
- 【사진 2-6】 화계사 대방 전경 ········· 54
- 【사진 2-7-1】 보광사 대방 전경 ········· 55
- 【사진 2-7-2】 보광사 대방 전경 ········· 55
- 【사진 2-8】 흥국사 대방 전경 ········· 55
- 【사진 2-9】 경국사 대방 전경 ········· 55
- 【사진 2-10】 운수암 대방 전경 ········· 55
- 【사진 2-11】 봉영사 대방 전경 ········· 55
- 【사진 2-12】 미타사 대방 전경 ········· 56
- 【사진 2-13】 백련사 대방 전경(강화군 하점면 소재) ········· 56
- 【사진 2-14】 청원사 대방 전경 ········· 56
- 【사진 2-15】 용문사 대방 전경(경기도 양평군 소재) ········· 56
- 【사진 2-16】 지장사 대방 전경 ········· 56
- 【사진 2-17】 적석사 대방 전경 ········· 56

# 차 례

【사진 2-18】 개운사 대방 전경 ················································ 57
【사진 2-19】 흥국사 대방 전경(고양시 지축동 소재) ················ 57
【사진 2-20】 봉은사 대방 전경 ················································ 57
【사진 2-21】 안정사(청련사) 대방 전경 ···································· 57
【사진 2-22】 용문사 대방 후면(경기도 양평군 소재) ················ 72
【사진 2-23】 견성암 대방 내 큰 방에서 바라본 굴법당 모습 ···· 75
【사진 2-24】 용궁사 대방 내 큰 방에서 바라본 관음전 모습 ···· 75
【사진 2-25】 청원사 대방 내 큰 방에서 바라본 관음전 모습 ···· 75
【사진 2-26】 흥국사 대방 내 큰 방에서 바라본 약사전 모습(고양시 소재) ··· 75
【사진 3-1】 화계사 대방 전면 기단 ········································ 100
【사진 3-2】 보광사 대방 전면 기단 ········································ 100
【사진 3-3】 흥국사 대방 전면 기단 (남양주시 별내면 소재) ··· 100
【사진 3-4】 용궁사 대방 전면 기단 ········································ 100
【사진 3-5】 경국사 대방 우측 누하 초석 ······························· 102
【사진 3-6】 운수암 대방 좌측부 초석 ···································· 102
【사진 3-7】 흥국사 대방 측후면 초석 (고양시 지축동 소재) ··· 103
【사진 3-8】 흥국사 대방 전면 마루 (고양시 지축동 소재) ······ 105
【사진 3-9】 보광사 대방 좌측면 벽체 ···································· 109
【사진 3-10】 흥국사 대방 좌측면 벽체(남양주시 별내면 소재) · 109
【사진 3-11】 용궁사 대방 좌측면 벽체 ···································· 109
【사진 3-12】 봉은사 대방 우측면 벽체 ···································· 110
【사진 3-13】 흥천사 대방 좌측면 부엌문 상부 홍살 ··············· 112
【사진 3-14】 보광사 대방 후면 부엌문 상부 홍살 ·················· 112
【사진 3-15】 흥국사 대방 좌측면 부엌문 상부 홍살 (남양주시 소재) ··· 112
【사진 3-16】 용궁사 대방 후면 부엌문 상부 살창 ·················· 112
【사진 3-17】 화계사 대방 전면 익공 ······································ 115
【사진 3-18】 백련사 대방 전면 공포 (강화군 하점면 소재) ···· 115
【사진 3-19】 흥천사 대방 전면 공포 ······································ 115
【사진 3-20】 흥국사 대방 좌측 익누부 공포 (남양주시 별내면 소재) ··· 115
【사진 3-21】 경국사 대방 전면 공포 ······································ 115
【사진 3-22】 운수암 대방 전면 공포 ······································ 115
【사진 3-23】 용궁사 대방 전면 공포 ······································ 116
【사진 3-24】 흥국사 대방 우측 익누부 공포 (고양시 지축동 소재) ··· 116
【사진 3-25】 개운사 대방 전면 공포 ······································ 116
【사진 3-26】 봉은사 대방 전면 우측 귀공포 ·························· 117
【사진 3-27】 흥천사 대방 전면 봉두 ······································ 118
【사진 3-28】 운수암 대방 전면 봉두 ······································ 118
【사진 3-29】 경국사 대방 용마루 상부 ·································· 119
【사진 3-30】 봉은사 대방 용마루 상부 ·································· 119
【사진 3-31】 보광사 대방 만세루 상부 천장 ·························· 121
【사진 3-32】 흥국사 대방 우화루 상부 천장 (고양시 지축동 소재) ··· 121
【사진 4-1】 죠오간지(乘願寺) 산문과 뒷편의 혼도오(本堂) 모습 ··· 125
【사진 4-2】 죠오간지(乘願寺) 혼도오(本堂) 정면 모습 ············ 125
【사진 4-3】 유우텐지(祐天寺) 니오오몬 (仁王門) 전측면 ········ 125
【사진 4-4】 유우텐지(祐天寺) 혼도오(本堂) 정면 모습 ············ 125
【사진 4-5】 조오죠오지(增上寺) 산게다츠몬 (三解脫門) 전면 ·· 127
【사진 4-6】 조오죠오지(增上寺) 신축 주불전 전면 ················· 127
【사진 4-7】 죠오신지(淨眞寺) 혼도오(本堂) 전측면 모습 ········ 127
【사진 4-8】 죠오신지(淨眞寺) 산부쯔도오 下品堂 전측면 ······· 127
【사진 4-9】 죠오신지(淨眞寺) 산부쯔도오 中品堂 정면 ·········· 128
【사진 4-10】 죠오신지(淨眞寺) 산부쯔도오 中品堂 내 불상 3구 ··· 128

# CONTENTS

## 그림 목차

【 그림 1-1 】 건봉사 주불전(극락전) 지역 배치도 ………………… 36
【 그림 1-2 】 건봉사 신축 극락전 지역 배치도 …………………… 38
【 그림 1-3 】 건봉사 배치도 ………………………………………… 40
【 그림 1-4 】 건봉사 팔상전 지역 배치도 ………………………… 42
【 그림 1-5 】 해인사 홍제암 평면도 ……………………………… 47
【 그림 2-1 】 견성암 중심 영역 배치도 …………………………… 59
【 그림 2-2 】 용궁사 중심 영역 배치도 …………………………… 60
【 그림 2-3 】 흥천사 배치도 ………………………………………… 61
【 그림 2-4 】 화계사 배치도 ………………………………………… 61
【 그림 2-5 】 보광사 배치도 ………………………………………… 62
【 그림 2-6 】 흥국사 배치도(남양주 별내면 소재) ……………… 62
【 그림 2-7 】 경국사 배치도 ………………………………………… 63
【 그림 2-8 】 미타사 중심 영역 배치도 …………………………… 63
【 그림 2-9 】 청원사 중심 영역 배치도 …………………………… 64
【 그림 2-10 】 흥국사 중심 영역 배치도(고양시 지축동 소재) … 65
【 그림 2-11 】 봉은사 중심 영역 배치도 …………………………… 66
【 그림 2-12 】 안정사(청련사) 배치도 ……………………………… 67
【 그림 2-13 】 대방 건축물의 시지각 개념도 …………………… 72
【 그림 2-14 】 천축사 대방 평면도 ………………………………… 79
【 그림 2-15 】 청련사 대방 평면도 ………………………………… 79
【 그림 2-16 】 명적암 대방 평면도 ………………………………… 80
【 그림 2-17 】 견성암 대방 평면도 ………………………………… 80
【 그림 2-18 】 용궁사 대방 평면도 ………………………………… 81
【 그림 2-19 】 흥천사 대방 평면도 ………………………………… 81
【 그림 2-20 】 화계사 대방 평면도 ………………………………… 82
【 그림 2-21 】 보광사 대방 평면도 ………………………………… 82
【 그림 2-22 】 흥국사 대방 평면도(남양주시 별내면 소재) …… 83
【 그림 2-23 】 경국사 대방 평면도 ………………………………… 83
【 그림 2-24 】 운수암 대방 평면도 ………………………………… 84
【 그림 2-25 】 봉영사 대방 평면도 ………………………………… 84
【 그림 2-26 】 미타사 대방 평면도 ………………………………… 85
【 그림 2-27 】 백련사 대방 평면도 ………………………………… 85
【 그림 2-28 】 청원사 대방 평면도 ………………………………… 86
【 그림 2-29 】 용문사 대방 평면도 ………………………………… 86
【 그림 2-30 】 석남사 대방 평면도 ………………………………… 87
【 그림 2-31 】 지장사 대방 평면도 ………………………………… 87
【 그림 2-32 】 흥국사 대방 평면도(고양시 지축동 소재) ……… 88
【 그림 2-33 】 봉은사 대방(선불당) 평면도 ……………………… 88
【 그림 4-1 】 에도시대 조오죠오지(增上寺)의 배치 …………… 126
【 그림 4-2 】 죠오신지(淨眞寺) 배치도 …………………………… 128

# 제 1장
# 대방 – 염불당 –
# 건축의 출현과 기원

Appearance of Daebang and Its Origin

　대방(大房)의 사전 풀이를 보면, "모든 중이 한 곳에 모여 밥을 먹는 큰 방"[1]이라 되어 있다. 또 다른 풀이를 보면 '대방'이라는 용어는 보통 승려들이 함께 식사하는 큰 방을 말하지만 이 큰 방이 있는 승방 건물 자체를 가리키기도 한다고 되어 있다[2]. 따라서 협의적 의미로는 승려가 식사하는 큰 방이며, 광의적 의미로는 이 큰 방을 포함하는 건물도 지칭한다는 것인데, 후자에 대한 개념설정은 너무 포괄적이어서 사전적 의미로는 이 책에서 연구 대상으로 삼은 대방[3]을 설명하기에 부족하다고 하겠다.

　한편 이응묵은 "조선시대 후기 서울 도성 주변에 건립된 몇 개의 사찰에서는 법당 앞에 대방이라 하는 큰 복합건물이 세워져 그 중앙에는 불단을 모시고 법회와 강률, 제 법요, 염불 등을 행하는 큰 승당과 그 좌우에 부엌, 작은 승방(개인 방), 누고 등을 갖춘 인법당 형태의 요사채가 보편화되었다"[4]라고 하여 대방을 풀이하면서, 이를 인법당 형태의 요사채로 정의하고 있다[5].

　또한 박언곤은 대방의 일반적인 공통점으로서, 첫째 지어진 연대가 조선시대 후기 이후이고, 둘째 주거용 건물인 요사와는 별도로 존재하며, 셋째 건물 내에 불상을 봉안하여 예불공간으로 사용하고, 넷째 규모 면에서 사찰 내 다른 전각들보다 크며, 다섯째 가람배치에 있어서 본전건물 전방 누각건물 위치에 지어져 본전건물의 폐쇄성을 갖게 하는 것[6]을 들고 있는데, 여기서 대방과 주거용 건물인 요사

---

1) 한국불교대사전편찬위원회, 한국불교대사전 일, 보련각, 1982, p.654
2) 운허용하, 불교사전, 법보원, 1961, p.878 (김성우·정인종,「선암사 육방건축의 형식과 성격」, 대한건축학회논문집, 13권, 10호, 97.10. p.150에서 재인용)
3) 이하 이 책에서는 용어의 혼돈을 방지하기 위해 이 글의 주제로 삼고 있는 '중심 법당 전면의 누각(樓閣) 위치에 자리한 복합건축물로서의 대방'은 그대로 '대방(大房)'으로 표기하며, 대방 내에 있는 큰 방 및 협의적 의미인 '승려가 식사하는 큰 방'을 언급할 때는 '큰 방'으로 표기하도록 한다.
4) 이응묵, 빛깔있는 책들 103-10 요사채, 대원사, p.14
5) 이와 관련하여 김봉렬은 수도권 원당사찰을 대상으로 한 그의 논문에서 "일반적인 사찰에서 대방은 因法堂(혹은 人法堂)이라고도 불리운다"라고 하여 현재의 시점에서 일반화된 의미로 대방을 인법당으로 정의하고 있음을 볼 수 있다. 그러나 이것은 조선말 새롭게 나타난 대방을 지칭하던 당시의 용어는 아니라 하겠다. 김봉렬,「근세기 불교사찰의 건축계획과 구성요소 연구 – 수도권 원당사찰을 중심으로」, 건축역사학회, 4권, 2호, 1995, p.18 참조
6) 박언곤,「봉원사 가람구성과 건축기법」(봉원사실측조사보고서), 서울특별시, 1990, p.58

를 차별화 하는 것을 볼 수 있다.

그리고 김동욱은 『전등사본말사지(傳燈寺本末寺誌)』를 분석[7]하여 대방의 특성을 보다 세부적으로 도출하였는데, 그 내용으로 "첫째 이들 각 사찰은 주로 조선말기인 순조년간에서 구한말 즉 대한제국 시절 사이에 중창되었다는 점, 둘째 많은 사찰이 대방과 요사를 별도로 갖추고 있다는 점, 셋째 여러 건물 중 대방이 규모 면에서 가장 크다는 점"[8]을 들고 있다. 그는 특히 대방과 요사와의 관계를 분석하여 15개 사찰 중 10개 사찰에서 대방과 요사가 함께 있고 나머지 5개 사찰은 대방만 있으며, 그 중 어떤 사찰에서는 대방과 요사 이외에 별도의 전각을 갖추지 않는 경우도 있다고 하였다. 아울러 각 사찰의 전각 가운데 법당이나 대웅전과 같은 본전건물의 창건년대가 사찰의 중건년대보다 훨씬 뒤떨어져 1900년대 이후에 지어지는 사례에 주목하여, 이로부터 본전이 지어지기 전까지 불상을 안치하고 예불을 행하던 곳은 대방이었던 것으로 보여 결국 이러한 사찰에서는 대방이 본전의 기능까지 겸하였을 것[9]이라고 하였다.

이처럼 조선말기 성립된 대방을 인식하고 요사와의 차별화 및 그 특성을 언급한 기존의 연구 이외에 그 형성배경과 관련하여 김봉렬은 19세기 서울·경기 일원에서 전체 사찰 배치가 새롭게 계획되어 나타난 원당(願堂) 사찰의 한 부분으로서 대방을 언급[10]하였다.

이에 대하여 필자는 최근의 연구[11]에서 안성 칠장사 및 남양주 흥국사에서 볼 수 있듯이 기존의 누(樓)자리에 대방이 건립된 사실과 누방(樓房)이라는 명칭이 사용된 점, 그리고 인천 용궁사, 파주 보광

---

7) 흥천사실측조사보고서(p.84~86)에서 김동욱은 조선말기의 대방과 관련해 비교적 구체적인 기록을 남긴 문헌인 『전등사본말사지(傳燈寺本末寺誌)』를 분석하여 전등사와 그에 속한 총 28개 사찰 중에 대방이라는 건물이 들어있는 15개 사찰을 분석하여 발견한 사실을 적고 있다.
8) 흥천사 실측조사 보고서, 서울특별시, 1988, p.84~85
9) 앞의 책, p.85
10) 김봉렬은 그의 논문(근세기 불교사찰의 건축계획과 구성요소 연구)에서 "19세기 수도권의 원당(願堂)들은 애초부터 원당의 기능을 위해 사찰 전체가 계획되었다. 따라서 이전과는 다른 원당 사찰의 형식을 창출하기에 이르렀다"(앞의 논문, p.11)라고 밝히면서 원당 사찰의 한 부분으로서 대방을 논하였고, 원당 기능을 위해 사찰 전체가 새롭게 계획되었다는 사실에 바탕을 두면서 대방의 특성과 그 형식의 연원을 논하고 있다.
11) 대방과 관련하여 필자가 발표한 논문을 정리하면 다음과 같다.
  - 주남철·김성도, 조선말기 서울·경기 일원의 사찰대방건축에 관한 연구, 대한건축학회논문집, 14권, 11호, 98.11. pp.229~240
  - 김성도·주남철, 고종년간 서울·경기 일원의 寺刹 大房 意匠에 관한 연구, 대한건축학회논문집(계획계), 15권, 4호, 1999. 4, pp.163~171
  - 김성도, 조선시대말과 20세기 전반기의 사찰 건축 특성에 관한 연구 – 서울·경기 일원의 佛殿을 중심으로, 고려대학교 박사학위논문, 1999. 8
  - Kim, Seong Do, A Study on the Characteristics of Space of the Daebang Building in Buddhist Temples of Seoul and Gyeonggi Province in the late Chosun Dynasty, Post proceedings of the World Conference on Cultural Design, Yonsei University Press, 2001, pp.650~692
  - 김성도·주남철, 19세기이래 20세기 전반기의 서울·경기 일원에 건립된 寺刹 大房 建築의 평면 계획 특성에 관한 연구, 대한건축학회논문집(계획계), 18권 7호, 2002. 7, pp.67~74
  - 金成都, 19世紀から20世紀前半期までのソウル·京畿地域の寺院大房の外部空間に關する研究, 日本建築學會計劃系論文集, No. 566, Apr., 2003, pp.215~221

사, 서울 화계사의 대방에서처럼 내부에 불단을 두지 않고 주불전을 예불대상으로 삼아 건립된 사실에 주목하여 주불전 전면의 누로부터 기능적으로 발전된 형태로서 대방을 해석하면서[12] 내부의 큰 방 용도 분석을 통해 대방이 염불당임을 밝히고, 당시의 인문적 환경 분석으로부터 그 형성배경과 특성을 고찰한 바 있다. 이 연구 결과로 대방은 조선말의 염불 성행에 따라 주불전 전면에 위치한 누를 기능적으로 분화 발전시켜 염불당으로 구성한 전각이었음을 알 수 있었으며, 이와 함께 조선말 이래로 일제강점기까지 서울·경기 일원에 건립된 대방의 시대별 의장 특성과 내외부 공간 특성 및 대방이 건립된 사찰의 진입 특성 등에 대하여 알 수 있었는데, 이하에서 구체적으로 살펴보도록 한다.

## 1. 서울·경기 일원 대방의 형성배경과 정의

### (1) 머리말

17세기 이후 조선의 사찰은 통불교(通佛敎) 형식[13]이 보편화되었으며, 이들 사찰의 보편적인 건축형식을 보면 중심영역인 대웅전 앞 중정(中庭)을 중심으로 앞을 내다볼 때 좌측에 선방(禪房), 우측에 강당(講堂), 전면에 누각(樓閣)을 배치하고 있다.

그런데 조선시대 말기에 건립된 서울·경기 일원의 사찰에서는 주불전 전면에 누각을 대신하여 "대방"이라 하는 건축물이 자리잡고 있다. 이는 규모면에서 대웅전 등 타 건물보다 훨씬 크며, 기능적으로는 불당(佛堂)에 요사(寮舍)의 기능까지 갖추어 복합적 특성을 갖추고 있다. 이러한 기능 및 특성에 대하여는 앞에서 살펴보았듯이 기존의 실측조사보고서와 논문 및 기타 저서 등을 통해 단편적으로나마 알려져 왔고, 필자의 최근 연구 결과를 통해 보다 구체적인 특성과 형성배경 등을 알 수 있었다.

따라서 이 절에서는 문헌 및 현존 건축물 분석과 함께 조선말 당시 불교계의 상황 고찰을 통해 서울·경기 일원에 건립된 대방의 형성배경과 그 정의를 논함에 있어 그 간의 연구 결과[14]에 추가적으로 밝혀진 부분을 포함시켜 진행하였다.

이 연구는 서울·경기 일원의 사찰을 대상으로 하였으며, 조선시대말기 이래로 대한제국시대까지의 시기에 이들 사찰에서 건립되어 현존하는 대방[15]을 정리하면 표 1-1과 같다.

---

12) 樓자리에 위치하여 樓房이라는 명칭의 사용과 함께, 주불전을 예불공간으로 삼아, 이전의 다수 대중을 수용했던 樓의 역할을 이어받아 대방이 구성되었던 것에서 필자는 樓에서의 단절이 아닌 발전적 개념으로 보고 해석하였다.
13) 종파(宗派)간 구별이 강제적으로 없어진 조선 중기 이후의 불교를 통칭하여 통불교라 한다.(김영태, 韓國佛敎史槪說, 경서원, 1986, p.165). 한편 김봉렬은 그의 논문(조선시대 사찰건축의 전각형식과 배치형식 연구 - 교리적 해석을 중심으로, 서울대 박사논문, 1989, p.152 참조)에서 통불교를 다음과 같이 설명하고 있다. "조선조의 통불교는 여러 종파를 통일한 또 하나의 종파가 아니라, 제 종파간의 구별이 없어진 상태에서 제 종파적 요소가 잔존하고 혼합된 불교를 의미한다. 따라서 건축 구성형식 역시 새롭거나 밖에서 수입된 것이 아니라 기존의 종파적 형식의 보편성을 계승하고 여러 종파적 형식의 특수성이 혼재된 것이라 할 수 있다."
14) 주남철·김성도, 앞의 논문
15) 본 연구 대상과 관련하여 견성암(見聖庵)과 청원사(淸源寺)의 경우 대방이 있음에도 그 동안 밝혀지지 않았던 사찰인데, 답사

### 표 1-1. 연구대상 대방 건축물

| 대상건축물 | 위 치 | 건립연대 | 현존유무 | 비 고 |
|---|---|---|---|---|
| 천축사 대방 | 서울 도봉구 도봉동 549 | 1812년 | 有 | 근래는 1959년 중수. 수차례 중수로 양식이 혼용됨 |
| 견성암 대방 | 남양주시 진건면 송릉리 산 311 | 철종 11년 (1860) | 有 | 고종 19년 중수 기록이 우화루기(雨花樓記)에 나타남 |
| 용궁사 대방 | 인천 중구 운남동 667 | 고종 원년 (1864) | 有 | 전등사본말사지(傳燈寺本末寺誌)에 기록 나타남 |
| 흥천사 대방 | 서울 성북구 돈암 2동 595 | 고종 2년 (1865) | 有 | - |
| 화계사 대방 | 서울 도봉구 수유 1동 487 | 고종 3년 (1866) | 有 | - |
| 보광사 대방 | 파주군 광탄면 영장리 산 13 | 고종 6년 (1869) | 有 | 최근 상량문 기록을 통해 1869년 三創된 것이 밝혀짐 |
| 흥국사 대방 | 남양주시 별내면 덕송리 331 | 고종 7년 (1870) | 有 | 순조 21년 중건후 소실된 것을 재창 |
| 경국사 대방 | 서울 성북구 정릉 3동 753 | 고종 7년 (1870) 개축 | 有 | - |
| 운수암 대방 | 안성군 양성면 방신리 85 | 1870년 무렵 | 有 | - |
| 봉영사 대방 | 남양주시 진접읍 내각리 148 | 고종 14년 (1877) | 有 | 고종14년 절 중수. 대방은 1924년과 1968년 중수 1971년 대웅전 전면의 대방을 현 위치로 이건하면서 부엌부를 콘크리트조로 개축 |
| 미타사 대방 | 서울 성동구 옥수동 395 | 고종 21년 (1884) | 有 | - |
| 백련사 대방 | 강화군 하점면 부근리 231 | 1905년 | 有 | 전등사본말사지(傳燈寺本末寺誌)에 기록 나타남 |
| 청원사 대방 | 안성군 원곡면 성은리 397 | 1908년 | 有 | 대방에 걸린 현판의 작성년도(1908)를 통해 건립년대 추정 |
| 용문사 대방 | 양평군 용문면 신점리 625 | 1909년 | 有 | 1983년 대방 보수때 부엌측 뒤편으로 요사 증축함 |
| 석남사 대방 | 안성군 금광면 상중리 508 | 조선말 | 有 | 涵月禪師(1691~1770)가 절 중창. 이후 정전과 대방 이건. 이 때 마주보는 배치가 아닌 ㄱ자로 변형 |
| 지장사 대방 | 서울 동작구 동작동 305 | 조선말 | 有 | 고종 15년(1878), 1920년 대방 중수 |

이들 대방의 경우 극심한 사찰 환경의 변화로 인해 오늘날 그 명칭과 용도가 원래의 모습에서 변형되는 경우가 적지 않으므로, 대방과 관련된 용어 분석은 조선말기 당시의 문헌 및 자료를 중심으로 진행하였다. 또한 현존 건물의 경우 수차에 걸친 개·보수로 내부 평면 등이 바뀌는 경우가 많으므로 이전의 상황을 잘 알고 있는 승려와의 면담을 통하여 가급적 원래의 상황을 밝혀 이를 중심으로 분석[16]하였으며, 최근 철거되었으나 구체적인 기록이 남아있는 경우 역시 면담을 통해서 추가적인 자료 수집을 행하였다.[17]

---

　　를 통해 대방의 존재를 확인할 수 있었다.
　　견성암의 경우 굴법당(窟法堂) 전면에 대방이 위치하고 있으며, 굴법당과 대방이 축을 이루어 하나의 영역을 구성하고 있고, 그 좌측에 대웅전 영역이 별도로 존재하고 있다. 기내사원지의 기록(p.238)에 "약사전(藥師殿) 앞쪽으로 우화루(雨花樓) 터가 남아 있는데 주초 등의 유구는 드러나지 않았다." 라는 내용이 있는데, 이는 현재 약사전으로 지칭되는 대방이 바로 우화루임을 알지 못하여 기록한 것으로, 존재하지 않는 우화루의 주초가 이를 명백히 반증해주고 있다.
　　또한 청원사의 경우 대웅전 전면에 역시 대방이 위치하고 있는데, 사적기(寺蹟記) 및 사적비(寺蹟碑) 등의 문헌자료가 전하지 않고 사찰 및 건물에 대한 연혁이 불확실하여 대방의 존재가 그 동안 알려지지 않았던 사찰이라 하겠다. 이 사찰의 대방은 석남사, 원통암, 용궁사, 미타사, 양평 용문사, 지장사의 대방과 같이 전면으로 익누(翼樓)구성이 생략된 형식을 취하고 있다. 건물 전면에는 1908년 작성된 현판이 있으며, 장마루가 전면 마루에 사용된 것 등을 종합해 볼 때 이 시기에 건립된 것으로 보인다. 기내사원지(p.673) 및 전통사찰총서(p.310)에서는 이 대방을 요사로 소개하고 있는데, 이는 전하는 문헌자료가 없어 현재의 건물 쓰임새를 기준으로 지칭하였기 때문으로 보인다.
16) 미타사 대방의 경우 원래 'ㄱ'자형 건물로서 현재보다 규모가 컸으나 중수하면서 후면으로 돌출된 익사(翼舍)인 주지실을 없애어 'ㅡ'자형이 되었다. 따라서 현 건물의 이전 상태를 현 주지승인 '재호(宰豪)'와의 면담(1998년 3월 23일)을 통해서 파악하여, 이를 중심으로 분석하였다.
17) 1987년 12월 해체한 원통암(강화군 강화읍 국화리 550)의 법당인 대방(철종 8년 건립)의 경우 청련사에서 15년째 한주로 있는 청민(靑旻)과의 면담(1999년 2월 1일) 및 기내사원지의 내용(p.818)을 통해서 그 평면 구성 등을 알 수 있다. 큰 방을 중심으로

제 1장 | 대방 – 염불당 – 건축의 출현과 기원

### (2) 형성 배경과 정의

　　17세기 이후 규모가 갖추어진 조선 사찰의 보편적인 건축형식은 중심영역에서 대웅전 앞 중정을 중심으로 앞을 내다볼 때 좌측에 선방, 우측에 강당, 전면에 누각을 배치하는 것이었다. 그런데 조선 말기[18]에 이르러 염불과 참선이 성행하였다. 이에 따라 염불당과 선당이 필수적으로 갖추어지게 되었다[19]. 선당(禪堂)은 선방(禪房)으로서 이미 갖추어져 있었으나, 염불당(念佛堂)은 기존의 건축 형식에 없는 것이었다[20]. 따라서 염불당을 갖출 필요성이 나타났다. 염불당에서는 만일회(萬日會) 개최도 행해지므로 많은 대중(大衆)을 수용할 넓은 공간이 필요하였다. 이에 따라 중심영역에서 염불을 수용할 적절한 시설로서 이전부터 일반 신도들의 대규모 법회에 강당으로도 사용되었던 누(樓)를 택하여 이를 분화·발전시켜 염불당으로 사용하고자 한 것을 알 수 있다[21]. 기존의 누 터에 대방이 건립된 흥국사와 칠장사[22] 등에서 그러한 모습을 분명히 볼 수 있으며, 기타 사찰에서도 염불당인 대방이 주불전 전면

---

　　좌측에는 부엌, 우측에는 승방이 오고, 큰방 전후면으로 툇마루가 가설되었으며, 부엌 후면으로 작은 공양주 방이 구성된 형태로 이루어졌음을 청민에게서 확인할 수 있었고, 또한 정면 6간 중 중앙 3간이 마루로 되고 아미타불과 미륵보살이 봉안된 가운데 방에는 조선 후기의 아미타후불정화가 봉안되어 있음을 기내사원지에서 볼 수 있다.

18) 이 글에서 조선 말기는 순조조(1800~1834) 이래의 시기를 지칭한다.

19) 다카하시(高橋亨)는 그의 글(李朝佛敎, 國書刊行會, p.904 참조)에서 순조조 이래로 조선의 상당히 큰 사찰에서는 모두 좌선당(座禪堂)인 선방(禪房), 염불당(念佛堂)인 만일회당(萬日會堂, 대방을 말함), 그리고 교당(敎堂)인 강당(講堂)을 두었음을 밝히고 있다.
　　특히 고종조의 불교계 상황은 당시 불교계의 문제점을 극복하기 위해 한용운이 논술한 "조선불교유신론"을 통해서 잘 알 수 있다. 이 저술에서 당시 불교계 특히 건축분야와 관련된 상황을 살펴보면, 우선 염불당을 두는 것이 유행하였음을 알 수 있는데, 그는 염불당의 폐지를 주장하면서 글 속에서 다음과 같이 당시 염불당에서의 행태를 밝히고 있다. "동일한 불성을 지닌 엄연한 칠척(七尺)의 몸으로 대낮이나 밝은 밤에 모여 앉아 찢어진 북을 치고 깨어진 징을 두들겨 가며 의미 없는 소리도 대답도 없는 이름을 좋음 오는 속에서 부르고 있으니, 이는 과연 무슨 짓일까. 이를 가리켜 염불이라 하다니 어찌도 그리 어두운 것이랴…". 이 내용에서 염불당에 북을 두었음을 알 수 있으며, 흥천사 대방에 있는 북(흥천사 실측조사보고서, p.22)을 통해서 이를 확인할 수 있고, 강화 백련사 및 천축사 대방에서도 북을 볼 수 있다. 또한 사찰 내 선실을 두는 것이 일반화되었음을 알 수 있다. 그는 당시 승려들의 참선이 외형적으로는 매우 성황을 이루었으나, 그 내실을 기하지 못한 것이었다고 보면서 다음과 같이 적고 있다. "최근 조선의 사찰은 외로운 암자나 쇠잔한 절을 제외하고는 절치고 선실이 거의 없는 곳이 없는 형편이니 어찌나 그리도 선의 풍조가 떨치는 것이겠는가.…" 이기영, 「불교사상」(韓國現代文化史大系Ⅱ 學術·思想·宗敎史), 고려대학교 민족문화연구소, 1976, p.722~733 및 한용운, 「조선불교유신론」(한국의 근대사상), 삼성출판사, 1986, p.485~537 참조

20) 서울·경기 지역에서는 19세기 이전에 지어진 이러한 염불당 형식을 찾아볼 수 없겠으나, 다른 지역에 위치한 것으로서 최근 보물 1300호로 지정된 해인사 홍제암에서는 이를 엿볼 수 있다. 이 건축물은 광해군 6년(1614)에 처음 창건한 이래 영조 7년(1731)에 대대적으로 넓혀 개수한 불전으로, 2000년 9월 26일 현재까지도 수행 방편으로서 염불 정진하는 것을 볼 수 있었다. (암자 규모의 사찰에 건립된 염불당으로서 이 홍제암에 대하여는 이 책의 p.46~49 참조)

21) 이와 관련하여 19세기 서울·경기 일원의 원당사찰을 대상으로 한 김봉렬의 논문을 보면, "19세기 수도권의 원당들은 애초부터 원당의 기능을 위해 사찰 전체가 계획되었다. 따라서 이전과는 다른 원당사찰의 형식을 창출하기에 이르렀다"(김봉렬, 앞의 논문, p.11)라고 밝히면서 원당사찰의 한 부분으로서 대방을 논하였다. 그런데 흥국사, 칠장사 등의 경우에서 볼 수 있듯이 이전의 누가 있던 자리에 대방이 들어섰던 사실을 볼 때 원당 기능을 위해 사찰 전체가 새롭게 계획되었다는 사실은 받아들이기 어려우며, 또한 표 1-3 및 1-4에서 정리한 당시의 대방 구성 사찰 가운데 원당과 관련이 있는 사찰은 극소수에 불과한 것을 알 수 있다.

22) 안성군 이중면 칠장리 764 소재.

의 누자리에 건립[23]된 것에서 그러한 사실을 알 수 있다. 누방(樓房)이란 용어가 사용[24]된 것도 이러한 사실을 뒷받침한다고 하겠다. 그리고 대방 내부에 별도의 불단(佛壇)을 두지 않고 전면에 위치한 주불전을 예배 대상으로 삼도록 구성한 용궁사, 화계사[25], 보광사[26], 청원사에서 그 과도기적 건축 구성도 볼 수 있다.

한편 조선 말기의 사찰은 권력가의 유람처로까지 전락되던 시기였다[27]. 이들이 사찰에 유람 행차할 경우 이들을 접대하기에 누는 적합한 장소였다. 정자의 분위기를 간직하면서 다양성을 가진 복합 기능 건물로서 풍류, 교육, 접대 및 공공 의식 기능을 겸하는 누건축[28]은 사찰의 경우 그 기능을 달리하여 순수 의식 공간이 되었지만[29], 시대적 배경상 고위층의 유람 혹은 방문시에 풍류(風流) 및 접대(接待)의 공간으로 이용되었을 가능성도 충분히 엿볼 수 있다. 당시 유림의 배불(排佛) 상황 아래에서 권력을 가진 그들을 접대해야 했던 사찰측으로는 이에 적합한 장소로서 신성한 법당(法堂)을 모독하지 않고, 접대와 조망, 풍류에 적합한 누(樓)를 택하였을 것임은 충분히 추론해 볼 수 있다. 이 경우 접대나 유희가 행해지는 누 내부의 모습이 다른 이들의 눈에 띄지 않게 폐쇄화하면서도 조망 및 유희를 위해 개방화시킬 수 있도록 구성하는 것이 필요하였을 것이다.

이에 반하여 당시 서울, 경기 일원에 위치하여 왕실의 지원을 받는 사찰에서는 그래도 권력자의 유람 행차에 따른 폐해를 피할 수 있어 형편이 나았겠지만, 이 경우에는 접대의 필요성이 더욱 중시되지 않을 수 없다. 정조의 발원으로 이루어진 용주사 내의 천보루(天保樓)[30]는 이러한 상황을 잘 말해준다고 하겠다. 기존의 누 형식에 양측면으로 전실에 해당하는 행각(行閣)이 가설되고 전측면으로 쪽마루

---

23) 표 1-1의 연구 대상 대방 가운데 암자(庵子) 규모로 지어져 대방이 주불전 역할을 하는 천축사·원통암·운수암·강화 백련사의 경우와 이건(移建) 등으로 배치가 변형되어 이전 모습을 알 수 없는 석남사·지장사의 경우를 제외하면 모두 주불전 전면의 누자리에 대방이 구성되었다.
24) 흥국사와 칠장사 대방에서 이를 볼 수 있다. 주남철, 김성도, 앞의 논문, p.231 참조
25) 화계사(華溪寺) 대방의 경우 화계사실측조사보고서에 수록된 평면에는 불단이 있으나, 교무승 대명(敎務僧 大明)과의 면담(1998년 4월 27일)을 통해 과거에는 불단이 없이 대웅전을 바라보며 염불을 행하였다는 사실을 확인할 수 있었다. 그는 58년 이래로 지금까지 주지를 역임해 온 숭산행원(崇山行願)을 옆에서 모셔왔으며 변형되기 이전의 대방 모습을 잘 알고 있었다.
26) 보광사의 경우도 화계사와 마찬가지로 대방 내부에 불단을 두지 않고 대웅전을 바라보며 염불을 하였는데, 교무승 덕영(敎務僧 德永)과의 면담(1998년 4월 27일)을 통해서 대방의 옛 모습과 함께 이를 확인할 수 있었다.
27) 법주사 완문에서 알 수 있듯이 이 시기는 조정에서 지원하는 사찰임에도 당시 유림들의 가렴주구(苛斂誅求)의 정도가 심하였다.
    참고로 다카하시(高橋亨)는 그의 글(앞의 책, p.902)에서 "이 시기에 권세 있는 양반이 사찰에 유람 오는 경우 승려는 문 밖 수리(數里) 앞에 마중을 나가 그들의 가마를 메야 했고, 권력자는 그 가마(轎輿)에 오르는 것이 관례로 되어 있었다"라고 기록하고 있으며, 이기영·서경수(한국현대사 8 신한국 100년, 신구문화사, 1971, p.39~40)는 "이들의 행차가 있을 때마다 절에서는 술과 고기, 심지어는 기생들까지 동원해 가면서 그들을 접대해야 했다. 이 접대업무를 직접 맡아보던 승려를 삼보(三輔 또는 三寶)라고 했으며, 이러한 행차는 예고 없이 들이닥치는 것이었으므로 이 접대 준비에 소홀함이 없도록 하기 위해서 망대(望臺) 제도가 만들어질 정도였는데, 망대 제도란 행차가 오는 것을 미리 알기 위해서 산봉우리 위에 망대를 두는 것으로, 이로 인해 '상망봉(上望峯)', '중망봉(中望峯)', '하망봉(下望峯)' 따위의 지명이 생기기까지 하였다."라고 밝히고 있다.
28) 박언곤, 「한국의 누」(빛깔있는 책들 103, 초판), 대원사, 1991, p.12
29) 앞의 책, p.23
30) 용주사(화성군 태안읍 송산리 188) 천보루는 대웅전 전면의 중층 누각(重層樓閣)으로 정조 14년(1790)에 건립되었다.

## 제 1장 | 대방 - 염불당 - 건축의 출현과 기원

가 설치되어 누 공간의 폐쇄성과 확장성이 강화되었고, 기존 사찰의 법당 앞 누에 비해 사방으로 전간(全間)에 걸쳐 창호가 설치되어 조망 및 접대 등의 기능이 이루어질 수 있도록 구성[31]되어 있는 것에서 이러한 사실을 알 수 있다.

【사진 1-1】 용주사 천보루 전경
(촬영일자 : 1998. 8. 3)

이처럼 누는 염불당을 수용하고 권력자의 접대 기능을 흡수하기에 사찰 내에서 가장 적절한 장소였다. 이에 따라 누는 염불당으로 발전하면서도 필요에 따라 접대 기능도 동시에 확보해야 하였다.

이 때 염불공간 위주로 접대공간 없이 대방을 구성할 경우 별 어려움이 없겠지만, 염불공간과 접대공간을 동시에 구성해야 할 경우 완전히 상반된 두 기능을 동시에 만족시키기 위하여 염불 공간과 접대용 누[32]를 각각 별도로 구성할 필요성이 있었다. 누에서 변화 발전된 대방은 이러한 조건을 충족시켜 형성된 것임을 알 수 있다.

대방 평면(그림 2-14 ~ 2-32 참조)에서 볼 수 있듯이 대방 공간은 염불당인 큰 방과 돌출된 누(樓)의 결합으로 나타나고 있거나, 누(樓)가 없이 염불당 위주로 구성되고 있다. 그 결과 전자의 경우에는 전면에 돌출된 형태로 가설된 누에 누 편액이 설치되거나, 누방(樓房)이라는 명칭도 사용되고 있는데,

---

31) 익누(翼樓)가 구성된 대방에서 그 누상(樓上)의 입면 구성을 살펴보면 〈견성암 대방 - 창호 설치, 천축사 대방 - 창호 설치, 흥천사 대방 - 창호 설치, 화계사 대방 - 창호 설치, 보광사 대방 - 완전 개방, 흥국사 대방 - 창호(板門) 설치, 경국사 대방 - 창호 설치, 백련사 대방 - 창호 및 창 설치〉를 볼 수 있다. 이를 통해 완전 개방화된 보광사 대방의 만세루(萬歲樓)를 제외하고는 모두 창호가 설치되어 개폐 가능한 구조로 된 것을 알 수 있는데, 이처럼 익누(翼樓) 상부를 개방하거나 창호를 설치한 것에서 접대 및 조망을 위한 누가 구성되고 있음을 건축적 측면에서 확인할 수 있다. 또한 보광사 이외의 사찰에서 익누(翼樓)에 창호를 설치한 것으로부터 필요시 누 내부의 모습을 가리려는 건축적 의도도 읽을 수 있다.
32) 대방 건축 내 익누(翼樓)의 기능이 접대, 조망 등의 기능을 담당하였음은 화계사 교무승 대명(大明)과의 면담 및 백련사 주지승 현암(玄岩)과의 면담을 통해서도 확인할 수 있었다. 또한 김봉렬(앞의 논문, p.19, 22)은 수도권 원당 사찰의 대방을 불당 - 승방 - 부엌 - 휴식 - 접객의 기능이 복합된 건물 자체가 하나의 작은 사찰이었다고 밝히고 있으며, 또한 누마루를 달아 특수층을 위한 특별한 접객공간을 마련했다고 밝히고 있다.

표 1-2³³⁾에서 이를 볼 수 있다.

**표 1-2. 대방의 전면 돌출 누(突出樓) 유무 및 누 이름**

| 사찰 및 건물명 | 누 유무 | 누 명칭 | 비 고 |
|---|---|---|---|
| 천축사 대방 | 有 | – | • 큰 방 전면 우측에 누 설치 |
| 원통암 대방 | 無 | – | – |
| 견성암 대방 | 有 | 雨花樓 | • 큰 방 전면 우측에 누 설치 |
| 용궁사 대방 | 無 | – | – |
| 흥천사 대방 | 有 | 玉井樓, 萬歲樓 | • 큰 방 전면 좌우양측에 누 설치 |
| 화계사 대방 | 有 | 寶華樓, 華藏樓 | • 큰 방 전면 좌우양측에 누 설치 |
| 보광사 대방 | 有 | 萬歲樓 | • 큰 방 전면 우측에 누 설치 |
| 흥국사 대방 | 有 | – | • 큰 방 전면 좌우양측에 누 설치<br>• 누방(樓房)이란 명칭 사용 |
| 경국사 대방 | 有 | 寶華樓 | • 큰 방 전면 좌우양측에 누 설치 |
| 운수암 대방 | 有 | – | • 큰 방 전면 좌우양측에 익사(翼舍) 설치<br>• 좌측 익사는 누방(樓房)으로 구성 |
| 봉영사 대방 | 無 | – | – |
| 미타사 대방 | 無 | – | – |
| 백련사 대방 | 有 | – | • 큰 방 전면 우측에 누 설치 |
| 청원사 대방 | 無 | – | – |
| 용문사 대방 | 無 | – | – |
| 석남사 대방 | 無 | – | – |
| 지장사 대방 | 無 | – | – |

그리고 후자의 경우인 석남사, 원통암, 용궁사, 봉영사, 미타사, 청원사, 양평 용문사, 지장사에서는 대방 전면에 익누(翼樓)가 설치되지 않으며³⁴⁾, 따라서 누 편액도 보이지 않는다. 당시 이들 사찰의 경우 그다지 큰 규모로 경영되지 않았으며³⁵⁾, 이외에도 연구 대상 사찰 중 천축사·운수암³⁶⁾ 및 백련사³⁷⁾

---

33) 표 1-2는 대방에서 특히 누 설치 여부와 누 명칭을 정리한 것으로, 이 중 경국사의 경우는 현재 모든 실이 트여져 하나의 큰 방으로 개수되었는데, 평면 및 입면상 전면의 좌우양측으로 돌출된 양익사(兩翼舍) 중 우측 익사에는 보화루(寶華樓)란 편액이 있어 과거 누로 되어 있었음을 알 수 있다.
34) 이 중 용궁사는 대원군의 지원을, 미타사는 조대비의 지원을, 그리고 인빈의 원찰인 봉영사는 고종의 숙부이면서 정승으로 있던 이공(李公)의 지원을 받았던 사찰로서 왕실과 관련을 지닌 사찰인데, 이들 사찰의 대방에는 익누(翼樓)가 설치되어 있지 않다.
35) 석남사는 임진왜란 이후 오랜 기간 폐허로 남아 있다가 함월선사(1671~1770)에 의해 중수되었고, 이후 정전과 대방이 이전된 후 사찰이 퇴락하기 시작하였다고 기록(한국건축사연구자료 제17호 한국의 고건축, p.125)되어 있는데, 근래까지 대웅전과 영산전, 그리고 대방으로 구성된 소규모 사찰로 존속되어 왔다.
원통암의 경우 철종 8년(1857)에 비구니 축흡(竺洽)에 의해 재창되었고, 이후 고종 광무 원년(1897)과 1932년에 중수되었으며, 1935년에 칠성각이 건립되었는데, 당시 대방인 법당과 칠성각만으로 구성된 것으로 보인다. 사찰 정화 이후 청련사의 부속암자가 되어 현재 청련사와 한 도량을 이루고 있다.(기내사원지, p.817~818)
용궁사의 경우 그 규모를 보면 1932년에 편찬된 전등사본말사지에는 대방 이외에 관음전과 칠성각이 있었던 것으로 기록되어 있다. 현재도 여전히 소규모 사찰로서 대방, 관음전, 근래 새로 건립된 칠성각, 1966년에 건립된 용황각 및 최근에 컨테이너로 간략하게 지은 건물(대웅전 겸 종무소로 사용) 정도의 건물만 있다.
봉영사는 원래 봉인암(奉仁庵)으로서 영조 31년(1755)에 선조의 후궁인 인빈 등의 묘가 있던 순강묘소가 순강원으로 승격되면서 인빈의 원찰로 되어 봉영사라는 명칭을 갖게 되었다. 이후 고종 14년 내탕금 4,000관을 지급 받아 중수되었으나, 1920년의 경우가 소규모 사찰로서 경영되었음을 알 수 있다. 이들 사찰의 경우 주불전을 중심으로 승방, 강당, 누 시설 등을 모두 두어 격식을 제대로 갖추는 규모는 아니었고, 경제적 형편상 소규모 사찰로서 그 유지에 필요한 최소한의 법당을 위주로 건립되었던 사찰이라 할 수 있다. 하지만 석남사, 원통암, 용궁사, 봉영사, 미타사, 청원사, 양평 용문사 및 지장사의 경우에는 누 설치가 생략되었고, 천축사, 운수암[38] 및 백련사[39]의 경우에는 누가 설치되었다. 이처럼 소규모 사찰의 경우 익누(翼樓)가 설치된 대방의 형식을 갖추기도 하였지만, 형편에 따라 대방에 누 시설 없이 염불당 중심으로 지어지는 경우도 나타나는 것을 볼 수 있다.

이러한 대방의 공간 구성 요소를 보면 대개 큰 방과 돌출 누(突出樓), 승방(僧房), 그리고 부엌 및 부속공간으로 되어 있다[40](그림 2-14 ~ 2-32 참조). 법당 안에 부엌과 승방 등을 설치하는 예는 암자

---

여름 수해로 폐사 직전에 이르게 되어 1924년 중수를 하였고, 1968년에 다시 중수를 하였다고 한다.(전통사찰총서 5 인천·경기도의 전통사찰 II, 초판, 사찰문화연구원, 1995, p.204~207 및 기내사원지 p.233~234 참조) 현재 대웅전, 큰 방 그리고 요사 이외에 1980년 지어진 명부전이 사찰의 전부로서, 대웅전의 규모(정면 3칸, 측면 2칸)와 대방의 규모 및 절이 위치한 대지의 협소함을 볼 때 당시 그다지 큰 규모의 사찰은 아니었다고 할 수 있다.

미타사의 경우 가장 번성하였던 1940년대 전반의 건물 현황을 보면, 극락전(6칸), 무량수전(3칸), 독성각(1칸), 칠성각(3칸), 산신각(1칸), 노전(8칸), 대방(28칸), 금보암(12칸), 요사(4칸)의 9동이 있었다. 대방이 지어진 1884년 무렵의 건물 현황은 철종 13년(1862)의 극락전 신축 및 요사 개수 기록과 1891년 칠성각 개수 기록 및 1897년 천태각 개수 기록 등을 통해 추측해 볼 수 있는데 주불전인 극락전을 중심으로 대방, 칠성각, 천태각, 요사 정도가 있었다고 생각된다. (전통사찰총서 4 서울의 전통사찰, 2판, 사찰문화연구원, 1993, p.80~82 참조)

청원사는 신증동국여지승람에 기록된 사찰임에도 전하는 사적기가 없어 그 내력을 자세히 알지 못하고 있다. 최근까지 사찰에는 대웅전과 산령각 및 대방만이 남아있던 소규모 사찰로서 현재는 대웅전과 대방 이외에 산령각을 없애고 신축한 산신각과 벽돌조 신축 요사가 들어서 있다.

용문사는 1907년 정미의병투쟁이 일어났을 때 일제의 방화로 전소된 후, 1909년에 대방을, 1910년에 대웅전을 건립하였고, 1938년이 되어서야 어실각, 범종루, 부속실이 건립되었다. 따라서 대방 건립 당시는 소규모였음을 알 수 있다.(기내사원지, p.532)

지장사는 철종 13년(1862)에 재건되어 고종 7년(1870)에 경파루(鏡波樓) 신축, 고종 15년(1878) 및 1920년에 대방 중수, 고종 33년(1896)에 칠성각 신축(현재 이건하고 극락전 편액을 붙임), 1906년 약사전 단청, 그리고 1936년에는 능인전을 중수(현존하지 않음)하였다는 기록이 남아있어, 조선말 당시 약사전, 대방, 경파루, 칠성각 정도가 들어서 있던 것으로 보인다.

36) 운수암은 당시 대방과 비로전만이 건립된 소규모 사찰이었으며, 1986년에 이르러서 대웅전이 비로소 건립되었다.
37) 1905년 당시 관음전인 대방이 건립되었는데, 1932년에 편찬된 전등사본말사지에는 이외에도 칠성각, 요사, 부속사, 역부사가 있었던 것으로 기록되어 있다. 현재 주불전으로서의 대방 이외에 삼성각, 칠성각, 범종각, 요사 정도가 들어서 있다. 여기 관음전인 대방은 1986년 이후 현판을 바꿔 극락전으로 고쳐 부르고 있다.
38) 운수암의 경우에는 앞에서 바라본 관찰자의 시각을 기준으로 전면의 양익사중 좌측은 누방, 우측은 방으로 구성되었으나, 현재는 양익사 모두 방으로 개축되어 있다. 이는 주지승 현암(玄岩)과의 면담(1998년 3월 29일 및 5월 4일)을 통해 확인되었으며, 아울러 방으로 개축된 좌측익사의 고막이 부분에 과거 누 아래의 방습을 위한 통풍구가 그대로 남아있어 원래 마루바닥으로 되어 있었음을 분명히 알 수 있다.
39) 백련사의 경우 현재 누 위에 매트 및 장판을 깔고 신중단으로 사용하고 있으나, 우물마루로 구성된 이전의 모습을 현재도 그대로 잘 간직하고 있다.
40) 화계사와 경국사 대방의 경우 현재는 부엌의 모습을 볼 수 없으나 과거에는 모두 부엌이 설치되었다. 화계사 대방의 경우 이전 모습을 기억하고 있는 교무승 대명(大明)과의 면담(1998년 4월 27일)을 통해 부엌이 설치되었음을 확인할 수 있었는데, 특히 그는 화계사실측조사보고서(서울특별시, 1988, 36쪽)에 수록된 옛 사진 속의 굴뚝 모습(현존하고 있음)을 통해 이를 확인시켜 주었다.

규모에 있는 인법당 이외는 찾아볼 수 없는 것이었으므로, 이것은 대방이 요사(寮舍)로 간주된 한 요인[41]이라 할 수 있다. 그러나 염불당으로서 성립된 대방은 당시 요사가 아닌 법당(法堂)이었으며, 좌선당(坐禪堂) 및 강학당(講學堂)과 함께 3법당의 하나[42]로서 사찰의 중심영역에 마련되었던 바, 주불전 전면에 위치하였다. 그런데 염불당에는 그 책임자로서 화주(化主)[43]라는 역승(役僧)을 따로 두었고, 이를 유지하기 위해 별도로 만일회전답(萬日會田畓)을 소속시켜 완전히 독립적인 경영을 하였다[44]. 그 결과 당시 염불당인 대방은 사찰 내에서도 독립적으로 경영되게 되었고, 이것이 건축의 공간구성에도 반영되어 자체적으로 생활이 가능하도록 부엌시설 및 승방시설 등이 갖추어진 복합형 법당으로 형성되었음을 알 수 있다.

또한 당시 독립화된 염불당은 별도로 경영되었기에 염불당을 중심으로 한 암자 규모의 사찰도 당연히 형성되었을 것이며, 천축사, 원통암, 운수암과 백련사의 경우가 이에 속한다 하겠다. 이 경우 대방이라는 용어보다는, 격을 높이는 호칭으로서 법당(法堂) 위주의 명칭이 사용[45]되었던 것을 알 수 있다.

이에 따라 순조 이래 조선말기의 대방 구성 사찰은 주불전과 대방이 함께 구성되는 경우와 별도의 주불전이 없이 대방이 주불전 역할을 하는 암자규모의 두 유형으로 대별될 수 있으며, 각 유형별 대방을 정리하면 표 1-3 및 1-4와 같다.

---

경국사 대방의 경우에는 전면으로 돌출된 양익사(兩翼舍) 앞으로 굴뚝이 설치되어 있어 과거 부엌이 있었음을 알 수 있는데, 현재도 이 굴뚝은 보일러실용으로 이용되고 있다.

41) 이외에도 흥천사에서 소장한 현판인 "京畿右道 楊州牧地 三角山 興天寺 寮舍 重創記文"에서 대방을 요사로 표현하고 있다. 대개의 경우 누방(樓房) 또는 법당으로서의 관음전이나 염불당으로 표현하였던 것에 반해, 이처럼 요사란 용어가 사용된 것은 표 1-5에서 볼 수 있듯이 매우 드문 것임을 알 수 있다. 이와 함께 오늘날 일부에서 대방을 요사의 용도로 사용하고 있음도 대방의 성격을 파악하는데 어려움을 준 요인이 되었다고 하겠다.

42) 高橋亨은 그의 글(앞의 책, p.774 참조)에서 당시 상당한 규모의 사찰에는 반드시 좌선당·강학당 및 염불당의 3법당을 갖추는 것을 법칙으로 하였음을 밝히고 있다.

43) 조선말 화주는 염불당의 책임자로서 독립된 생활을 영위하였을 뿐 아니라 그 직(職)을 때로는 법손(法孫)에게 물려주어 세습하였다. 그런데 사찰 주지가 당시 법에 따라 3년 기한으로 경질되었던 반면, 화주는 절 내의 제반 업무에 훤하게 통달함으로써 자연히 실권을 지니게 되기도 하였다(高橋亨, 앞의 책, p.774 참조). 한편 현재 화주의 사전적 의미는 "거리에 나가서 여러 사람에게 시물(施物)을 얻으면서 사람들로 하여금 법연을 맺게 하는 동시에 그 절에서 쓰는 비용을 구해드리는 선승(禪僧)"(운허용하, 불교사전, 동국대학교부설 역경원, 초판, 1998, p.965)으로 되어 있다. 여기에서 화주가 조선 말기에는 염불당 책임자였으나, 현재의 사전적 의미로 선승이라는 점에서 많은 변화가 나타난 것을 알 수 있다.

44) 高橋亨, 앞의 책, p.774

45) 백련사에서는 대방이라는 용어보다 관음전(觀音殿)이란 명칭을 사용하였고, 원통암과 운수암에서는 법당(法堂)이란 명칭을 사용하였으며, 천축사에서는 대웅전(大雄殿)이란 명칭을 사용하고 있다.

## 표 1-3. 주불전과 함께 구성된 사찰 대방

| 대상건축물 | 위 치 | 건립연대 | 현존유무 | 비 고 |
|---|---|---|---|---|
| 보문사 대방 | 강화군 삼산면 매음리 629 | 1812년 | 無 | • 전등사본말사지에 기록 나타남. 대방 9평, 법당 6평<br>• 순조 12년(1812) 초창, 1918년 중창, 1972년 삼창<br>  현재는 해체되고 그 자리에 대웅전이 건립됨 |
| 석남사 대방 | 안성군 금광면 상중리 508 | 조선말 | 有 | • 정전(正殿)과 대방(大房)을 이건하여 ㄱ자 배치<br>• 1978년 영산전 앞에 있던 대웅전을 뒤쪽 높은 곳으로 이건 |
| 봉릉사 대방 | 김포군 김포읍 풍무리 산 669 | 조선말 | 無 | • 인조 5년(1627) 인근 폐사를 이전하여 사찰 창건<br>• 현재는 금정사(金井寺)로 개명<br>• 전등사본말사지에 기록 나타남. 대방 15평(24간), 대웅전 6평(6간) |
| 문수사 대방 | 김포군 월곶면 성동리 산 37 | 조선말 | 無 | • 순조 9년(1809) 사찰 중건<br>• 전등사본말사지에 기록 나타남. 대방 8평, 대웅전 5평 |
| 견성암 대방 | 남양주시 진건면 송릉리 산 311 | 철종 11년(1860) | 有 | • 우화루기(雨花樓記)를 통해 고종 19년(1882) 중수 기록 나타남<br>• 굴법당은 고려초 조맹이 수행하던 장소로 수양굴(修養窟)이라고도 함 |
| 용궁사 대방 | 인천 중구 운남동 667 | 고종 원년(1864) | 有 | • 전등사본말사지에 기록 나타남. 대방 11평 / 관음전 5평 |
| 흥천사 대방 | 서울 성북구 돈암 2동 595 | 고종 2년(1865) | 有 | • 철종 4년(1853) 극락보전 중수 |
| 화계사 대방 | 서울 도봉구 수유 1동 487 | 고종 3년(1866) | 有 | • 고종 7년(1870) 대웅전 중건 |
| 보광사 대방 | 파주군 광탄면 영장리 산 13 | 고종 6년(1869) | 有 | • 98년 중수시 발견된 상량문 기록을 통해 1869년 三創된 것임이 밝혀짐<br>• 고종 35년(1898) 대웅보전 중창 |
| 흥국사 대방 | 남양주시 별내면 덕송리 331 | 고종 7년(1870) | 有 | • 순조 21년(1821) 중건후 소실된 대방 재창 및 대웅보전 중건 |
| 경국사 대방 | 서울 성북구 정릉 3동 753 | 고종 7년(1870) 개축 | | • 1914년 극락보전 재축 |
| 봉영사 대방 | 남양주시 진접읍 내각리 148 | 고종 14년(1877) | 有 | • 고종 14년(1877) 사찰 중수<br>• 1924년 및 1968년 중수<br>• 1971년 대웅전 전면의 대방을 현 자리에 이건하면서 부엌부를 콘크리트조로 구성 |
| 칠장사 대방 | 안성군 죽산면 칠장리 764 | 고종 15년(1878) | 無 | • 태청루 옛터에 누방(樓房, 48간) 건립. 1887년 소실 |
| 미타사 대방 | 서울 성동구 옥수동 395 | 고종 21년(1884) | 有 | • 철종 13년(1862) 극락전 재축 |
| 백련사 대방 | 서울 서대문구 홍은동 321 | 고종 28년(1891) | 無 | • 1988년 대방 해체 후 무량수전 건립 |
| 보광사 대방 | 남양주시 화도읍 가곡리 419 | 고종 31년(1894) | 無 | • 고종 31년(1894) 사찰 중수<br>• 6·25로 소실. 대웅전은 1960년 소실<br>• 대방 20간 |
| 상운사 대방 | 고양시 북한동 370 | 고종 35년(1898) | 無 | • 6·25로 소실<br>• 고종 1년(1864) 극락전 중건 |
| 수국사 대방 | 서울 은평구 갈현동 314 | 1900년 | 無 | • 6·25로 소실. 그 후 원래의 대방 자리에 現 대방을 새로 건립<br>• 1900년 대웅전 중건 |
| 도선사 대방 | 서울 도봉구 우이동 264 | 1904년 | 無 | • 철종 14년(1863) 대웅전 중창 후 1903년 고종명으로 17평으로 대웅전 중건 |
| 청원사 대방 | 안성군 원곡면 성은리 397 | 1908년 | 有 | • 1908년 작성된 현판을 통해 건립년대 추정. 대방 40평<br>• 대웅전은 조선후기 건축물 |
| 용문사 대방 | 양평군 용문면 신점리 625 | 1909년 | 有 | • 고종 30년(1893) 사찰 중창 이후 1907년 일본인의 사찰 방화로 소실<br>• 1909년 대방 중건하고 1910년 칠성각을 옮겨 대웅전 건립<br>• 6·25때 대웅전과 대방(관음전)만이 병화를 면함<br>• 1983년 대방 보수 때 부엌 뒤편에 요사 증축 |
| 사나사 대방 | 양평군 옥천면 용천리 304 | 1909년 | 無 | • 1907년 의병이 용문산에 집결하자 용문산 내 사찰을<br>  일본인이 모두 불태워 없앰에 따라 사나사도 소실<br>• 1909년 대방 15간 중건. 1936년 광명전 중건<br>• 6·25로 소실. 현재는 1956년 재건한 대방이 요사로 사용됨 |
| 정수사 대방 | 강화군 화도면 사기리 463-3 | 조선말 | 無 | • 헌종 14년(1848) 사찰 중수<br>• 전등본말사지에 기록 나타남. 대방 18평(14간) 대웅전 22평(12간) |
| 지장사 대방 | 서울 동작구 동작동 305 | 조선말 | 有 | • 고종 15년(1878), 1920년 대방 중수<br>• 약사전은 현재 없음 |
| 망월사 대방 | 의정부시 호원동 산 413 | 조선말 | 無 | • 1901년 대방에 단청불사. 6·25로 소실<br>• 정조 3년(1779)~24년(1800)에 걸쳐 대웅전 중수 및 선월당·응진전 중건 |
| 현등사 대방 | 가평군 하면 하판리 산 163 | 조선말 | 無 | • 1916년 중수시 법당을 중심으로 앞쪽에 대방이, 서쪽에 위실각이, 뒤로는<br>  산령각이 위치하였다 함. 그러나 6·25로 소실 |

### 표 1-4. 주불전으로 역할을 한 암자 규모의 사찰 대방

| 대상건축물 | 위 치 | 건립연대 | 현존유무 | 비 고 |
|---|---|---|---|---|
| 적석사 대방 | 강화군 내가면 고천리 74 | 조선말 | 無 | • 일제강점기 중수. 이때의 상량문은 현재 소실됨<br>• 1998년 8월 6일 장마로 인한 산사태로 소실 |
| 천축사 대방 | 서울 도봉구 도봉동 549 | 1812년 | 有 | • 수차례 중수. 근래는 1959년에 중수 |
| 청련사 대방 | 강화군 강화읍 국화리 550 | 순조 21년(1821) | 有 | • 전등사본말사지에 기록 나타남<br>• 대방 16평(16간)<br>• 구법당으로서 현재 기둥을 제외하고는 변형이 심함 |
| 명적암 대방 | 안성군 이죽면 칠장리 845 | 1828년 | 有 | • 기존의 골격을 바탕으로 부엌을 응접실로 개축하고 그 우측으로 부엌과 욕실을 증축하여 많은 변형 수반 |
| 원통암 대방 | 강화군 강화읍 국화리 550 | 철종 8년(1857) | 無 | • 광무 원년(1897)과 1932년 중수<br>• 정면 6간, 측면 4간<br>• 중앙 3간은 큰 방 및 승방과 전면 마루로 구성<br>• 1987년 12월 해체 |
| 운수암 대방 | 안성군 양성면 방신리 85 | 1870년 무렵 | 有 | - |
| 백련사 대방 | 강화군 하점면 부근리 231 | 1905년 | 有 | • 전등사본말사지에 기록 나타남<br>• 1967년 중수<br>• 대방 24평(18간) |

  조선말기 성행하였던 염불과 좌선은 이후 사회적 변화와 함께 위축되었다. 즉, 일제의 사찰령 발포 이후 사찰에는 많은 변화가 나타났는데[46], 그 중 하나로서 염불승과 선승이 현저히 줄어든 것이었다. 종래 각 사찰에서는 모두 염불승과 좌선승에게 식사를 제공하였으나, 점차 이를 축소하여 염불승에 대한 식사제공을 거의 전폐하였으며 선승도 이력이 우수하여 법명이 널리 알려지고 존경을 받는 이가 아니라면 초빙되지 않았다[47]. 이에 따라 염불당으로서 독립하여 경영되었던 대방은 더 이상 사찰에서 독립성을 갖추기가 쉽지 않게 되었다.

  그 결과 기존의 대방 용도는 염불당으로 지속되기도 하였지만, 사찰 형편에 따라 때로는 선방으로 바뀌어 사용[48]되기도 하였고, 경우에 따라서는 석남사[49], 용궁사[50], 운수암[51], 청원사[52]처럼 요사로 바

---

46) 高橋亨(앞의 책, p.1039~1041)은 이에 대해 다섯 가지를 들고 있다. 그 내용으로는 "첫 번째는 좌선업자(坐禪業者)가 현저히 줄어들게 된다. 두 번째로는 청년 승려의 향학심(向學心) 발흥(勃興)이 이루어진다. 세 번째로는 사찰이 사회화되게 된다. 네 번째로는 제사비의 절약과 포교향학비(布敎向學費)의 증액이 이루어진다. 다섯 번째로는 승려의 지위향상 자각이 이루어진다." 라는 것이다.
47) 高橋亨, 앞의 책, p.1040
48) 화계사의 경우 1937년을 기점으로 이전에는 정토 도량(淨土道場)이었으나 이후 선 도량(禪道場)으로 바뀌는데, 대방도 이와 함께 그 용도가 염불당에서 선당으로 변모해 갔음을 알 수 있다. 이 사찰의 경우 승려 월명(越溟)이 자신의 토지를 헌납하여 1910년 만일염불회가 설립되었던 사실에서 과거 염불이 적잖이 융성하였음을 알 수 있다.
  미타사의 경우도 오늘날 선방으로 사용되고 있는 등, 여러 사찰에서 선방으로 그 용도가 바뀌어 사용되는 것을 볼 수 있다.
49) 석남사의 경우 함월선사가 중창한 후 정전(正殿)과 대방(大房)을 이건하였다는 기록이 있음에도 불구하고, 최근 요사로 사용되었던 현존 대방을 요사로 취급(한국건축사연구자료 제17호 한국의 고건축, p.128~129)하고 있음을 볼 수 있다.
50) 용궁사 대방의 경우, 사찰문화연구원이 간행한 전통사찰총서에서는 아예 요사로서 표기되고 있다.
51) 운수암(雲水庵)의 경우 대방 내 큰 방의 후면 중간에 미닫이로 된 수납공간을 설치하고 그 속에 아미타후불탱화를 두는 등 염불당으로 경영하였지만, 현재는 이 방을 종무소로 사용하고 있으며, 후면의 고방(庫房)도 세탁실 겸 욕실로 개축하여 사용하는 등 현재 요사로서 사용하고 있다. 그러나 1986년의 대웅전 건립 이전에는 법당(法堂)으로 사용하였다.

제1장 | 대방 – 염불당 – 건축의 출현과 기원

뀌는 지경까지 이르게 되었음을 알 수 있다.

그리고 대방의 신축도 일제강점기의 이러한 염불승의 감소에 따라 현저히 줄어들어 이후에는 일부 사찰[53]에서만 행해진 것을 볼 수 있다.

이와 같은 사찰 환경의 변화로 인해 이들 대방은 오늘날에 이르러 원래의 모습에서 변형되는 경우가 적지 않으므로, 건립 당시의 대방과 관련된 여러 종류의 명칭과 용도를 살펴봄으로써 그 성격을 보다 구체적으로 고찰할 수 있겠다.

조선 말기 당시 사용된 대방을 나타내는 다른 용어로 흥천사의 경우 '요사'라는 용어를 사용[54]하고 있으나, 흥국사의 경우에는 누방(樓房)[55]이라는 명칭도 사용하고 있음을 볼 수 있다. 칠장사의 경우 화재로 이미 소실되고 말았지만 고종 15년에 민씨 일가의 시주를 얻어 태청루 옛터에 48간 규모의 누방[56]을 지었는데[57], 이 역시 흥국사의 경우에서 볼 수 있듯이 대방을 의미하는 것임을 알 수 있다. 이에 반해 경국사, 미타사, 백련사 및 양평 용문사의 경우 '관음전(觀音殿)'이라는 명칭을 갖고 법당으로 사용되었으며, 아울러 보광사[58]의 경우도 역시 관음전이라는 명칭을 갖고 있음을 볼 수 있다. 한편 운수암 대방[59]의 경우 건립이래 1986년까지 계속하여 법당이란 명칭을 갖고 법당으로서 사용[60]되었고, 이

---

52) 청원사의 경우 사적기 등이 전하지 않아 기내사원지(p.672~678 참조)와 전통사찰총서 ③ 경기도 Ⅰ. p.310)에서는 대방을 요사로 기록하고 있는 상황이다.
53) 1910년 이후 8·15해방 때까지 대방이 건립된 기록이 나타나는 사찰로는 흥룡사(포천군 이동면 도평리 28, 1918년 대방 건립하였으나 6·25로 소실), 상원암(양평군 용문면 연수리, 1918년 대방 건립하였으나 6·25로 소실), 관음사(서울 관악구 남현동 519-3, 1924년 대방 건립), 연주암(과천시 중앙동 85-1, 1929년 대방 15간 재건), 봉국사(성북구 정릉 2동 637, 1938년 대방 건립), 삼성암(도봉구 수유 1동 488, 1943년 대방 건립), 봉원사(서대문구 봉원동 산1번지, 1945년 대방 증축하였으나 6·25로 소실), 사자암(동작구 상도 3동 280)이 있으며, 이들 사찰의 대방은 현존하지 않고 있다. 이 시기의 현존하는 대방으로는 개운사 대방(1921년 건립, 성북구 안암동 5가 157)이 있으나 1980년대 초반 이건하여 부분적으로 원형이 많이 변형된 상태이고, 봉은사 선불당(1941년 건립, 강남구 삼성동 73) 역시 염불당으로서 당시 지어진 대방의 하나이다. 또한 고양시 지축동 203에 소재한 흥국사 대방의 경우 그 건립년대가 밝혀지지는 않았으나, 일제기에 나타나는 특성의 하나인 장마루가 일부 사용된 점, 봉은사 선불당과 마찬가지로 기둥 전체가 원주로 구성되고, 사면 전체에 익공이 가설되는 점 등으로 미루어보아 이 시기의 것으로 생각된다. 또한 최근 발견된 것으로서 안정사(청련사) 대방(1934년 건립 추정, 성동구 하왕십리동 996-1)이 있다. 해방 이후에도 일부 사찰이지만 염불당인 대방을 건립하는 것을 볼 수 있다. 봉원사(서대문구 봉원동 산 1 번지)의 경우 6·25로 소실된 것을 1966년 재건하였고, 사나사(양평군 옥천면 용천리 304) 대방도 6·25로 소실된 것을 1956년 재건하여 현존하고 있다.
54) 京畿右道楊州牧地三角山興天寺寮舍重創記文
55) 興國寺萬歲樓房重建記功文 – 建寮舍於萬歲樓舊基 本所建之萬歲樓房者也
56) … 越明年戊寅三月乃招工匠新掃於太淸舊墟以作樓房四十八間圓在法堂則新室正在中央之界迴出群殿之中也…
57) 경기도지정문화재 실측조사보고서 上, 경기도, 1996, p.296
58) 보광사의 경우 98년 대방을 중수하면서 나온 상량문의 기록에서 彌陀九品之寶殿으로도 대방이 표현되고 있음을 볼 수 있다.(高靈山普光寺三重建樓上樑文 참조)
59) 주지승 현암(玄岩)과 면담(1998년 3월 29일, 5월 4일)하여 법당으로서 쓰이고 있는 대방의 큰 방이 현재 종무소로 쓰이기 이전까지 염불당으로 쓰였음과 이전의 건물 상태를 확인할 수 있었다. 특히 큰 방 내부의 중앙간 후면에는 미닫이 형태의 수납공간이 있어 그 안에 아미타후불탱화가 봉안되어 있어 염불당임을 알게 한다.
60) 운수암 대방은 과거 법당으로 쓰였으나 1986년 대웅전이 들어선 후 현재는 요사채로 사용됨 (전통사찰총서 ③ 경기도Ⅰ, 사찰문화연구원, 1993, p.297 참조)

외에도 현존하지는 않지만 원통암 대방도 마찬가지로 법당으로 지칭되었는데, 표 1-5에 이들을 정리하였다.

표 1-5. 대방의 타 명칭, 큰 방의 용도 및 위치

| 대상건축물 | 타명칭 | 큰 방의 용도* 및 근거 | 주불전과의 위치관계 | 비 고 |
|---|---|---|---|---|
| 천축사 대방 | - | 염불당(큰 방내 염불용 북 설치) | - | • 현재 석가삼존과 지장보살상 봉안<br>• 현재 대웅전으로 지칭 |
| 원통암 대방 | 法堂 | 염불당(아미타불 및 아미타후불정화 봉안) | - | • 1987년 12월 해체 |
| 견성암 대방 | 雨花樓 | - | 굴법당 전면 | • 현재는 약사여래 봉안하고 약사전으로 칭함 |
| 용궁사 대방 | - | 염불당<br>(관음전에 관음좌상 및 관음탱화를 봉안) | 관음전 전면 | - |
| 흥천사 대방 | 寮舍 | 염불당<br>(아미타여래상 및 아미타후불탱화 봉안) | 극락보전 전면 | - |
| 화계사 대방 | 寶華樓 | 염불당<br>(1937년 이전 대웅전에 아미타여래삼존을, 노전에는 염불당정을 봉안) | 대웅전 전면 | - |
| 보광사 대방 | 萬歲樓<br>觀音殿 | 염불당<br>(염불당중수기 편액 소장) | 대웅보전 전면 | - |
| 흥국사 대방 | 萬歲樓房 | 염불당 (1904년 만일회 개최) | 대웅보전 전면 | • 남양주시 소재<br>• 만세루터에 신축 |
| 경국사 대방 | 觀音殿,<br>無量壽閣 | 염불당<br>(철조 관세음보살상과 후불탱화 봉안) | 극락보전 전면 | - |
| 운수암 대방 | 法堂 | 염불당(아미타불탱화 봉안) | - | - |
| 봉영사 대방 | - | 염불당(대웅전에 아미타불상,<br>관음상 및 아미타탱화 봉안) | 대웅전 전면 | • 1971년 대웅전 전면 좌측으로 이건 |
| 칠장사 대방 | 樓房 | - | 대웅보전 전면 | • 태청루터에 신축 |
| 미타사 대방 | 觀音殿 | 염불당 (관음보살상 봉안) | 극락전 전면 | - |
| 백련사 대방 | 觀音殿,<br>擁護閣 | 염불당(아미타상 및<br>아미타후불탱화와 관음상 등 봉안) | - | - |
| 청원사 대방 | - | 염불당<br>(대웅전에 아미타상과 관음상 등 봉안) | 대웅전 전면 | • 현재 지불(紙佛)인 아미타상은<br>도금변형되어 석가불로 되어 있음 |
| 용문사 대방 | 觀音殿 | 염불당 (조선 초기의 관음보살상 봉안) | - | • 일제의 방화로 소실된 대웅전은 1910년과<br>1938년 중건. 이후 1994년 신축 |
| 석남사 대방 | - | - | - | • 조선말 이건하면서 대웅전 전면 우측에 위치 |
| 지장사 대방 | - | - | - | • 변형이 심하여 이전의 사찰 배치 파악 곤란 |

* 큰 방의 용도는 조선말 당시를 대상으로 한 것임

표를 보면 대방 이외의 용어로서 요사(寮舍), 누방(樓房) 및 관음전(觀音殿) 등이 사용[61]되고 있다. 여기에서 당시 요사란 용어는 타 명칭에 비해 거의 쓰이지 않은 것을 볼 수 있고, 관음전이 많이 사용

---

61) 그 밖에 천축사 대방에서는 대웅전이란 명칭이 사용되는 것을 볼 수 있는데(전통사찰총서 4 서울의 전통사찰, 사찰문화연구원, 1995, p.170) 원래부터 사용된 용어인지는 분명하지 않다.
이와 함께 이 논문의 연구대상 지역에는 포함되지 않지만 전북 완주군 소양면 대흥리에 위치한 위봉사 대방에서는 극락전(極樂殿)이라는 명칭이 나타나고 있으며, 안성 운수암 대방과 유사한 평면형으로 구성되고 있음을 볼 수 있다. 이 대방에 대하여 문화재연구소에서 발간한 자료에서는 "이 건물에는 극락전이란 현판이 붙어 있어 눈길을 끈다. 극락전이란 명칭은 불전의 명칭으로 현재 이 건물의 용도인 부엌, 선방과는 부합하지 않는 점이 있다. 이 건물은 법당 용도의 건물로는 보기 힘들고 본사연

## 제1장 | 대방 – 염불당 – 건축의 출현과 기원

되고 있어 대방이 법당임을 알게 한다. 관음전이란 관세음보살을 봉안한 불전[62]으로 이 관세음보살을 중생이 고난 중에 열심히 그 이름을 외면 곧 구제를 받는다고 한다[63]. 따라서 여기에서의 관음전은 다름 아닌 염불당을 지칭함을 알 수 있다[64].

당시의 명칭에서는 인법당(人法堂)[65]이란 용어도 보이지 않는다. 인법당이란 "불전이 없는 작은 절에서 중이 거처하는 방에 불상을 봉안한 곳"[66]을 말한다. 백련사의 경우 대방 이외에 별도의 불전이 없는 소규모 사찰임에도 관음전, 옹호각이란 용어가 사용되었을 뿐 인법당이란 용어는 사용되지 않았으며, 역시 소규모 사찰[67]인 천축사 및 운수암의 경우도 마찬가지로 인법당이란 용어는 사용되지 않았다.

또한 일부 대방에서 사용된 용어인 누방(樓房)으로부터 누에서 대방으로 변천되는 과정도 살필 수 있어 주목된다. 남양주 흥국사의 경우 대방이 만세루방(萬歲樓房)이라 명명[68]되었으며, 칠장사의 경우도 누방이라고 칭해지고 있다. 이러한 용어는 大房이 갑자기 나타난 것이 아니라 누에서 진화하여 누와 방으로 분화 발전되면서 누방으로서의 대방[69]으로 형성되어 가는 과정이 있었음을 암시해 주는 것으로 해석[70]할 수 있다. 대방이 주불전 전면의 누 위치에 자리잡고 있는 것[71]은 이러한 사실을 뒷받침

---

기(本寺緣起)에 나오는 정혜원(定慧院)일 것으로 추정된다"(문화재관리국 문화재연구소, 한국건축사연구자료 제14호 한국의 고건축, 1992., p.20)라고 하여 잘못된 해석을 내린 것을 볼 수 있다.
62) 한국불교대사전편찬위원회, 앞의 책, p.258
63) 앞의 책, p.253
64) 조선말기에 만일염불회(萬日念佛會 : 약 27년간인 만일동안 행하는 염불수행결사대회)로 이름을 떨쳤던 강원도 건봉사의 경우 대표적인 염불도량으로서 주 영역에 주불전인 극락전을 두고 그 우측으로 염불당인 염불회 건축물과 그 주불전인 관음전을 상호 마주하게 배치시켜 보다 복합적으로 구성하고 있으며, 염불당의 명칭도 염불회로 하고 있다. 따라서 서울·경기 일원에서 주불전과 염불당을 함께 구성한 사찰에서 볼 수 있는 일반적 배치 기법으로서 진입 중심선상에서 염불당이 주불전을 향하여 바라보며 단일 축으로 중심 영역을 구성한 것과는 다르게 구성된 것을 볼 수 있다.
건봉사에서는 고종 15년(1878) 4월 3일 산불로 사암(寺庵) 3183간이 모두 전소함에 따라 소실 직후 우선 염불당인 염불회와 그 상징적 혹은 실제적 주불전인 관음전을 지어 다음해 중수불사를 위한 임시거처의 방편으로 적극적으로 활용(…先建觀音殿萬日會 此卽爲明年成造依慕之計策也…, 금강산건봉사낙서암중건기 참조)하고자 한 것을 살펴볼 수 있다.
65) 김봉렬(앞의 논문, p.18 참조)의 경우 대방을 인법당으로 정의하고 있다.
66) 한국불교대사전편찬위원회, 한국불교대사전 5, 2판, 명문당, 1993, p. 521
67) 소규모 사찰인 경우 대방이란 명칭이 사찰에 따라 잘 쓰이지 않는 것도 살필 수 있는데, 이는 염불당인 대방을 높여 지칭함에 따른 것으로 해석된다. 즉 미타사·백련사 및 양평 용문사의 경우 대방이라는 용어보다 관음전이란 명칭을 사용하였으며, 원통암과 운수암에서는 법당이란 명칭을 사용하였다.
68) 흥국사만세루방중건기공문(興國寺萬歲樓房重建記功文)에는 순조 18년(1818)의 화재로 만세루를 포함한 대부분의 건물이 소실되었고 단지 육면각(六面閣)과 양노방(養老房)만이 화재를 면하였음이 기록되어 있으며, 그후 순조 22년(1822) 만세루 옛터에 만세루방(萬歲樓房)으로 대방을 건립하였음이 기록되어 있다. 그러나 이것도 화재로 소실되어 고종 7년에 재차 중건되었다.
69) 조선말 염불의 성행에 따라 등장한 염불당인 대방은 접대의 중요성 및 사찰 경제력에 기인하여 익누(翼樓) 없이 염불당 위주로 이루어지는 경우와 염불당에 익누가 결합되어 이루어지는 경우의 두 가지로 대별될 수 있다. (후자의 경우 접대용 익누만으로 구성되는 경우와 접대용 익누에 승려의 휴식용 익누도 함께 구성되는 경우로 대별될 수 있겠다.) 누방은 이들 가운데 염불당에 익누가 결합되어 이루어진 대방에 사용된 명칭으로 해석된다.
70) 주불전 전면의 누는 일반 신도들의 대규모 법회에 강당으로도 사용되어 다수의 군중을 수용할 수 있었던 공간으로, 조선 말기 대규모 인파를 동원하는 만일염불회(萬日念佛會)의 개최 시에 필요로 되는 다수 군중의 수용이라는 용도적 측면에서 그 이용에 적절한 대상이라 하겠다.

한다. 특히 흥국사 및 칠장사의 경우 주불전 전면에 위치해 있던 누가 소실된 그 자리에 새로운 건축물로써 대방이 건립되면서, 남양주 흥국사의 경우 만세루방(萬歲樓房)이라는 명칭을, 그리고 칠장사의 경우 누방(樓房)이라는 명칭을 쓴 것은 이러한 사실을 보다 확실하게 한다.

표 1-5에서는 대방과 관련된 명칭 분석 이외에 대방 내 가장 주요한 공간인 큰 방을 대상으로 조선말 당시의 그 용도에 대하여 분석하였는데, 큰 방에 걸린 염불당 편액이나 봉안된 유물[72] 등을 통해 이 방이 곧 염불당으로 쓰였음을 알 수 있다.[73] 이처럼 대방 내 큰 방이 다름 아닌 염불당이었으므로, 이에 따라 대방은 염불당으로[74] 혹은 높여 관음전으로 지칭되었음을 알게 한다.[75]

---

아울러 대방 건축물 중 앞선 시기에 속하는 용궁사, 화계사, 보광사의 경우, 큰 방 내부에 예불공간을 설치하지 않고 주불전을 예불 대상으로 하는 과도기적 공간 구성을 하였던 사실에서도 갑작스럽게 대방이 나타난 것이 아니고 누의 연장선상에서 기능적으로 발전된 형태로 해석될 수 있으며, 한말에 지어진 청원사 대방에서도 마찬가지로 구성된 것을 볼 수 있다.

71) 연구대상 사찰 중 암자규모에 해당되는 천축사, 운수암 및 백련사에서는 대방 건립 당시 주불전과 관련한 위치관계를 논할 수 없는데, 운수암의 경우 별도의 주불전 없이 법당인 대방과 비로전만이 건립되었고, 백련사의 경우 대방인 관음전이 그리고 천축사의 경우 대방인 대웅전이 건립이래 현재까지도 주불전 역할을 하였던 바, 이들 大房이 곧 주불전이었기 때문이다. 또한 석남사의 경우 정전(正殿)과 대방이 조선말 이건되어 원래의 배치를 알 수 없으며, 지장사의 경우에는 대방 건립 당시의 주불전이 현존하지 않으므로 주불전과 관련한 위치관계를 논할 수 없겠다.

한편 양평 용문사 대방의 경우에는 큰 방 내부에 불단이 설치되면서도 그 후면으로 출입문이 구성되어 있는데, 이는 과거 주불전과의 관계를 고려하여 계획한 흔적으로 추론된다. 용문사는 일제에 의해 방화로 소실된 후, 1909년에 대방이 우선적으로 건립되었고 다음해인 1910년에 주불전인 대웅전이 건립된 사찰이므로, 이처럼 큰 방 내부 불단 후면의 출입문 구성 사실과 관련지어 볼 때, 대방 후면으로 주불전을 바라보도록 구성되었던 것을 추정할 수 있겠다. 현재는 대방 후면으로 신축 요사와 증축 요사가 자리잡고 있고, 대방 전면 좌측으로 신축 대웅전이 위치하고 있어 원래의 배치에 많은 변형이 가해진 것으로 보인다.

72) 봉안 유물을 보면, 원통암·흥천사 대방의 경우 그 내부에 아미타불을 봉안하였고, 화계사·봉영사의 경우에는 주불전에 아미타불상을 봉안하고 있다. 이러한 아미타 신앙의 핵심개념으로는 아미타불(阿彌陀佛), 48원(願), 서방극락정토(西方極樂淨土), 16관(觀), 왕생(往生)과 염불사상이 있는데, 염불은 극락에 태어나기 위한 방법으로서 아미타불을 연호(連呼)하는 것이다 (김봉렬, 이광노, 극락정토신앙과 정토계사찰의 가람구조, 대한건축학회논문집, 4권, 4호, 1988.8., p.64~65 참조). 따라서 이러한 아미타불상은 관음상과 함께 대방의 용도를 알려주는 중요한 유물임을 알 수 있다.

73) 석남사 대방의 경우 조선말 이건을 통해 원래의 배치가 변형되었고, 또한 대웅전 내에 봉안되었던 신라시대 불상도 분실되어 과거의 큰 방 용도를 파악하기 어렵다. 특히 이 대방의 경우 "기둥은 요사채 건물로서는 드물게 원형기둥을 사용하였으며, 상부에는 조각을 한 헛첨차를 끼워놓았다."(한국의 고건축 한국건축사연구자료 제17호, p.129)라고 하여 요사로 잘못 취급된 것을 볼 수 있다.

천축사 대방의 경우 큰 방 내부에 염불용 북이 설치되어 있는데, 현재는 7월 15일 백중일과 봄, 가을의 산신제에 주로 태고종단의 염불승을 초청하여 이 북을 사용해 의식을 치르고 있음을 현 주지 정혜(正慧)와의 면담(1999년 1월 14일)을 통해 알 수 있었는데, 이러한 북은 과거 큰 방의 용도를 분명하게 설명해 준다고 하겠다.

견성암 대방은 고려초 조맹이 수양하던 굴법당(窟法堂)을 큰 방에서 바라보도록 구성되어 있는데, 원래 자연동굴이었던 이 굴의 입구부를 이전 주지가 수리하여 현재 인공적인 굴로 보이게 되었음을 현 주지 김지원(金志遠)의 면담(1999년 1월 19일)을 통해 알 수 있었다. 이 굴에 안치된 청동 산신상은 1975년 조성 봉안된 것으로, 이전의 상황에 대해서는 알 수 없으며, 덧붙여 대방이 굴법당을 바라보도록 구성된 것과 대방 건립 시기가 1860년인 것을 볼 때, 큰 방 내부에 봉안된 약사여래좌상과 약사탱화(1900년 조성)는 건립 당시의 것으로 볼 수 없겠다.

지장사 대방의 경우 큰 방 내에는 어떠한 불단도 설치되어 있지 않으며, 현재 심우당(尋牛堂)이라는 현판을 달아 요사로 사용하고 있고, 사찰 배치에도 많은 변화가 생겨 이전의 주불전과 관련한 배치를 파악하기 힘든 실정이다.

74) 조선말 등장한 염불당을 대방이라 호칭하였고, 이와 병행하여 법당, 관음전, 또는 누의 명칭을 이용하여 지칭한 것을 앞서 살펴보았다. 또한 일제강점기에 건립된 사찰인 봉은사에서는 선불당(選佛堂)으로, 개운사에서는 대각루(大覺樓)로 지칭하는 것을 볼 수 있다. 반면 염불당이라는 호칭을 그대로 사용한 경우는 매우 드문 것을 알 수 있으며, 이로 인해 대방이 염불당임을

제 1장 | 대방 – 염불당 – 건축의 출현과 기원

이상 서울·경기 일원의 대방을 고찰한 결과 조선말기 불교계의 시대적 필요로 인해 등장한 대방은 염불당[76]으로서 요사 형식을 채용한 불전이며, 규모를 갖춘 사찰의 경우 본전 건물 전면에 위치한 건

규명하기 위해 내부의 봉안 유물이나 기타 염불 의식용 북 등을 고찰하여야 했다. 이처럼 염불당이라는 호칭을 그대로 사용하지 않은 원인을 살펴보지 않을 수 없는데, 이는 조선말의 승려였던 한용운이 조선불교유신론이란 논술을 통해 승려의 신분으로 염불당의 폐지를 주장한 것에서 볼 수 있듯이 당시 염불의 폐해가 적지 않았고, 이에 따른 자각에서 굳이 염불당이란 명칭보다는 다른 표현법을 사용한 결과에 기인한 것으로 해석된다.
이러한 상황은 조선말기의 염불 종찰이었던 건봉사의 경우도 마찬가지여서, 주불전 명칭을 극락전에서 대웅전으로 바꾼 것을 볼 수 있으며, 대신 그 아래 남쪽지역에 별도 영역을 확보하여 기존 역할을 대신할 극락전을 세워 염불도량으로서의 명맥을 이어나가고 있다. 이에 대해서는 朝鮮末期 乾鳳寺 伽藍의 構成과 變遷에 관한 硏究(김성도, 대한건축학회 논문집, 2002.2. 18권, 2호, p.106 및 108) 참조
75) 용궁사의 경우에는 대방과 관음전이 함께 건립되었으므로 대방이 관음전으로 지칭되지 않았음을 알 수 있다. 이 사찰의 경우 대방에서 관음전을 바라보며 염불을 행하였던 것으로 보이는데, 내부에 불단이 설치되지 않은 것에서 이를 알 수 있다. 고종 초기 건립된 화계사와 보광사의 대방에서도 이러한 예를 볼 수 있다. 이 경우 염불당으로 경영되었음을 알 수 있다.
76) 염불당의 기원에 대하여는 염불 도량이었던 건봉사 및 현재도 염불 수행을 방편으로 하고 있는 해인사 홍제암에서 그 실마리를 찾아볼 수 있겠다.
사명당이 주석하다가 입적한 해인사 소속 암자인 홍제암은 광해군이 사명당을 애도하여 내린 시호에서 그 이름이 비롯하였다. 현재 보물 1300호로 지정되어 있는 홍제암은 광해군 6년(1614)에 건립된 이래 영조 7년(1731)에 확장 개수된 불전으로서 염불용 큰 방 이외에 양측 전면으로 익사(翼舍)를 갖추었고, 또한 승방과 부속 공간 등을 갖춘 복합 불전이다. 이 건축물의 경우 사명당 및 여러 조사들의 진영 등을 갖춘 조사실이 갖춰져 있고 또한 부엌과 염불용 큰 방이 접하는 부위에 있어서의 기둥열 구성이 완전 일치하는 등 서울·경기 일원에 건립된 대방과 부분적인 차이점도 살펴볼 수 있지만, 전체적으로 볼 때 염불당인 큰 방이 형성되었고 복합적인 공간 구성을 이루며, 중요 부위에만 익공 양식이 형성되는 등 염불당으로서 대방의 전형을 보이는 바, 현존하는 가장 오랜 것이라 할 수 있겠다.
홍제암에서 죽음을 맞이했던 사명당은 생전에 수행의 일종으로 염불을 인정했던 휴정 아래서 3년간 수행한 바 있으며, 염불 도량인 건봉사에 주석하면서 그 소속암자인 낙서암 중수에도 참여하였고, 임진왜란 직후에는 왜적이 탈취해간 부처의 사리와 치아를 되찾아와 이중 치아 12매를 건봉사 낙서암에 보관하는 등 건봉사와 인연을 맺고 있다.
건봉사는 통일신라 때 한차례 만일염불회를 행한 이래로 조선 말기에 이르러 세 차례 더 만일염불회를 행하였던 염불 사찰인데, 고종 15년에 산불로 사찰 전체가 불타 그 직후 대대적으로 재건하였으나 6·25전쟁으로 재차 소실된 역사를 갖고 있다. 모든 영역을 염불 도량으로 구성하였던 것으로 해석되는 건봉사의 경우 당시 건축물은 남아 있지 않지만, 현존하는 기록과 지표조사보고서 등 자료를 통해 고종 15년 소실 후 재건된 배치를 파악할 수 있다. 이를 보면, 당시 주불전 영역에서 염불회라 지칭한 대방과 그 실제적 혹은 상징적 불단으로서 관음전을 함께 배치한 것을 볼 수 있다.
여기서 비록 임진왜란 직후의 건봉사 모습은 알 수 없지만, 통일신라 이래의 염불 도량이었던 이 사찰에서 관음전과 대규모의 대방이 함께 상호 주종 관계를 갖고 염불 공간을 형성하였던 조선 후기의 중심 영역 배치에서 엿볼 수 있는 염불 도량 구성과 이러한 사찰에 사명당이 머물렀던 사실, 또한 사명당이 입적했던 홍제암에서 당시 임진왜란 때 억울하게 희생된 이들을 극락으로 천도하기 위해 염불을 행하여 왔고 현재까지도 수행 방편으로 염불을 행하고 있는데, 이러한 홍제암에서 영조 7년(1731)에 개축된 염불당이 현존하고 있는 것에서 이러한 염불당의 기원을 추론해 볼 수 있다. 즉 임진왜란 이후에 전란으로 희생된 이들을 천도하여 극락 왕생하도록 기원할 필요가 있었는데, 이러한 역할에 건봉사와 같은 염불 도량은 매우 적합하였던 사찰이라 하겠다. 이러한 사찰에서 다수의 염불승 등이 모여 염불을 하면서 당시 희생자의 혼을 천도하였고, 이러한 과정에서 다수의 염불승을 수용할 수 있는 염불용 큰 방을 갖춘 복합 불전이 필요하게 되어 염불당을 형성하였던 것을 추론해볼 수 있다. 그리고 사명당이 이러한 사찰에 주석하다가 이후 옮겨가 입적하였던 홍제암에서도 역시 임진왜란때 희생된 이들을 천도하는 염불을 계속하였는데, 이에 따라 사명당의 사후에도 재차 동일한 형식의 건축물을 짓고서 다수의 승려들이 함께 염불로 그 원혼을 기원하였으나 암자 규모였기에 별도의 주불전 없이 그 자체가 주불전 역할을 하였던 염불당인 대방이 형성되었던 것으로 추론된다. 그러나 건봉사의 경우 임진왜란 직후 건립된 건축물과 같은 일차적 자료는 현존하지 않으며, 홍제암의 경우도 그 자료가 충분하지 않아 이러한 사명당의 흔적, 고종 15년을 전후한 건봉사의 배치 및 특성 연구를 통해 살펴 본 소실 직전의 가람 구성 배치, 현존하는 홍제암 건축물을 분석 등을 통해 이러한 염불당의 기원에 대하여 추론할 수 있을 뿐이다.

축물에 한정하여 쓰여진 것이었고, 화주(化主)가 그 책임자로서 사찰 내에서 독립적으로 경영된 건축물로 정의할 수 있다. 때로는 염불당이 암자 규모로 독립되어 소규모 사찰을 이루기도 하였는데 이 경우 대방이란 명칭은 잘 사용되지 아니하였고 주불전으로서의 염불당임을 나타내는 명칭인 관음전이나 법당이란 명칭이 사용되었다. 또한 사찰의 형편에 따라 익누가 설치되거나 되지 아니하는 경우가 나타났음을 알 수 있다.

## 2. 선암사 육방과 별방제

선암사(仙巖寺) 육방(六房)을 분석한 논문77)에는 대방에 대하여 "일정수의 승려집단이 거주하는 기본 거주 단위로서 한 사찰에 여러 채 있는 경우가 있다"78) 라고 하여 대방을 정의하고 있으며, 또한 육방을 육대방(六大房)의 줄인 말79)로 적고 있다. 이러한 해석은 지금까지 살펴 본 대방의 내용과는 전연 다른데, 이것은 선암사 육방이 조선 말기에 널리 유행한 별방제(別房制)의 한 형태였음을 간과한 데서 비롯된 것이라 하겠다.

조선말기 성행한 별방제는 사찰 안 가옥(家屋)의 각 방(房)을 각 승려에게 분배하여 거주하게 하는 제도를 말한다. 이 시기 사찰의 각 실은 곧 1호(戶)와 같은 작용을 하여 사승(師僧)과 제자(弟子)가 이곳에서 1호를 조직하고 독립생활을 하게 되었다80). 별방제는 사유재산제를 배경으로 하여 발생81)한 것으로서 일반적으로 널리 행해지게 된 것은 조선말기라 할 수 있으며, 다카하시(高橋亨)는 당시 옛 제도를 기억하는 노승(老僧)을 면담하여 별방제가 발전한 시기를 밝힌 바, 그에 따르면 별방제의 발달은 일제시대를 기준으로 해서 길게 잡아도 백년 전까지 거슬러 올라가지 않으며, 사유재산제 성립 역시

---

77) 김성우, 정인종, 선암사 육방건축의 형식과 특징, 대한건축학회논문집 13권 10호 통권 108호, 1997. 10., pp. 149~159
78) 앞의 논문, p.150
79) 앞의 논문, p.150
80) 高橋亨, 앞의 책, p.1033 및 韓國文化史大系 Ⅱ 學術·思想·宗敎史, 고려대학교민족문화연구소, 1976, p.736 참조
81) 다카하시(앞의 책, p.1035~1036)는 "사유재산제가 성행함에 이르러 승려의 호적이 명료해져 각 사찰 소속의 승려는 대를 이어 사적(寺籍)을 움직이지 않게 되었다. 왜냐하면 원래 사유재산이 없었을 때에는 소위 나는 새와 같이 행방이 일정하지 않고, 스승을 찾아 산수(山水)를 쫓아 발길 닿는 곳에 안돈소(安頓所)를 얻었으나, 일단 한 사찰의 부근에 논밭을 구매하여 의식에 관한 고정 재산이 형성되면서 그 후 임의로 주거를 옮기지 못하였다. 이곳을 떠나 멀리 가면 추수 때 돌아와 감독을 하지 않으면 안되니 일만 많고 손해가 쌓인다. 그래서 드디어 일반인과 마찬가지로 그 사찰의 소재지에 토착해서 삶을 도모하지 않을 수 없다. 그리하여 명확하게 사찰에 적(籍)을 붙인 승려가 생겨났고, 이는 사찰의 집단(合群的) 생활에 영구적인 의의를 주게 되어 대개 승려로서 다른 절로 적을 옮기고자 할 때에는 적당한 시기에 소유한 논밭을 매각하고, 적을 두고자 하는 사찰의 부근에 새로 논밭을 구입한다"라고 밝히면서 별방제가 성립될 수 있었던 요인의 하나로 사유재산제를 들고 있다.
이와 관련하여 강원도 고성에 위치한 건봉사의 경우에도 별당 혹은 별실로 지칭한 별방제가 도입된 것을 볼 수 있으며, 특히 금강산건봉사낙서암중건기(金剛山乾鳳寺樂西庵重建記, 1922)에서는 학림과 완허 두 선사가 별방으로 해석되는 별실이 갖추어져 있지 않음을 탄식하여 이를 갖추고자 부지런히 모연(募緣)하는 이외에 공적인 재물까지 보태어 완성한 기록을 볼 수 있다. 그런데 건봉사의 경우 이들 별방에 해당하는 별당(극락전 남별당, 낙서암 남별당)이 개인 재산이 아닌 사찰 재산에 속한 사실에서 당시 별방제 운영시 소유관계는 사찰에 따라 다른 것을 알 수 있다.

제1장 | 대방 - 염불당 - 건축의 출현과 기원

이 시기를 벗어나지 않을 것이라 하였다.

이전에 별방 설치가 전혀 없었던 것은 아니지만, 대부분 나이든 사승(師僧), 병든 승려의 정양소(靜養所)로서 사용되었다. 이 경우 대개 개인이 한 방을 점령하는 경우는 없었으며, 이른바 사중(寺中)의 대중(大衆)으로서 일동(一同)이 큰 방에 베개를 나란히 놓고 자며, 자리를 깔고 앉았던 것이다. 그러나 사유재산제가 한층 발달하고 각자의 생활에 독립적 부분이 많아짐에 따라 자연히 별방제 발달을 촉진하여 마침내 일개 승려로서 체면을 유지하고자 하는 자는 반드시 별방을 차지해야 하였다[82]. 이러한 별방제가 한층 발달하면 별가제(別家制)가 되었다. 이것은 사찰구역 안에 별가(別家)를 세우고 여기에서 완전히 일가(一家)의 생활을 이룩하는 것이다[83].

조선말기 성행한 별방제는 사승(師僧)과 제자(弟子)가 1호를 조직하여 독립 생활을 하는 제도였으며, 선암사(仙巖寺)의 경우 과거 일제시대까지 경내에 여섯 명의 조실(祖室)스님이 있어 이들을 중심으로 일반승려들은 별도의 거주 집단을 이루어 공동생활을 하였다[84]라는 사실은 여섯 명의 사승(師僧)이 독립적인 거주 단위를 형성해 별방제로서의 육방(六房)을 이루었음을 분명히 알려주고 있다[85]. 특히 선암사의 경우 육방은 설선당(說禪堂), 심검당(尋劒堂), 천불전(千佛殿), 창파당(滄波堂), 달마전(達摩殿), 무우전(無憂殿)으로 이중 창파당을 제외한 나머지 다섯 채의 별방은 모두 담으로 구획되어 있고 심지어 별도의 출입문까지 설치되어 독립된 영역을 형성하고 있는 바, 별방제에서 별가제로까지 발전이 이루어진 것으로 볼 수 있겠다[86].

따라서 선암사의 육방은 당시 사유재산제의 발달에 따라 성립된 별방제의 한 유형으로서 육대방(六大房)을 줄인 용어가 아니라 육별방(六別房)을 지칭하는 것임을 알 수 있다. 그리고 육방의 각각에 대해 오늘날 사찰에서 대방이라 지칭할 경우, 이는 사전의 일반적 의미인 '큰 방이 있는 건물'을 나타내

---

82) 高橋亨, 앞의 책, p.1033~1034 및 고려대학교민족문화연구소, 앞의 책, p.737 참조
83) 高橋亨, 앞의 책, p.1035와 고려대학교민족문화연구소, 앞의 책, p.737 참조
84) 김성우, 정인종, 앞의 논문, p.150
85) 강원도 건봉사에서도 별방제가 도입된 것을 볼 수 있겠다. 즉 건봉사 중심 영역(극락전 영역) 부근에 형성된 낙서암 영역에서는 1902년에 남별당이 건립되는데, 학림 및 완허 두 선사가 별실이 갖춰있지 않음을 탄식하여 개인적으로도 부지런히 모연하는 이외에 공적 자금까지 보태어 남별당을 건립하였던 기록을 금강산건봉사낙서암중건기(金剛山乾鳳寺樂西庵重建記)에서 살필 수 있다. 특히 건봉사 중심 영역 전면으로 독립하여 새롭게 형성된 극락전 영역에서는 별당 주위에 담장을 둘러 독립성을 유지하도록 구성한 것을 볼 수 있어, 건축적으로는 별가제까지 확대된 별방제가 도입되었음을 알 수 있다. 또한 1890년에 재건된 건봉사 팔상전 지역의 경우 이곳에서 따로 봉불의례가 이루어지고 별도의 사중(寺中) 살림살이가 영위되어 왔다고 하는 기록(건봉사지지표조사보고서, p.94)을 통해 이러한 별방제의 모습을 확인할 수 있다.
86) 高橋亨(앞의 책, p.1035)은 별가제에 대하여 "경성부근의 사찰에서 보는 바이다. 사찰 구역 내에 별가(別家)를 세우고 여기에서 純然한 일가(一家)의 생활을 이룩하는 것이다. 여기에 이르러 승려의 생활은 전연 속인(俗人)의 호주(戶主)와 다를 바 없고, 드디어는 축첩(蓄妾)을 하고 술을 빚고 아이의 강보(襁褓)를 햇볕에 말리기까지 이른다. 다행히 별가제는 경성 부근의 사찰 외에 지방에서는 아직 나타나지 않고, 충청도의 일부에서 자주 첩을 두고 술집 영업을 시키는 승려를 보았지만, 차마 사찰 경내에 있게 하지는 않고 산문 밖 민가 사이에 두는 것을 상례(常例)로 하였다. 조선에서 승려가 가장 천대를 받는 곳은 경성 부근이며, 동시에 품행이 가장 타락한 곳도 경성 부근이었으니, 이는 조금도 이상한 일이 아니었다."라고 기록하고 있다. 이러한 모습은 사찰을 중심으로 일가를 이루었던 당시 대처승에서 엿볼 수 있겠으며, 건축 형식으로서 별가제가 도입됨에 따라 서울 인근에서는 이처럼 퇴폐적 모습을 띠고 승려 개인의 재산으로서 성립되기도 하였겠지만, 강원도 건봉사의 경우처럼 지방에서는 별가제가 도입되었다고 하여도 사찰 재산으로서 성립된 것도 볼 수 있다.

는 것일 수는 있어도 지금까지 논해 온 조선말기의 염불당을 지칭하는 대방은 아니라 하겠다. 또한 이 경우 "일정수의 승려집단이 거주하는 기본 거주 단위"라는 해석에도 문제가 제기되지 않을 수 없는데, 별방제가 행해질 경우 각각의 별방 규모는 사승(師僧)이 지닌 재산 능력에 따라 그 제자 규모나 생활 형편 등이 달라지기 때문이다.

## 3. 서울·경기 일원 대방의 평면 구성

현존 대방 가운데 그 연혁이 확실한 것으로서 서울·경기 일원에서 가장 오래된 것은 1812년 건립된 천축사 대방인데, 이는 19세기 염불이 성행한 시점[87]과 그 시기를 같이 하는 것을 알 수 있다. 이러한 천축사 대방과 함께 조선말의 현존 대방을 대상으로 평면을 구성하는 공간 요소를 정리하면 표 1-6과 같다.

표에서 대방 평면을 구성하는 요소를 살펴보면, 큰 방, 그 전면이나 후면, 혹은 전후면으로 형성되는 툇마루, 부엌, 화주와 염불승을 위한 승방, 우측[88]의 접대용 익누(翼樓)와 좌측의 승려 휴식용 익누(翼樓), 그리고 다락이나 창고와 같은 부속공간이 있다. 이 가운데 모든 대방에서 큰 방과 툇마루, 화주용 승방, 부엌, 그리고 부속공간이 공통적으로 나타나므로 가장 기본적인 구성 요소인 것을 알 수 있다. 그리고 여기에 큰 방 전면으로 익사(翼舍)가 구성되기도 하고 안되기도 하는데[89], 우측의 접객용 익누(翼樓)만으로 구성되는 경우와 함께 좌측의 승려 휴식용 익누(翼樓)까지도 갖추어지는 경우를 볼 수 있으며[90], 또한 누(樓) 대신 마루방(房)이나 온돌방(房)으로 구성되는 특수한 경우[91]도 볼 수 있다.

따라서 조선말 건립된 대방은 평면을 구성하는 이러한 기본 구성 요소에 갖추어지는 익사(翼舍)의 수에 따라 크게 3가지 유형으로 구분될 수 있겠다.

---

87) 선종 일변도의 조선시대 불교 교단에서 나무아미타불을 읊는 고성염불의 풍조는 용암혜언(龍岩慧彦, 1783년생)에서 비롯하여, 이후 많은 사찰에서 만일회를 개최하고 미타불을 칭염(稱念)하여 정토왕생을 원구하게 된다. 만일회 중에서는 건봉사와 망월사의 만일회가 유명하였다. 건봉사에서는 전후 3회의 대회를 열었으니 처음은 순조 2년(1802)에 용허(聳虛)가 일으켜 마쳤고, 두 번째는 철종 2년(1851)에 벽오(碧梧)가 계설(繼設)하여 마치고, 세 번째는 만화(萬化)가 고종 18년(1881)에 시작하여 융희 2년(1908)에 마쳤다. 이지관, 한국불교소의경전, 1983, p.589, 황선명, 조선조종교사회사연구, 일지사, 1987, p.153~154, 우정상,김영태, 한국불교사, 진수당, p.159~160, 高橋亨, 李朝佛敎, 國書刊行會, p.905~906, 고성군, 건봉사지지표조사보고서, 1990, p.12~15 참조
88) 위치와 관련하여 이 책에서는 건축물 전면에 위치한 관찰자의 시점을 중심으로 정리하였다.
89) 이는 사찰의 경제력과 접객의 중요도에 따라 결정되었다고 하겠다. "김성도, 조선시대말과 20세기 전반기의 사찰 건축 특성에 관한 연구 - 서울·경기 일원의 불전을 중심으로, 고려대 박사학위논문, 1999.8., p.75~77" 참조
90) 우측의 접대용 익누(翼樓)를 생략하고 좌측의 승려 휴식용 익누(翼樓)만으로 구성되는 경우를 볼 수 없는 바, 접객의 중요성을 읽을 수 있다.
91) 대개 큰 방 전면의 익사(翼舍)는 대지 경사를 활용하여 누(樓)로 구성되지만, 운수암 대방에서는 경사가 없는 평지에 위치하므로 좌측 익사가 마루방(房)으로 구성되고, 우측 익사가 온돌방(房)으로 구성된 변형된 형식을 보이고 있다. 한편 내부를 모두 터서 하나의 큰 방으로 개조하기 이전의 흥국사(남양주 소재) 대방에서는 좌측 익사가 누(樓)로 구성되지만 우측 익사의 경우 이와 다르게 방(房)으로 구성되는데, 원래는 좌우 양 익사 모두 누(樓)였던 것으로 보인다.

우선, 기본 구성 요소에 큰 방 전면의 좌우 양측으로 익사가 2개 구성되는 유형으로서, 천축사, 흥천사, 흥국사, 경국사, 운수암의 것이 해당되며, 이를 큰방전면 쌍익사형(雙翼舍形)이라 지칭할 수 있겠다.

다음으로 큰 방 전면 우측으로 익사가 1개 구성되는 유형으로서, 견성암, 화계사, 보광사, 백련사의 것이 이에 해당되는 바, 이를 큰방전면 단익사형(單翼舍形)으로 지칭할 수 있으며, 명적암 대방 역시 이 유형에 속하지만 익사의 위치가 우측이 아닌 좌측으로 구성된 것을 볼 수 있다.

마지막으로 익사가 구성되지 않는 유형으로서, 원통암, 용궁사, 봉영사, 미타사, 청원사, 용문사, 석남사, 지장사의 것이 이에 해당되며, 이를 큰방전면 무익사형(無翼舍形)으로 지칭할 수 있겠다.

이들 가운데 연혁이 알려진 것으로서 가장 오래된 천축사 대방의 경우에는 큰 방과 툇마루, 화주[92]와 염불승을 위한 승방, 염불 대중에게 식사를 제공하는 부엌, 그리고 부속공간의 기본적 평면 구성 요소 이외에 큰 방 전면으로 좌우양측의 익누(翼樓)까지 모두 갖추고 있다. 따라서 서울·경기 일원에 대방이 성립되었던 초기에는 이처럼 양 익누가 갖추어진 완결된 형식으로 나타났음을 볼 수 있다.

한편 표 1-6에서 승방의 수를 살펴보면, 방 하나에서 여덟 개까지 구성되는 것을 알 수 있다. 그런데 대방 몸채의 경우 간막이 구성을 통해 쉽게 공간을 분리 또는 융합할 수 있는 그 구조적 특성으로 인해, 현재의 방 분할(分割) 상태[93]가 이전의 경우와 일치하는 것으로 보기에는 어려운 측면이 있다. 하지만 이러한 경우를 고려하여도 염불승의 증감에 따라 다양하게 승방의 수가 나타나는 것을 확인할 수 있으며, 또한 대방 후면의 확장을 통해 얼마든지 방 개수를 늘려나갈 수 있는 평면 확장성을 갖춘 대방의 유연한 구조적 우수성도 엿볼 수 있다.

이상 대방을 구성하는 여러 크고 작은 공간에는 큰 방, 툇마루, 익누, 화주용 승방, 염불승용 승방, 부엌, 그리고 부속공간들이 있으며, 기본 평면 구성 요소로는 큰 방, 툇마루, 화주용 승방, 부엌 및 부속공간이 있고, 기타 접대용 우측 익누(翼樓)와 승려의 휴식용 좌측 익누(翼樓), 그리고 염불승용 승방이 사찰의 경제력이나 접객 및 승방의 필요성에 따라 설치되기도 하고, 때로는 제외되기도 함을 알 수 있다.

---

92) 여기서는 조선말기 염불당의 책임자로서 독립된 생활을 영위하였을 뿐 아니라 그 직(職)을 법손(法孫)에게 물려주어 세습하였던 화주를 언급함. "김성도, 앞의 논문, p.78 주)171 참조"

93) 현재 대방에서 나타나는 승방 수를 보면, 방 1인 경우가 4곳, 방 2인 경우가 3곳, 방 3인 경우가 4곳, 방 4인 경우가 1곳, 방 5인 경우가 2곳, 방 6인 경우가 1곳 있으며, 방 7인 경우도 1곳(화계사)이 있으나 이는 내부 개수로 인해 부엌을 2개의 승방으로 만들고, 보화루도 승방으로 개축함에 따른 것이어서 원래는 방 4인 경우에 포함되는 것이라 하겠으며, 방 8인 경우가 1곳 나타나고 있다. 경국사의 경우는 개축으로 인해 내부가 하나의 큰 공간으로 이루어져 이전의 승방 모습을 찾아보기 곤란하다.

### 표 1-6. 대방의 평면 구성

| 사찰 및 건물명 | 평면 구성 | 비 고 | 대방 유형 | 사찰 유형 |
|---|---|---|---|---|
| 석남사 대방 | 큰방(전면 툇마루)<br>+승방(방 1)+부엌+부속공간 | • 승방이 예외적으로 큰 방과 부엌 사이에 위치하며 전면에 툇마루<br>• 여러 차례의 중수로 인해 변형이 적지 않음<br>• 우측 후면의 승방 2실은 후대에 증축된 것이라 함 | 큰방전면무익사형 | 주불전과 대방이 함께 구성된 사찰 |
| 용궁사 대방 | 큰방(전면 툇마루)<br>+승방(방 3)+부엌+부속공간 | • 승방 : 부전승방1, 공양주방1, 승방1<br>• 부전승방 전면으로 큰 방 전면의 툇마루가 이어짐 | | |
| 봉영사 대방 | 큰방(전면툇마루)<br>+[승방(방 1)]+부엌+부속공간 | • 승방은 현재 터서 큰 방의 일부로 변경<br>• 승방 전면으로 큰 방 전면의 툇마루가 이어짐<br>• 1971년 이건하면서 부엌부가 콘크리트조로 구성됨 | | |
| 미타사 대방 | 큰방[전후툇마루]<br>+승방(방 2)+부엌+부속공간 | • 큰 방의 전후툇마루는 현재 없어짐<br>• 부엌 전면의 조실스님방은 개축시 없애어 현재 지대방 1곳만 남음 | | |
| 청원사 대방 | 큰방(전후툇마루)<br>+승방(방 3)+부엌+부속공간 | • 부엌은 현재 보일러실과 목욕탕이 붙은 입식 부엌으로 개조<br>• 큰 방의 전후면과 함께 승방의 전후면도 툇마루로 구성<br>• 승방 : 주지승방1, 보살방1, 승방1 | | |
| 용문사 대방 | 큰방(전후툇마루)<br>+승방(방 2)+부엌+부속공간 | • 승방 : 현재 지대방1, 보살방1<br>• 승방 전면으로 큰 방 전면의 툇마루가 이어짐 | | |
| 지장사 대방 | 큰방(전면툇마루)<br>+[승방(방 1)]+부엌+부속공간 | • 승방은 현재 터서 큰 방의 일부로 변경<br>• 승방 전면으로 큰 방 전면의 툇마루가 이어짐 | | |
| 견성암 대방 | 큰방(전면 툇마루)<br>+승방(방 3)+[부엌]+부속공간 | • 승방 : 주지승방1, 총무승방1, 보살방1<br>• 부엌은 현재 창고와 보일러실 및 화장실로 개조됨 | 큰방전면단익사형 | |
| 화계사 대방 | 큰방([전]후 툇마루)<br>+전면우측익루<br>+승방(방 7)+부엌+부속공간 | • 현재 전면툇마루는 큰 방의 일부가 됨<br>• 부엌을 방으로 개축해 2실 증가되며, 전면의 보화루도 승방으로 개축 | | |
| 보광사 대방 | 큰방(전후툇마루)<br>+전면우측익루<br>+승방(방 5)+부엌+부속공간 | • 승방 : 주지승방1, 주지승 침실1, 지대방2, 조사실1 | | |
| 홍천사 대방 | 큰방(전후툇마루)<br>+전면좌우익루<br>+승방(방 5)+부엌+부속공간 | • 97년 말 내부 개수하여 부엌 일부와 양 익누(翼樓) 등이 포함된<br> 큰 방1, 종무소1, 부엌1로 실구성 바뀜 | 큰방전면쌍익사형 | |
| 흥국사 대방 | 큰방[전후툇마루]<br>[+전면좌익루·우익사]<br>[+승방(방 8)+부엌+부속공간] | • 1년전 내부 개보수하여 현재 전체가 하나의 큰 방으로 개축 | | |
| 경국사 대방 | 큰방[전후툇마루]<br>[+전면좌우익누]<br>[+승방] [+ 부엌] | • 현재 모두 터서 큰 방으로 사용<br>• 기둥 구조를 볼 때 큰방 전후면으로 툇마루가 있었던 것으로 보임<br>• 좌우 익누(翼樓) 앞 굴뚝이 과거 부엌이 있었음을 알려줌 | | |
| *원통암 대방 | 큰방(전후 툇마루)<br>+승방(방 3)+부엌+부속공간 | • 승방 : 주지승방1, 승방2<br>• 1987년 해체 | 큰방전면무익사형 | 주불전이 대방인 사찰 |
| 명적암 대방 | 큰방[전후 툇마루]<br>+전면좌측익사<br>+승방(방 2)+부엌+부속공간 | • 현재 좌측 익사(翼舍)는 승방으로 개축<br>• 부엌은 개조되어 현재 주지 침실 및 응접실로 바뀜.<br> 부엌 우측으로 증축된 공간에 부엌 및 세면실을 설치 | 큰방전면단익사형 | |
| 백련사 대방 | 큰방(전후툇마루)<br>+전면우측익누<br>+승방(방 1)+[부엌]+부속공간 | • 부엌은 현재 사무소로 개축<br>• 우측 익누(翼樓)는 현재 신중단으로 사용 | | |
| 천축사 대방 | 큰방(전면 툇마루)<br>+전면좌우익누<br>+승방(방 4)+[부엌]+부속공간 | • 승방 : 주지승방1, 승방3<br>• 부엌과 좌측 익누는 현재 터서 큰 방으로 편입<br>• 우측 익누는 종무소로 개조 | 큰방전면쌍익사형 | |
| 운수암 대방 | 큰방(전후툇마루)<br>+전면좌익[누]·우익사<br>+승방(방 6)+부엌+부속공간 | • 전면 좌측 익누(翼樓)는 현재 방(房)으로 개축<br>• 고방을 개축하여 세탁실을 설치하여 현재 승방6, 세탁실1로 구성 | | |

[ ] 안은 원래 존재했으나 개축으로 인해 다른 실로 용도가 바뀐 공간임
* 원통암 대방의 경우 현존하지 않지만 1985년 이래 거주해 온 한주 청민과의 면담을 통해 실 규모 및 평면 형태 파악

## 4. 건봉사 및 해인사 홍제암 분석과 대방의 기원

　조선시대 말기에 이르러 서울·경기 일원에 있는 사찰에서 성립된 새로운 형식의 불전인 대방에 대하여 앞서 그 형성배경과 변천과정 및 평면구성에 대하여 살펴보았다.

　이러한 대방은 서울·경기 일원에서는 순조조에 처음 출현하였는데, 염불당의 성립이라는 관점에서 볼 때 통일신라 때에 만일염불회를 처음 시작하고, 조선말 순조 때에 이르러 제2차 만일염불회를 개최하며, 이후 조선 말기까지 두 차례 더 만일염불회를 행한 염불 도량인 강원도 고성에 위치한 건봉사에 대하여 구체적으로 살펴볼 필요가 있다.

　이 사찰은 왕실의 적극적인 지원 속에 조선말 대규모 염불 도량으로 발전하였으나, 고종 15년(1878)에 산불로 인해 사찰 전체가 전소되었으며, 이후 대대적으로 재건되었으나 6·25 전쟁의 와중에 재차 완전 소실되었다. 이에 고종 15년에 소실된 직후 곧 재건되어 일제시대까지 존속했던 시기의 건봉사에 관련된 사진과 문헌 등의 자료로부터 이 가람의 당시 성격을 이해하려는 시도가 있어왔다[94]. 그러나 기존 연구에서는 검토되지 않은 여러 사적기에 대한 철저한 분석과 함께 조선말기 불교계에 대한 필자의 연구 성과 중 하나로서 염불당인 대방에 대한 성과[95]로 인해, 상호 관련성을 갖고서 조선말기 염불도량인 건봉사 가람의 성격에 대하여 올바른 해석을 할 수 있겠다.

　또한 해인사 홍제암은 사명당이 주석 및 입적했던 곳으로서, 사명당은 이전에 염불 도량인 건봉사에 주석하면서 그 중수를 담당[96]하였다가 이후 이곳으로 자리를 옮겼던 기록[97]을 살필 수 있다. 홍제암은 사명당이 입적한 후 광해군이 그의 죽음을 애도하며 하사했던 시호인 자통홍제존자(慈通弘濟尊者)에서 기인한 것으로, 사명당의 진영상(眞影像)을 봉안하고서 임진왜란 이후 전쟁에서 죽은 망자의 원혼을 극락으로 인도하는 역할을 지속적으로 해온 염불당이며[98], 지금까지도 나무아미타불을 주로 하

---

94) 홍윤식의 한국의 가람 (도서출판 민족사, 1997)에서 이에 대한 내용을 볼 수 있다.
95) "조선말기 서울·경기 일원의 사찰대방건축에 관한 연구", "고종년간 서울·경기 일원의 사찰대방의장에 관한 연구", "조선시대과 20세기 전반기의 사찰 건축 특성에 관한 연구", "A study on the Characteristics of Space of the Daebang Building in Buddhist Temples of Seoul and Kyonggi Province in the Late Chosun Dynasty", 그리고 "19世紀から20世紀前半期までのソウル・京畿地域の寺院大房の外部空間に關する研究"가 있다.
96) 金剛山乾鳳寺事蹟及重刱曠章總譜에는 다음과 같이 기록되어 있다. "…亘千古而維舊維新 有松雲大師 號曰泗溟 白密州故山 至此薙髮乎愼默大德 住錫多年 學高解明 當龍己之變 仗節募義 効勞王室 其豊功偉烈 國之所誦也 往日本時 刷獲世尊齒牙舍利 還奉鷲棲山通度壇塔 又十七枚齒牙 則銀塔分藏 樂西庵者師之本寺 而其後霜月彌塔 攻石層塔 安齒牙于寺之西麓是矣…" 또 金剛山乾鳳寺樂西庵重建記에는 다음과 같이 기록되었다. "…越至 李朝宣祖大王六年癸酉 泗溟惠能兩古錐 亦爲重修…" 아울러 乾鳳寺及乾鳳寺末寺史蹟(이대련, 乾鳳寺, 1928, p.3)에도 다음 기록을 볼 수 있다. "…二千六百三十二年(朝鮮宣祖三十八年乙巳) 泗溟이 日本에 使行하얏다가 佛의 齒牙와 佛舍利等을 奉還하야 本寺에 藏하다.…중략…二千六百三十三年(朝鮮宣祖三十九年丙午) 泗溟惠能兩師- 寺를 重建하다.…"
97) 건봉사지 실측조사 보고서, p.11 참조 및 한국불교연구원, 한국의 사찰 7 – 해인사, 일지사, 1997, p.112~116 참조
98) 2000년 9월 26일 현재 21년째 거주중인 사무장과의 면담을 통해 홍제암에서는 임진왜란 후 사명당이 주석하다가 입적한 이래로 당시 전쟁에 죽은 원혼의 명복과 함께 극락으로의 인도를 기원하는 도량으로 역할을 수행하여 왔다는 내용을 전해들을 수 있었다. 이곳에서는 현재도 나무아미타불을 위주로 하여 광쇠와 북을 치면서 염불을 하였는데, 간혹 지장보살 연창과 함께 반야심경도 포함시켜 외우는 것을 볼 수 있었다.

여 염불을 행하고 있다.

이 절에서는 이러한 건봉사 가람과 해인사 홍제암 건축물에 대한 특성 고찰 및 사명당과의 관계 등을 분석 고찰함으로써 조선 말기 서울·경기 지역에 건립된 대방의 기원에 대한 해석을 시도하도록 한다.

## (1) 건봉사

강원도 고성군 오대면 냉천리에 자리잡은 건봉사는 신라 법흥왕 7년(520)에 아도화상(阿道和尙)이 고성현 금강산 남쪽 산기슭에 절을 개창하고 원각사라 이름하면서 시작하였다. 경덕왕 17년(758)에 이르러 발징화상(發徵和尙)이 원각사를 중건하고 만일염불회(萬日念佛會)를 개최하였으며[99], 고려 태조왕 20년에 이르러 원각사란 절 이름은 서봉사로 바뀌었고, 고려 공민왕 7년(1358)에는 건봉사로 바뀌었다[100].

조선시대에 들어와서는 불교가 배척받던 어려운 시기였음에도 세조 이래로 왕실에서 원당 사찰로 삼고서 어실각을 지어 적극적으로 지원함[101]에 따라 건봉사는 더욱 번성하였다. 특히 이곳은 사명당이 주석하였던 사찰로, 사명당은 선조 6년(1573)에 낙서암을 중수[102]한 이래, 임진왜란 때에는 이곳에서 거병하였고[103], 선조 38년(1605)에는 왜병이 통도사에서 탈취해간 부처의 치아와 사리를 되찾아 이 사찰의 낙서암에 보관[104]하였으며, 다음 해인 1606년에는 피폐된 사찰을 중건하였다[105]. 이에 따라 건봉

---

99) 이대련(앞의 책, p.1)은 이 때의 만일염불회가 조선시대에 행해진 염불만일회의 효시가 되었다고 적고 있다.
100) 金剛山乾鳳寺事蹟, 金剛山乾鳳寺事蹟及重刱曠章總譜, 金剛山乾鳳寺樂西庵重建記 그리고 乾鳳寺及乾鳳寺末寺史蹟 참조. 금강산건봉사사적 및 금강산낙서암중건기에는 각각 "窃以本寺 刱自新羅法興王六年 卽天監十九年庚午也…" 및 "窃以本庵 刱在新羅法興王六年庚午…"라 기록하여 법흥왕 6년을 경자년으로 기록하고 있는 반면, 건봉사급건봉사말사사적에서는 법흥왕 7년을 경자년으로 하여 표기한 것을 볼 수 있다. 이것은 앞의 것이 유년칭원법(踰年稱元法 : 고려사에서처럼 전왕 서거의 해, 즉 신왕 즉위의 해를 즉위년으로, 이듬해를 원년으로 삼은 칭원법, 변태섭, 한국사통론, 삼영사, 2000, p.160 및 p.246 참조)을 적용한데 대하여, 뒤의 것에는 훙년칭원법(薨年稱元法 : 삼국시대에 사용한 것으로서 전왕이 서거한 해, 즉 신왕이 즉위한 해를 원년으로 삼은 칭원법)을 적용한데 따른 차이라 판단된다.
101) 조선시대 초기인 1465년에 세조가 건봉사에 들러 원당으로 정하여 어실각을 지은 이래로, 1469년 예종도 선대의 뜻을 받들어 원당으로 정하였으며, 임진왜란 당시 피폐된 절을 사명과 혜능 두 대사가 복구한 이래로 효종이 1650년에 역시 원당으로 정하고 어실각을 중건하였다. 그 후 영조년간인 1754년에 정성왕후가 팔상전을 짓고서 원당으로 정한 기록을 볼 수 있다. 이에 대해서는 금강산건봉사사적, 금강산건봉사사적급중창광장총보, 대한국강원도금강산간성군건봉사사적비, 금강산건봉사낙서암중건기 및 건봉사급건봉사말사사적 등에서 그 기록을 볼 수 있으며, 특히 금강산건봉사사적급중창광장총보의 경우 사명당이 일본에서 되찾아 온 부처의 치아와 사리에 대한 내용이 구체적으로 기록되어 있다.
102) 금강산건봉사낙서암중건기에 "…李朝宣祖大王六年癸酉 泗溟惠能兩古錐 亦爲重修 至肅宗大王四十一年甲午 龍岩禪師 又爲重葺云 而至於 李太王九年壬辰 聖鳳禪師與鶴林萬化兩公 同心重修…"로 기록된 것을 볼 수 있다.
103) 금강산건봉사사적에 "…而此寺卽泗溟大師落髮本寺也 當壬辰時 仗節倡義於此寺 而生前眞影 願佛 銀塔 袈裟 念珠 馬上長衫 烏銅香爐 鐵杖 木樏鞋等物 皆在於此寺故也…"라고 기록하고 있다.
104) 釋迦如來齒狀立塔碑銘並序 (蓬萊山春坡第二世雲坡門人 月峯禪師雙式撰書并篆, 皇明崇禎紀元後一百年太歲丙午六月日立)에 "聞夫於過去世 慈藏法師 躬入西國 而得釋迦如來頂骨齒牙舍利及金點袈裟若干 藏之於梁山通度寺未知其幾千年之由來矣 中間倭來取去 擧國失望 泗溟大禪師唯政 奉使于日本 還取齒相二十二枚 藏之於乾鳳寺之樂西庵…"이라고 기록하

제 1장 | 대방 – 염불당 – 건축의 출현과 기원

사는 어실각[106]을 갖춘 이외에 부처의 치아까지 봉안하게 되었다. 영조 30년(1754)에는 정성왕후가 팔상전을 짓고서 원당으로 정하였으므로[107], 이후에는 어실각이 있던 주불전 영역과 부처의 치아가 있던 낙서암 영역 이외에 극락 왕생을 기원하였을 팔상전 영역도 건봉사에서 중요한 요소로 자리잡았을 것으로 판단된다.

---

고 있다. 광무10년(1906)에 기록된 金剛山乾鳳寺釋迦如來靈牙塔奉安碑에는 "唐貞觀十二年戊戌 新羅僧慈藏入唐淸涼山 奉釋迦頂骨舍利齒牙袈裟數珠而還 藏于五臺鷲棲獅子葛來西山 本朝壬辰之難 日本人以爲寶持去 其後甲辰 僧泗溟 啣命 入日本 遍尋而奉還 分藏于諸寺 而靈牙十二枚 藏杆城之乾鳳寺 盖寺卽泗溟之師信默卓錫之所 爲關東最勝之區也…"라고 기록하고 있다. 또한 금강산건봉사사적급중창광장총보에는 "…號曰泗溟 白密州故山 至此薙髮平愼默大德 住錫多年 學高解明 當龍己之變 仗節募義 効勞王室 其豊功偉烈 國之所誦也 往日本時 刷獲世尊齒牙舍利 還奉鷲棲山通度壇塔 又十七枚齒牙 則銀塔分藏 樂西庵者師之本寺 而其後霜月肇業 功石層塔 安齒牙于寺之西麓是矣…"라고 기록하고 있다. 여기서 부처의 치아 개수가 앞의 두 경우에는 12매로 되어 있으나, 마지막 경우 17매로 차이를 보이고 있는데, 치아를 보관한 탑에 기록된 전자의 내용이 더 정확할 것으로 해석된다.

이들 자료를 종합하면 자장법사가 당나라 청량산에 들어가 석가여래의 정골(頂骨) 사리 및 치아(齒牙)와 금점가사(金點袈裟) 약간을 갖고 돌아와 양산 통도사에 소장하였는데, 임진왜란을 당하여 왜인이 탈취해 간 것을 사명당 유정이 일본에 사행하여 모두 찾아와 여러 절에 나누어 소장하였으며, 또한 치아 12매를 (당시) 은탑에 넣어 간성 건봉사 낙서암에 보관한 것을 알 수 있다. 그런데 건봉사지 지표조사보고서에서는 이대련(앞의 책, p.3)이 기록한 내용을 인용하여 "사명당이 일본에 使行하였다가 佛齒牙와 佛舍利를 奉還하여 本寺에 藏하다. 이는 慈藏法師가 唐나라에 가서 奉來해 온 佛齒牙와 舍利를 처음에 通度寺 · 月精寺 등에 분장하였던 것인데, 임진왜란때 왜병이 침입, 탈취해 간 것을 사명이 奉還해 온 것이다"라고 적고 있는데, 자장이 갖고 온 석가여래의 유품 종류와 사명당이 되찾아와 분장한 사찰에 대한 내용 모두 구체적이지 못한 것을 알 수 있다. 한편 부처의 치아와 사명당 관련 유구에 관련된 내용을 보면 이후 숙종 9년에 내하(內下) 김은합(金銀盒)이 명하여 탑을 세워 부처의 사리를 봉안하고 그 옆에 비를 세우도록 명하였다(金剛山乾鳳寺釋迦如來靈牙塔奉安碑). 경종 4년에는 명성왕후(明聖王后)가 천금을 하사하여 석가여래치아봉안구층석탑을 채보(彩寶)가 중수하였는데(金剛山乾鳳寺事蹟, 乾鳳寺及乾鳳寺末寺史蹟), 이는 숙종 때 건립된 탑이라 하겠으며, 이때까지 팔상전이 건립되지 않았던 것으로 보아 낙서암에 위치했던 것으로 판단된다. 영조 2년에 석가치상탑비를 세웠고, 영조말년인 1799년에는 순상(巡相) 남공(南公)이 사명기적비(泗溟紀蹟碑)를 만들었다(乾鳳寺及乾鳳寺末寺史蹟). 순조조인 1828년에는 영부사(領府事) 정공(鄭公)이 사명각비(泗溟碑閣)를 지었는데, 이때까지도 사명당과 관련된 생전의 진영(眞影), 원불(願佛), 은탑(銀塔), 가사(袈裟), 염주(念珠), 마상장삼(馬上長衫), 오동향로(烏銅香爐), 철장(鐵杖), 목취혜(木橇鞋) 등이 보존되었던 것을 기록(金剛山乾鳳寺事蹟)에서 볼 수 있다. 그러나 헌종조인 1846년 화재이래 고종 15년에 발생한 대화재로 비(碑)까지 피해를 입었으므로, 고종 27년에 이르러 승려들이 돈을 모아 돌을 다듬어 장차 비를 만들고자 하여 1906년에 金剛山乾鳳寺釋迦如來靈牙塔奉安碑를 세운 것을 볼 수 있다. 이러한 내용을 종합할 때, 낙서암에 있던 사명당과 관련된 유적들은 화재 이후 거의 소실되었고, 부처의 치아와 관련된 탑 및 탑비는 어느 정도 멸실을 피할 수 있어서 고종 28년에 팔상전이 재건될 때 옮겨가는 동시에 멸실된 비의 경우 새롭게 만들어진 것으로 판단된다.

105) 건봉사와 관련한 사명당에 대한 자료는 이외에도 『有明朝鮮國八道都摠攝義兵大將弘濟尊者泗溟大師紀蹟碑銘幷序』에 잘 기록되어 있다.
106) 건봉사 경내에 건립된 어실각은 배불숭유 정책이 시행된 조선시대에 사찰의 존속에 직결된 매우 중요한 건축물이었기에 고종년간 작성된 사료인 금강산건봉사사적(1882)과 금강산건봉사사적급중창광장총보(1884), 그리고 금강산건봉사중창기(1889)에서는 고종 15년 소실된 건축물과 곧바로 재건된 건축물을 기록하는데 있어서 예외 없이 대법당(극락전) 앞에 어실각을 먼저 기록하고 있다.
107) 金剛山乾鳳寺事蹟, 大韓國江原道金剛山杆城郡乾鳳寺事蹟碑 및 乾鳳寺及乾鳳寺末寺史蹟 등에서 나타난다.
원당에 대해 사전에서 나타난 의미를 보면, 죽은 사람의 화상이나 위패를 봉안하고 그 원주(願主)의 명복을 빌던 법당(吉相, 弘法院, 불교대사전, 2001, p.1902)을 말한다. 따라서 정성왕후가 팔상전을 짓고 원당으로 삼았다는 것은 이 건축물이 죽은 이를 아미타 정토로 인도되도록 하는데 사용된 것을 의미한다고 하겠다.

　염불도량으로서 깊은 역사를 간직한 건봉사는 조선 말기에 이르러 3회에 걸쳐 만일염불회를 개최했다. 처음은 순조 2년(1802)에 용허(聳虛)가 일으켜 마쳤고, 두 번째는 철종 2년(1851)에 벽오(碧梧)가 계설(繼設)하여 마치고, 세 번째는 만화(萬化)가 고종 18년(1881)에 시작하여 융희 2년(1908)에 마쳤다[108].

　30년 가까운 만일(萬日) 동안 하루도 빠짐없이 염불을 행하는 만일염불회로 그 명성을 떨쳤던 염불도량인 건봉사는 헌종 12년(1846)에 한차례 큰 화재를 겪은 이래로, 고종 15년(1878)에 이르러서는 3183간이 모두 전소되는 큰 화재를 당하였다. 이에 왕실과 관아 그리고 각 주변 사찰의 도움을 받아 대대적으로 재건[109]되었으나 6·25전쟁으로 다시 소실되어 당시 모습은 찾아볼 수 없게 되었다.

　이에 고종 15년 7월 이래로 재건이 이루어지면서 일제강점기까지 재건된 건봉사 가람을 대상으로 홍윤식[110]은 사적기[111]에 전하는 건봉사 가람의 각 건축물명, 사적기 등 각종 보고서[112]에 전하는 건봉사 가람 사진자료 그리고 소실 이전에 건봉사에 오랫동안 거주하였던 연고자[113]의 기억 및 건봉사지 지표조사 보고서[114] 등의 자료를 통하여 당시 건봉사 가람의 배치 상황을 알아내는 성과를 거두었고, 이들 가람배치 내용을 중심으로 건봉사 가람의 성격 규명을 시도하였다.

　그런데 홍윤식의 이러한 연구에는 다음과 같은 사항이 전제된 것을 고려할 필요가 있다. 즉, 건축물 명칭을 분석하기 위한 1차 연구 사료로서 1928년 작성된 사적기는 조선시대의 것이 아닌 일제강점기의 것이며, 고종 15년 소실 직후의 재건 사항을 온전히 전하고 있는 고종년간의 1차 연구 사료인 1882년 작성된 금강산건봉사사적(金剛山乾鳳寺事蹟), 1884년 작성된 금강산건봉사사적급중창광장총보(金剛山乾鳳寺事蹟及重刱曠章總譜) 및 1889년 작성된 금강산건봉사중창기(金剛山乾鳳寺重刱記)에 대한 분석은 이루어지지 않았다. 또한 소실 이전 건봉사에 거주했던 면담 대상자 역시도 일제강점기 당시의 건봉사 상황을 전달해 주고 있으므로, 홍윤식의 연구는 일제 당시의 건봉사 모습을 중심으로 다루었다는 사실이다.

　따라서 이러한 상황을 염두에 두고 고종년간에 작성된 사료[115]와 일제강점기에 작성된 사료를 함께

---

108) 이지관, 한국불교소의경전, 1983, p.589, 황선명, 조선종교사회사연구, 일지사, 1987, p.153~154, 우정상·김영태, 한국불교사, 진수당, p.159~160, 高橋亨, 李朝佛敎, 國書刊行會, p.905~906, 고성군, 건봉사지지표조사보고서, 1990, p.12~15 참조
109) 金剛山乾鳳寺事蹟, 金剛山乾鳳寺事蹟及重刱曠章總譜 및 乾鳳寺及乾鳳寺末寺史蹟 참조
110) 한국의 가람, 앞의 책
111) 乾鳳寺及乾鳳寺末寺史蹟, 1928
112) 乾鳳寺及乾鳳寺末寺史蹟 및 朝鮮古蹟圖譜 등에 게재된 사진자료
113) 정두석(鄭斗石, 법명 - 寶成, 현 서울 知足庵) : 8·15 전 건봉사 극락전 지역 거주
　　이법홍(李法弘)(현 원효종 종정, 부산 금수사 주지) : 8·15 전 건봉사 낙서암 거주
　　설산(雪山, 현 서울 정토사) : 8·15 전 건봉사 거주
　　최영준(崔永俊, 서울 화곡동 거주, 전 동국대 교직원) : 8·15 전 건봉사 대웅전 지역 거주
114) 강원도 고성군, 건봉사지 지표조사 보고서, 1990
115) 여기에는 1882년 작성된 금강산건봉사사적과 1884년 작성된 금강산건봉사사적급중창광장총보 및 1889년 작성된 금강산건봉사중창기가 있다. 이들 자료 모두 1878년 건봉사가 소실된 직후 얼마 지나지 않아 작성된 것이다. 이 가운데 특히 금강산건봉사사적은 매우 합리적이고도 구체적으로 기술되어 있다. 이를 보면 서쪽에서 동쪽으로 바람을 타고 옮겨 온 화재로 인해

일차적인 자료로 하고, 조선말기 당시 염불당에 대한 필자의 연구 성과[116]를 바탕으로 하여 고종 15년을 전후한 건봉사의 당시 상황 및 이후의 재건 과정 분석을 통해 가람 특성에 대하여 살펴보도록 한다.

## 〈건봉사 가람 구성과 변천〉

우선 1882년에 작성된 금강산건봉사사적 기록에서 1878년 화재 당시의 상황을 고찰하면, 산불이 남쪽 수십리 바깥에서 갑자기 발생하여 우선 보림암으로부터 시작하여 상원암, 팔상전, 낙서암, 혜월당을 태웠다. 곧이어 동쪽에 있는 주영역으로 번지면서 어실각, 대법당, 향전사성전, 명부전, 보안원, 봉서루, 범종각, 만일회, 관음전, 진영각, 연빈관, 참선실, 함월당, 청련당과 주변의 백화암, 청련암, 극락암, 안양암, 열반당, 양노방 등을 모두 불살랐다. 결과 3183간이 소실되었으며[117], 이외에도 진영각, 응향각 등이 소실 목록에 있다[118].

이로부터 주영역에서 소실된 전각의 명칭들을 살펴보면, 어실각, 대법당, 향전사성전, 명부전, 보안원, 봉서루, 범종각, 만일회, 관음전[119] 등이 나타나는데, 이 가운데 만일회라는 명칭이 건축물 명칭으로 직접 사용된 것을 볼 수 있다. 그리고 3183간에 이르는 사찰 건축물이 모두 전소된 직후, 당해 7월에 우선 관음전과 만일회 건물을 짓기 시작[120]했으며, 다음 해 재건을 하기 위한 기반 시설로 삼기 위해서 이들 두 건축물을 먼저 짓게 된 것[121]을 알 수 있다.

---

건축물이 소실되는 과정을 파악할 수 있는 것과 함께 소실된 구체적인 전체 간수를 알 수 있으며, 또한 소실된 건축물 명칭과 재건된 건축물 명칭도 상세하게 기록하고 있다. 이에 비하여 뒤의 두 자료는 보다 간략하게 기록되어 있다. 그렇지만 금강산건봉사사적급중창광장총보의 경우 금강산건봉사사적에 빠져있는 건축물 명칭을 부수적으로 확인할 수 있어 소실된 건축물에 대한 명칭을 추가적으로 알 수 있다. 따라서 이들 자료 분석을 통해 고종 15년 전후의 모습을 파악할 수 있으며, 이로부터 일제강점기 당시 변질된 건봉사의 모습도 파악할 수 있다.

116) "조선말기 서울·경기 일원의 사찰대방건축에 관한 연구", "고종년간 서울·경기 일원의 사찰대방의장에 관한 연구", "조선시대말과 20세기 전반기의 사찰 건축 특성에 관한 연구", "A study on the Characteristics of Space of the Daebang Building in Buddhist Temples of Seoul and Kyonggi Province in the Late Chosun Dynasty", 그리고 "19世紀から20世紀前半期までのソウル·京畿地域の寺院大房の外部空間に關する研究"가 있다.

117) 猛風大作. 山火忽起於本寺丙丁方數十里之外. 霎時間連燒至寺. 先自普琳庵. 上院庵 八相殿 樂西庵 慧月堂. 越燒御室閣 大法堂 香殿四聖殿 冥府殿 普眼院 鳳棲樓 泛鐘閣 萬日會 觀音殿 眞影閣 延賓舘 叅禪室 含月堂 靑蓮堂 白華庵 靑蓮庵 極樂庵 安養庵 涅槃堂 養老房 合三千一百八十三間.

118) 금강산건봉사사적보다 2년 후에 작성된 금강산건봉사사적급중창광장총보를 통해 소실된 건축물을 추가적으로 알 수 있다. 또한 전자에서 나타난 "향전사성전"의 경우 후자에서는 "사성전"으로 기록되고 있다. 이와 관련하여 후자의 경우 재건된 건축물을 매우 간략하게 기록하는 등 그다지 구체적이지 못한 것을 고려할 때, 전자의 자료에서 나타난 명칭이 보다 확실한 것으로 판단된다.

119) 금강산건봉사사적의 기록을 통해 "…不意四月初三日申時量 獰風大作 山火忽起於本寺丙丁方數十里之外 霎時間連燒至寺 先自普琳庵 上院庵 八相殿 樂西庵 慧月堂 越燒 御室閣, 大法堂, 香殿四聖殿, 冥府殿, 普眼院, 鳳棲樓, 泛鐘閣, 萬日會, 觀音殿, 眞影閣, 延賓舘, 叅禪室, 含月堂, 靑蓮堂, 白華庵, 靑蓮庵, 極樂庵, 安養庵, 涅槃堂, 養老房 合三千一百八十三間…"이라는 내용을 볼 수 있으며, 소실 직후 재건된 건축물의 명칭과 함께 일제강점기 당시 주불전 지역을 구성했던 건축물 명칭(건봉사지지표조사보고서, p53~58 및 홍윤식, 앞의 책, p.226 참조)과의 대조를 통해 주불전 영역을 구성했던 건축물을 확인할 수 있다.

120) …當歲七月始役 先觀音殿及萬日會…

121) 1922년 작성된 금강산건봉사낙서암중건기에 "…當夏七月 先建觀音殿萬日會 此卽爲明年成造依幕之計策也…"라고 밝히고 있다.

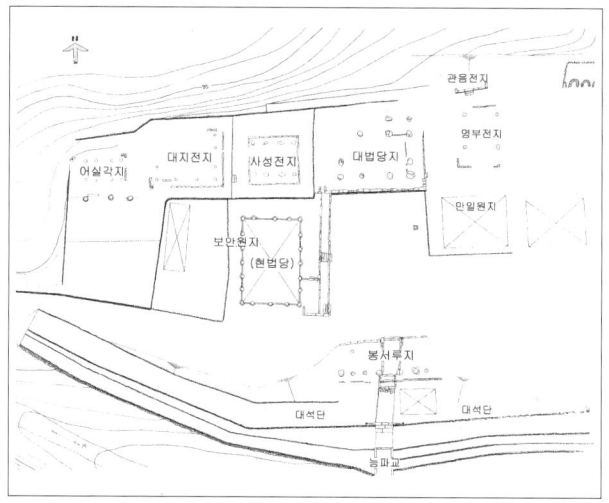

【그림 1-1】건봉사 주불전(극락전) 지역 배치도
(출처 : 건봉사지 지표조사 보고서)

　금강산건봉사사적의 기록에는 소실 이듬해인 고종 16년(1879) 2월에 재건을 시작하여 10월까지 완료된 건축물의 명칭이 나타나는데, 여기에는 어실각, 극락전, 사성전, 명부전, 봉서루, 범종각, 향로전, 보안원, 낙서암, 백화암, 청련암이 있다[122]. 여기서 소실된 건축물과 재건된 건축물의 명칭을 살펴보면, 새로운 건축물을 제외하고는 동일한 순서로 적혀있는 것을 알 수 있으며, 이를 통해 극락전과 대법당은 동일한 건축물임을 알 수 있다[123].

　조선말기 서울·경기 일원에서 주불전과 염불당이 함께 구성되어 있는 사찰의 경우, 대개 극락전·대웅전 등의 명칭을 갖는 주불전에 대해 염불당은 대방 혹은 관음전 등으로 격을 낮추어 이름지었던 사실[124]을 참고할 때, 건봉사의 경우에는 주영역에서의 주불전 명칭을 극락전으로 하여 염불 도량임을 분명히 하였음을 볼 수 있다[125].

122) …越明年春二月 先建御室閣 極樂殿 四聖殿 冥府殿 鳳棲樓 泛鍾閣 香爐殿 普眼院 樂西庵 白華庵 靑蓮庵 至十月畢役…
123) 1881년에 작성된 金剛山乾鳳寺事蹟及重刱曠章總譜와 1889년 작성된 금강산건봉사중창기에는 소실 직후 재건된 건축물에 대하여 간략하게 기술하면서 주불전을 대법당으로 기록하고 있다.
124) 김성도, 앞의 논문, p.83 표 Ⅳ-1-5 참조
125) 1882년 작성된 금강산건봉사사적에서는 주불전인 대법당 명칭이 극락전인 것을 분명히 알 수 있다. 한편 1881년에 작성된 금강산건봉사사적급중창광장총보와 1889년 작성된 금강산건봉사중창기에서는 주불전 명칭을 대법당으로 기록하고 있는데, 1882년의 금강산건봉사사적에서도 단확불사(丹雘佛事)에 대한 기록에 이르러서는 대법당으로 기록하고 있으므로, 이것은 고유명사(Proper noun)에 대한 보통명사(Common noun)의 관계로 볼 수 있겠다.
　특히 건봉사에서는 대법당을 극락전으로 하면서, 그 우측 영역에 염불당인 염불회와 염불회의 실제적 혹은 상징적 불단이 되는 관음전을 배치함으로써, 중심 영역에 주불전인 극락전, 부불전인 관음전, 염불당인 염불회의 세 불전을 모두 구성하여 건축적으로 독창적인 염불 도량을 구현한 것을 볼 수 있다. 아울러 만일염불회를 연속 개최하며 정토종으로서의 입지를 굳건히 지켜온 것을 알 수 있다.

## 제 1장 | 대방 – 염불당 – 건축의 출현과 기원

또한 소실 직후 건립된 관음전과 염불당인 만일회는 상호 위계 관계[126]를 갖고서 곧바로 재건을 위한 기반 시설로서 지어졌으며, 그 위치는 다음 해 건립되는 주불전인 극락전의 우측 편에 자리[127]잡은 것을 살펴볼 수 있다. 이 만일회 건물과 관련하여 금강산건봉사낙서암중건기(1922)와 건봉사급건봉사말사사적(1928)에서는 만일회로 기록되고 있으나, 금강산건봉사중창기(1889)에서는 만일연원으로 기록[128]된 사실에서 알 수 있듯이, 만일회(萬日會)로도 만일연원(萬日蓮院)으로도 불리다가 일제강점기에 이르러 만일원(萬日院)으로 지칭된 것으로 보인다[129].

고종 16년에 중심 영역인 극락전 영역과 함께 곧바로 재건된 것으로 사명당에 의해 부처 치아가 봉안되어 있었던 낙서암의 경우 주요 건축물로서 대방이 우선적으로 건립되었으며, 재건 당시 완전하게 마무리 못하였던 것을 이후 장엄한 보각(寶閣)이 되도록 마무리한 것을 기록에서 알 수 있다[130]. 이 암자에는 대방 이외에 별도로 요사가 구성되어 있으며, 대방을 보각으로 기록한 것에서 불전(佛殿)이었던 것을 파악할 수 있고, 동시에 재건 당시 대중이 모이는 곳으로서 사무출입의 중심지[131]가 될 수 있었던 곳 역시 대방이었음을 엿볼 수 있다[132]. 그리고 1928년 당시 그 규모가 168간으로서 대방 이외에

---

126) 용궁사의 경우에도 주불전 명칭을 관음전으로 하여 이를 바라보면서 염불이 가능하도록 염불당을 구성한 것을 볼 수 있다. 김성도, 앞의 논문, p.83 표 Ⅳ-1-5 참조
127) 건봉사지 지표조사보고서 배치도 참조
128) 금강산건봉사중창기에서는 건축물 규모와 명칭을 간략하게 기록하였을 뿐 아니라, 고종 15년 소실 직후 건립된 건축물에 대하여도 대략 기록하고 있다. 이를 보면 소실된 다음해 2월에 뛰어난 장인들을 초빙하여 지은 건축물 명칭에 대하여 기록한 후, "만화준을 시켜 만일연원을 건립하였다(明年二月 召敏匠等數百工匠 營作御室閣 大法堂 觀音殿香爐殿 鱗次冥府殿 靈山殿 鳳棲樓 泛鍾閣 樂西庵 及厝廠之屬 俾萬化俊 建萬日蓮院)"는 내용이 이어지고 있어, 정확한 선후 관계를 나타내지 않고 뭉뚱그려 서술한 것을 볼 수 있다. 하지만 금강산건봉사낙서암중건기에 기록된 "벽오가 만화준과 함께 칠월에 관음전과 만일회를 건립하였다(而碧梧老師 與萬化俊公先化于嶺南各寺 當夏七月 先建觀音殿萬日會)"는 내용을 통해 만일회가 만일연원임을 분명하게 파악할 수 있겠다.
129) 1906년에 작성된 대한국강원도금강산간성군건봉사사적비에도 만일회로 기록된 것을 볼 때, 일제강점기에 접어든 후에야 만일원이라는 명칭이 사용된 것으로 판단된다.
130) 1922년 작성된 金剛山乾鳳寺樂西庵重建記에 "…先建大法堂 御室閣 及各公殿 次建本庵 是庵爲山中 初刱之地 大衆都集 事務出入之領所也 至重后二十二年庚子 寶雲禪師 恨大房之修飾未了處 及眼目之所碍處 更欲得修好 使草庵南谷兩閣梨 投遠近寺 隨緣勸化 卽夏設役 而撤遮陽橫閣 爲向陽正面 斷長椽 續婦椽 亦改作前面分合窓戶 使朝夕禮拜者 或當嚴冬 能免風雪所逼 是以集土猝成之招提 漸至於莊嚴實閣 至三十九年壬寅春 鶴林觥虛兩禪師 歎別室之未備 及受用處不洽 欲擧役事 方發詢議 衆所欣然 而鶴林禪師 卽余之法恩爺 觥虛長老 亦余之從翁師也 余雖不敏 慷慨師翁之公心至切 欲小分之助於有信檀處 勤勤募緣 又添公財 卽夏拓基載完 新建南別堂與大門間 又移建南庭之溝邊所有庫間及廁室…"이라고 기록되어 있다. 이를 보면 대법당인 극락전과 어실각, 그리고 각 공전을 우선 재건한 후 이 낙서암을 산 속 처음 지어진 자리에 재건하였는데, 대중이 모이는 곳으로서 사무출입의 중심지가 되었다. 그러나 1900년에 이르러 보운선사가 대방이 아직 마무리되지 않았음을 한스럽게 생각하고 눈에 거슬리는 바이어서 재차 꾸미고자 하여 장엄한 보각을 이루게 하였다. 또한 1902년에 이르러 학림과 완허 두 선사는 별실이 갖춰있지 않음과 수용처로서 넉넉하지 못함을 탄식하여 남별당과 함께 대문간을 건립하고 곳간과 화장실을 이건하였던 것을 알 수 있다. 따라서 낙서암 재건 당시에는 당장 시급한 건축물을 건립하면서 대방이 미처 마무리까지는 이루어지지 못한 채 우선 건립되었던 것을 알 수 있다. 이와 함께 1902년에 남쪽 마당의 도랑가에 위치해 있던 고간과 화장실을 이건하였다는 내용으로부터 이미 이들 필요 시설들은 기존에 건립된 것임을 알 수 있으며, 배치도를 참고할 때 이들 건물들이 위치해 있던 대방 남쪽으로 남별당이 자리잡게 됨에 따라 철거하여 이전하였던 것으로 판단된다.
131) …次建本庵 是庵爲山中 初刱之地 大衆都集 事務出入之領所也…

요사·상별당·남별당·반두방·창고·산신각 1간을 모두 포함한 규모라 하여도 그 대방의 규모가 상당했음을 알 수 있다. 이러한 모습들은 바로 염불당인 대방과 일치하는 것으로, 낙서암 대방의 경우 특히 건봉사가 염불도량이었다는 것과 당시 서울·경기 일원에서도 염불당을 주불전으로 삼은 암자 규모의 사찰이 형성[133]되었던 것을 고려할 때 염불당이었던 것으로 판단된다[134].

이후 고종 27년(1890)년에는 팔상전, 영각, 노전과 극락전 및 부속 창고를 중건[135]하였는데, 이 가운데 팔상전, 영각 그리고 노전은 건봉사가 소실된 이래로 미처 재건되지 않은 것으로 이 때에 이르러 팔상전 영역을 재건[136]하고, 이와 함께 주불전 영역이 아닌 곳에 별도의 영역을 확보하여 극락전을 건립하였던 것으로 판단된다[137]. 그 후 고종 38년(1901)에 극락전 남별당을 건립[138]하면서 새롭게 구성한 극락전 영역[139]을 확대해 간 것을 볼 수 있다.

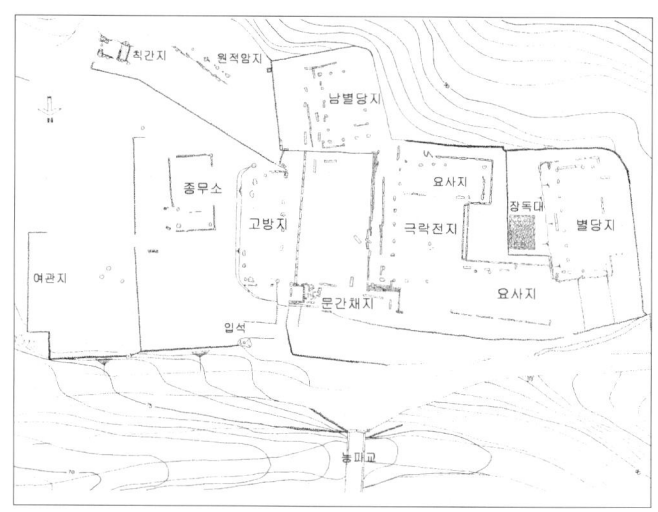

【그림 1-2】 건봉사 신축 극락전 지역 배치도
(출처 : 건봉사지 지표조사 보고서)

---

132) 1902년에 이르러서야 남별당이 건립되었으며, 대방 후면에 위치하고 있는 상별당과 요사의 경우 사적인 공간을 특히 필요로 하는 그 특성을 볼 때, 이들 별당과 요사가 대중이 많이 모여드는 사무 공간으로 사용되었을 경우는 극히 희박하다고 하겠다.
133) 적석사, 천축사, 청련사, 명적암, 원통암, 운수암 그리고 백련사 등이 이에 해당한다.
　　Kim, Seong-do, 앞의 논문, p.652 참조
134) 낙서암 배치도를 참조할 때, 비록 초석열이 나타나 있지 않지만, 큰방전면 무익사형으로서 구성된 것으로 판단된다.
　　건봉사 낙서암의 경우 사명당이 다년간 주석했던 곳이자 부처의 치아를 봉안해왔다는 중요성으로 인해 곧바로 재건된 것으로 판단되며, 재건 당시 염불당 중심의 암자로 구성한 것을 알 수 있겠다. 한편 재건 이전의 모습은 분명히 알 수 없으나 사명당이 이곳에 상당기간 거주하였고, 건봉사가 통일신라 이래로 염불 도량의 오랜 역사를 지니고 있으며, 선 수행의 일종으로서 염불을 인정했던 휴정 아래에 들어가 3년간 수행 정진하였던 그가 말년에 주석하다가 입적한 해인사 홍제암 역시도 임진왜란 때 왜적과 싸우다 죽은 영혼들을 극락으로 인도하기 위한 염불 도량으로서 지금까지 염불을 위주로 하여 그 명맥을 이어오고 있는 것을 볼 때, 소실 직전에는 염불당인 대방의 모습을 갖추었을 것으로 추론된다.
135) 1906년 작성된 대한국강원도금강산간성군건봉사사적에서 "…庚寅重建八相殿影閣爐殿極樂殿及厦廠…"이라고 기록된 것을 볼 수 있다.

이러한 내용을 종합할 때, 고종 15년 소실 직후 재건된 건봉사에서는 염불 도량의 격에 맞게 극락전을 주불전으로 삼아 중심 영역을 구성하였고, 극락전 우측으로 염불당인 염불회 건축물이 관음전을 향하여 바라보도록 구성[140]하였던 것을 고찰할 수 있다[141]. 그러나 고종 26년(1889)년까지도 대법당으로 기록[142]되었던 극락전은 다음 해인 고종 27년을 전후하여 새로운 극락전 건축물 건립과 함께 대웅전으로 이름이 바뀌었으며[143], 이후에는 대웅전이라 지칭된 것[144]을 볼 수 있다[145].

---

136) 대한국강원도금강산간성군건봉사사적비(1906)에 나타나는 영각은 건봉사급건봉사말사사적(1926)에서는 진영각으로 기록되고 있다. 홍윤식(앞의 책, p.226)의 연구를 통해 일제강점기 당시 팔상전지역은 팔상전, 진영각·보제루, 그리고 팔상전의 노전인 서지전으로 구성된 사실을 볼 때, 고종 27년(1890)에 재건된 건축물 가운데 팔상전, (진)영각 및 노전은 모두 팔상전 영역의 건축물로 보이며, 이때에 이르러서 팔상전 지역이 재건된 것으로 보인다.
137) 1906년 작성된 대한국강원도금강산간성군건봉사사적비에서는 주불전 명칭을 대웅전으로 처음 기록하고 있으며, 또한 고종 27년에 극락전을 건립했다고 기록하고 있다. 이와 함께 건봉사급건봉사말사사적에서 나타나는 고종38년(1901)의 극락전 남별당 건립 기록, 1919년의 극락전 도량에 대한 석축과 수도 매설 공사 기록, 그리고 금강산건봉사중창기가 작성된 1889년까지도 주불전이 대법당으로 기록되었던 사실을 고려해 볼 때, 기존의 주불전 명칭인 극락전을 대웅전으로 고쳐 부르고, 염불 도량의 명맥을 잇기 위해 별도의 영역, 즉 주불전 영역의 아래 남쪽 지역에 기존의 역할을 대신할 극락전을 세우게 된 것은 고종 27년을 전후하여 이루어진 것으로 해석된다.
138) 이대련, 앞의 책, p.12 참조
139) 건봉사의 경우 6·25로 인해 소실되었지만, 조선시대 말기 및 일제강점기간에 있어서의 그 연혁에 대한 기록은 상세하다고 하겠다. 그럼에도 극락전 지역에 대한 창건 중건 등에 대한 아무런 기록을 사적기 등에서 살필 수 없어 자세한 것은 알 수 없다고 홍윤식(앞의 책, p.234)이 밝히고 있는 것은, 극락전 영역이 새롭게 구성된 것임을 반증하는 것이라 하겠다.
140) 지표조사보고서의 배치도를 통하여 만일회의 상호 배치 관계를 살펴볼 수 있으며, 특히 관음전의 경우 "견실한 기단 형상으로 보아서는 작지만 매우 품격 있는 건물이 들어섰던 듯하다"라는 보고서 내용에서 엿볼 수 있듯이, 만일회의 상징적 혹은 실제적인 주불전으로서 그 격식에 맞는 기단 구성을 한 것을 알 수 있다. 건봉사지 지표조사 보고서, 앞의 책, p.53~58, 89 참조
141) 배치를 보면 서울·경기 일원에서 주불전과 염불당이 함께 건립된 사찰의 경우 주불전 전면에 염불당을 구성하는 것이 일반적(김성도, 앞의 논문, p.111~126 참조)이었던 반면, 건봉사에서는 이와 달리 주불전 우측으로 염불당과 그 실제적 혹은 상징적인 불단으로서 관음전을 배치시키고 있다. 이것은 1922년 작성된 금강산건봉사낙서암중건기에서 밝히고 있듯이 다음 해 재건을 하기 위한 기반 시설로 삼기 위해서 우선적으로 건립하면서 격식을 갖추어 구성하였기 때문으로 이해되는데, 조선을 대표하는 염불 도량으로서 극락전과 관음전 그리고 염불당을 모두 중심 영역에 독특하게 구현한 것을 볼 수 있다. 양평 용문사의 경우 일제에 의해 사찰이 완전 소실된 직후 염불당을 우선적으로 짓고 이후에 주불전을 건립한 것을 볼 수 있는데, 이처럼 염불당을 우선 건립함으로써 만일염불회와 같은 큰 종교행사를 수행할 수 있고 이를 통해 경제적인 부를 적지 않게 얻을 수 있었던 것도 한 요인이 되었을 것으로 판단된다.
142) 금강산건봉사중창기(1889)를 통해 이를 알 수 있겠다.
143) 앞서 대한국강원도금강산간성군건봉사사적비(1906) 내용을 통해 알 수 있었다.
144) 1928년 간행된 『건봉사급건봉사말사사적』(이대련, p.9 참조)에도 대웅전이라 기록하고 있다.
145) 홍윤식(앞의 책, p.223~226)은 1928년에 작성된 사적기와 조선고적도보 등의 자료와 건봉사에 거주했던 이들을 중심으로 가람의 성격을 규명하였다. 이에 따라 건봉사 가람을 대웅전 지역, 교조숭배도량으로서 팔상전 지역, 염불도량으로서 극락전 지역, 선도량으로서 낙서암 지역의 4지역으로 구분하고 있다. 그러나 고종 15년 소실 직후 재건된 당시 모습을 보면 대웅전 지역은 원래 극락전 지역으로서 나중에 명칭이 바뀐 것이었으며, 그 명칭을 대웅전으로 변경한 이후에도 여전히 만일염불회를 수행하면서 염불회와 관음전 건물을 중심으로 염불 도량을 이루었던 영역이라 하겠다. 또한 소실 직후에는 부처의 치아가 봉안되어 있었던 낙서암 지역이 우선 염불도량으로서 재건되었으며, 이후 고종 27년에야 팔상전이 재건되었고, 이 시기를 전후하여 기존의 극락전을 대웅전으로 개칭하면서 새롭게 별도의 영역에 염불도량으로서 극락전 영역을 형성하는 한편으로 별가제까지 진행된 별방제가 도입된 것으로 볼 때, 그의 해석에 무리가 있음을 알 수 있다.

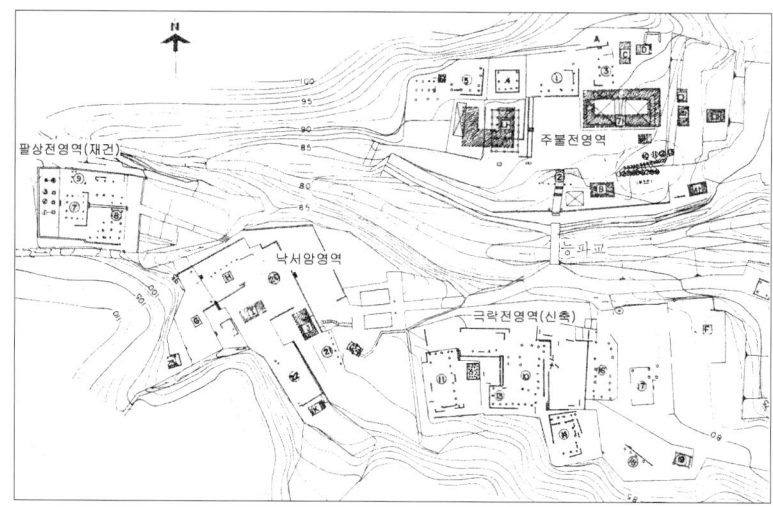

【그림 1-3】건봉사 배치도
(출처 : 건봉사지 지표조사 보고서)

    이와 관련하여 한용운이 그의 저서 조선불교유신론을 통해 승려의 신분으로서 조선 말기에 이르러 염불과 참선이 성행하면서 나타난 폐해에 대해 신랄하게 비판하면서 염불당을 폐지할 것을 주창한 것에서 알 수 있듯이 조선말기 당시 염불과 좌선에 대한 비판적 인식과 함께 그 변화를 꾀하고자 하였던 것을 볼 수 있다[146]. 그리고 일제의 사찰령 발포 이후에 이르러서는 불교계에서 염불승 및 선승이 현저히 줄어들었으며, 염불승에 대한 식사제공도 거의 전폐하였고 선승도 존경을 받는 이가 아니면 더 이상 초빙되지 않게 되면서, 크게 위축되는 변화를 겪고 있다[147]. 그 결과 서울·경기 일원의 사찰에서는 염불당이 더 이상 독립적으로 운영되지 못하고 사찰 형편에 따라 때로는 선방으로 혹은 요사로 사용되는 지경에 이르게 되었다[148].

    강원도에 자리잡은 건봉사에서 고종 후기에 이르러 주영역에서의 주불전 명칭을 극락전[149]에서 대웅전으로 변경한 것[150]은 이러한 현상이 파급된 결과를 반영하는 것이라 하겠다. 그리고 "일제 말기 만일원에서 염불 수행을 하는 승려는 불과 3, 4명에 지나지 않았으나 하루도 염불을 중지하지는 않았

---

146) 김성도, 앞의 논문, p.16 참조
147) 김성도, 앞의 논문, p.79~81 참조, 高橋亨, 앞의 책, p.1040 참조
148) 김성도, 앞의 논문, p.79~81 참조
149) 대웅전과 함께 조선시대 2대 불전의 위치를 점한 극락전의 경우 주존인 아미타불은 서방극락정토를 주관하는 부처로서 내세 극락왕생 신앙의 대상이었다. 따라서 정토계의 사찰에서 선호했으며, 이는 염불 도량인 건봉사의 경우에도 마찬가지였던 것으로 판단된다. (김봉렬, 조선시대 사찰건축의 전각구성과 배치형식 연구-교리적 해석을 중심으로, 서울대 박사학위논문, 서울대학교, 1989.8., p.38 참조)
150) 1906년 작성된 대한국강원도금강산간성군건봉사사적비에는 주불전 명칭을 기존에서 보이듯 대법당이나 극락전의 명칭을 사용하지 않고 처음으로 대웅전으로 표기하고 있으며, 여기에서는 고종 27년(1890)에 극락전을 건립한 기록을 볼 수 있다. 또한

다"라는 면담 내용[151]에서 알 수 있듯이 일제강점기 말기에 이르러서는 염불 도량인 건봉사임에도 불구하고 염불 쇠퇴 현상이 상당히 진행되었던 것이다.

이처럼 고종조 후기에 이르러 염불에 대한 당시의 부정적 시각과 이에 대한 자각을 통해 건봉사에서는 주불전 명칭을 극락전에서 대웅전으로 변경하게 되었지만, 통일신라시대 이래로 조선시대 말기까지 만일염불회를 4차례나 행하였고 염불도량으로서 왕실의 적극적인 지원을 받아왔으며, 제4회 만일염불회[152]를 개최하고 있었던 상황 등을 고려할 때, 주불전의 명칭 변경으로 사라진 극락전 영역을 확보할 필요가 있었을 것으로 보인다. 이에 따라 고종 27년(1890)을 전후하여[153] 주불전 명칭을 극락전에서 대웅전으로 고쳐 부르는 동시에 염불 도량의 격식을 갖추기 위해 그 아래 남쪽 지역에 별도로 영역을 확보하여 기존의 역할을 대신할 극락전을 세우게 된 것으로 해석된다[154]. 그 후 11년 뒤인 1901년에 극락전 남별당을 건립한 이래, 1919년에야 석축 공사를 행하는 것으로 보아 필요한 건축물을 우선적으로 건립하여 사용하다가 석축을 쌓은 이후 1925년에 이르러 규모를 갖춘 극락전을 새로 건립하여 극락전 영역을 완성[155]하였던 것으로 판단된다.

【사진 1-2】 건봉사 신축 극락전 지역 1930년대 전경
(출처 : 조선고적도보)

    건봉사급건봉사말사사적의 기록을 통해 고종 38년(1901)에는 극락전 남별당을 건립하였으며, 이후 1919년에 이르러 극락전 도량에 석축 및 수도 매설 공사를 하였고, 1925년에는 극락전을 중건한 것을 볼 수 있다. 이들 기록을 종합할 때, 고종 27년을 전후하여 주불전 명칭을 극락전에서 대웅전으로 고쳐 부르는 동시에 염불 도량의 법통을 갖추기 위해 기존의 역할을 대신할 극락전을 세우게 된 것으로 판단된다. 그 후 11년 뒤인 1901년에 그 좌측으로 남별당을 건립하였는데, 1919년에야 석축 공사를 행하는 것으로 보아 이 때까지도 석축이 없이 소규모의 부속 영역으로서 자리하였던 것으로 보이며, 석축 공사를 하면서 극락전 영역을 제대로 확보하고 난 이후 1925년에 이르러 제대로 규모를 갖춘 극락전을 중건하였던 것으로 해석된다.
151) 홍윤식(앞의 책, p.230)은 8·15전 건봉사 극락전 지역에 거주한 승려 정두석과의 면담 내용을 통해 이를 밝히고 있다.
152) 고종 18년(1881)에 개설하여 융희 2년(1908)에 끝났다.
153) 앞서 살펴보았듯이 1906년 작성된 대한국강원도금강산간성군건봉사사적비에는 주불전 명칭을 극락전이 아닌 대웅전으로 적고 있으며 또한 고종 27년(1890)에 극락전을 건립하였다고 기록하고 있다. 이후 극락전 영역에서 남별당 건립 및 석축 공사 등이 행해지는 바, 여기서 극락전이 건립된 시기인 고종 27년을 전후하여 주불전 명칭이 대웅전으로 바뀌었을 것으로 판단된다.

　또한 고종 16년 대법당인 극락전 영역을 재건하면서 곧바로 함께 원래의 자리에 복구한 낙서암의 경우 당시 대중이 모여들던 곳으로 사무출입처로 사용되었던 기록[156]을 통해 종무소 기능을 지녔던 낙서암의 역할이 이후 새롭게 구성된 극락전 영역[157]으로 옮아갔음도 고찰할 수 있다.

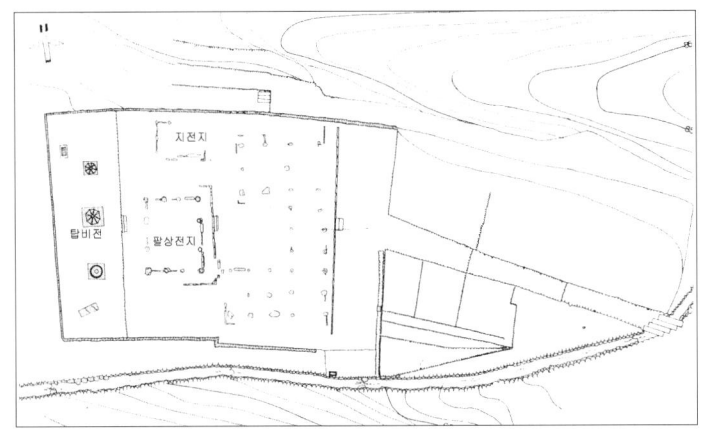

【그림 1-4】 건봉사 팔상전 지역 배치도
(출처 : 건봉사지 지표조사 보고서)

---

154) 건봉사 소유 건물 목록(이대련, 앞의 책, p.20)에는 고종 27년을 전후하여 새롭게 형성된 극락전의 규모가 165간으로 기록되어 있는데, 이는 새롭게 형성된 극락전 영역의 1928년 전체 규모로 이해된다.

155) 이러한 극락전 영역은 낙서암 영역과 비슷한 공간 구조를 갖추고 있는 것을 볼 수 있다. 낙서암의 경우 불전인 대방 이외에 좌측으로 요사, 위쪽으로 상별당이 있으며, 그 아래인 남쪽 좌측에 남별당이 구성되어 있다. 극락전 영역의 경우에도 불전인 극락전을 중심으로 그 후면 좌우측으로 요사, 위쪽으로 별당이 있으며, 그 아래인 남쪽 좌측에 남별당이 구성되고 있다.
　건봉사에서는 극락전과 낙서암이 가진 유사한 배치 이외에도, 그 재건에 있어서 매우 합리적이고 체계적인 모습을 살펴볼 수 있다. 1879년에 주불전 영역과 함께 낙서암 영역을 재건하였고, 1890년에는 팔상전 영역을 재건해 가면서 우선적으로 긴요한 건축물들을 건립한 후, 1918년에 이르러 팔상전과 낙서암의 도량에 대한 석축공사를 행하였고, 다음 해인 1919년에는 극락전 도량에 대한 석축공사를 행한 것을 볼 수 있다.
　한편 1930년대에 촬영된 극락전 지역 전경 사진(조선고적도보 출처)을 보면 이는 1925년 재건된 극락전으로 이해되는데, 남별당을 비롯하여 종무소 주변에 모두 담장이 별도로 둘러있고, 또한 염불 도량인 건봉사에서 주불전의 명칭을 변경한 것에 따라 새롭게 건립된 극락전 영역이라는 측면을 고려할 때 독립되어 확대된 아미타 도량으로서 염불 공간이었던 것으로 이해된다.

156) 금강산건봉사낙서암중건기에 "…先建大法堂 御室閣 及各公殿 次建本庵 是庵爲山中 初刱之地 大衆都集 事務出入之領所 也…"라고 기록되어 있다.

157) 건봉사지지표조사보고서(p.116)의 극락전 영역 배치도를 보면 사무소(종무소) 터가 극락전 전면에 위치한 고방 아래쪽에 위치한 것을 볼 수 있다. 이 종무소는 1925년에 중수되었다는 기록만을 볼 수 있는데, 기존의 극락전 영역에 있던 건축물을 종무소로 전용한 것인지 아니면 별도로 종무소의 용도로 건립된 것인지에 대한 구체적인 자료는 찾아볼 수 없다. 그러나 1930년대에 촬영된 극락전 지역 전경 사진(조선고적도보)을 통해 전형적인 큰방전면 단익사형의 대방 건축물 형태로 되어있는 것과, 별도의 담장이 둘러쳐진 것에서 아마도 독립된 염불당으로 사용되었던 건축물을 종무소 용도로 변경한 것으로 추측된다.
　한편 건봉사 전체 배치도를 보면, 새롭게 형성된 극락전 영역이 확보되기 이전에는 낙서암이 팔상전 영역과 주불전이 있던 극락전 영역의 한 가운데 전면으로 위치하고 있어서 대중이 모여드는 장소로서 또한 사무 업무를 관장하는 장소로서 가장 적

고종 27년에 재건된 팔상전 지역에서는 당시 배치를 보면, 가장 높은 곳에 석가치아봉안탑을 중심으로 주변에 부도 및 석가여래치상입탑비(釋迦如來齒相立塔碑)와 세존영아탑비(世尊靈牙塔碑)가 위치하고 있고, 이 탑비단(塔碑壇) 아래로 팔상전지(八相殿址)가 위치하며, 팔상전 아래 단에는 ㄷ자형의 대형 건축물과 서지전(팔상전의 노전)이 있는 것을 알 수 있다[158]. 당시 "여기서도 따로 봉불의례가 이루어지고 별도의 사중(寺中) 살림살이가 영위되어 왔다"고 하는 면담 내용[159]으로부터 생활 공간이 갖추어졌음을 알 수 있는데, 이 배치를 보면 생활 공간인 요사는 구성되어 있지 않은 것을 볼 수 있다. 따라서 팔상전과 노전 및 ㄷ자형의 대형 건축물 가운데 생활 공간을 갖출 수 있는 것은 규모 및 기능적 측면에서 앞의 두 건축물은 해당되기 어려우며, 그 규모와 더불어 당시 상당수 건립되고 있던 대형 복합 건축물인 대방을 고려할 때 세 번째의 ㄷ자형 건축물이 가장 적합한 건물에 해당하는 것으로 판단된다. 그런데 이 ㄷ자형 건축물에 대하여 "진영각과 보제루는 같은 건물인데 한쪽은 진영각, 한쪽은 보제루로 나누어져 있었다"고 하는 면담 내용[160]을 함께 고려하면, 본 건축물에는 진영각 및 보제루와 함께 생활을 위한 부엌, 승방 등이 함께 갖추어져 있었을 것임은 자명하다고 하겠다. 이는 평면 구성 요소에서 대방의 구성과 유사하며, 특히 해인사 홍제암[161]의 구성과 유사할 것으로 판단되는데, 염불당인 대방의 일반적 평면 구성 요소에 여러 조사들의 진영을 봉안하는 기능을 하는 진영각이 그 내부 공간에 추가된 것임을 알 수 있다. 단, 평면 형태에서는 해인사 홍제암의 경우 큰방전면 쌍익사형으로서 후면으로도 돌출하여 工자형 평면을 구성하였지만, 여기서는 그 초석을 볼 때 큰방전면 무익사형으로서 후면으로 돌출하여 역ㄷ자형 평면을 구성한 것으로 판단된다. 따라서 이 ㄷ자형 건축물은 대방이라 하겠으며, 몸채부에 염불용 큰 방을 갖추고 주불전인 팔상전을 실제적 혹은 상징적 불단으로 삼아 이를 바라보며 염불 수행을 하면서, 수행 이외의 시간에는 최상단에서의 부처 치아를 봉안한 탑과 대방 내 조사들의 진영을 봉안했을 진영각을 통해 끊임없이 자신들의 수행 의지를 굳게 했을 당시 모습을 추측해 볼 수 있겠다.

한편 조선말기는 사유재산제를 배경으로 발생한 별방제 혹은 별가제가 널리 행해졌던 시기였다. 건봉사의 경우 고종 27년(1890)년에 재건된 팔상전 지역에 대한 진술을 보면, "여기서도 따로 봉불의례가 이루어지고 별도의 사중(寺中) 살림살이가 영위되어 왔다"고 하는 내용을 볼 수 있는데[162], 이는 사찰 구역내 별가(別家)를 세우고 여기에서 완전히 일가(一家)의 생활을 이룩하는 별가제의 모습[163]과 일치하는 것을 볼 수 있다[164]. 또한 이 시기를 전후하여 새롭게 형성한 극락전 영역에 적지 않은 규모로

---

합한 자리였음을 확인할 수 있으며, 이에 따라 그 용도에 맞게 종무소의 역할을 담당하였음은 당연하다고 하겠다.
158) 건봉사지 지표조사 보고서, p.94~96 참조
159) 앞의 보고서, p.94
160) 홍윤식, 앞의 책, p.226 및 앞의 보고서, p.41
161) 보물 1300호로 지정된 합천 해인사의 홍제암 건축물을 지칭함
162) 건봉사지 지표조사 보고서, p.94
163) 김성도, 앞의 논문, p.79, 주 173) 참조
164) 1911년 6월 3일 반포된 전문 7조의 사찰령 가운데 제4조를 보면 "사찰에는 주지를 두어야 한다. 주지는 그 사찰에 속하는 일체의 재산을 관리하여 사무(寺務)와 법요집행(法要執行)의 책에 임하여 사찰을 대표한다"라고 되어 있다.(한국현대사 8 - 신

고종 38년(1901)에는 극락전 남별당을 건립하였고, 고종 39년(1902)에는 낙서암 영역에도 남별당을 건립하고 있다. 그런데 두 지역 모두 별도로 요사가 구성되어 있음에도 이들 별당에 구들을 설치[165]하여 봉불의례와 살림살이가 가능한 독립 공간[166]이 되도록 만들었으며, 특히 극락전 영역에 있는 별당의 경우 독립성을 유지하도록 건물 주위에 담장을 둘렀던 사실[167]에서 별가제로 확대된 별방제가 본격적으로 도입[168]된 것으로 이해된다.

건봉사에 관한 기록 가운데 일제강점기에 시행된 운영 관련 내용으로서, 주지제 및 당시 염불당을 운영했던 책임자인 화주에 대한 언급은 특히 주목할 필요가 있다. 1911년 조선 사찰령이 발포되면서 주지제가 시행[169]되었고, 이에 따라 3년 기한으로 주지를 경질[170]하도록 되어 있는 당시 상황에서 건봉사의 경우 첫 주지는 3년간 맡았지만, 둘째 주지는 5년간 그 직을 수행하였고, 세 번째 주지는 4년간 수행한 후, 네 번째 주지에 이르러 3년간 수행[171]한 것을 볼 수 있다. 이것은 당시 선거에 의한 주지 선출 전례가 없던 상황에서[172] 일제가 강압적으로 주지제를 시행함으로써 피상적으로 따라간 결과라고

---

사회100년, p.48 참조). 이에 따라 당시 주지였던 이대련(앞의 책, p.20)은 건봉사 재산에 속하는 건물과 암자의 목록과 규모를 기록하였는데 팔상전 영역의 건축물이 건봉사의 재산 목록에 있는 것으로 볼 때, 이는 별도의 생활이 영위된 독립된 영역이었지만 건봉사의 경우 사찰에 속한 재산이었음이 특히 주목된다. 이와 관련하여 1922년 작성된 金剛山乾鳳寺樂西庵重建記에 학림과 완허 두선사가 별실을 갖추고자 하였던 사실과 이를 마련하기 위해 부지런히 모연하는 이외에 공적 재물까지 보태었던 내용(…至三十九年壬寅春 鶴林翫虛兩禪師 歎別室之未備 及受用處不洽 欲擧役事 方發詢議 衆所欣然 而鶴林禪師 卽余之法恩爺 翫虛長老 亦余之從翁師也 余雖不敏 慷慨師翁之公心至切 欲小分之助於有信檀處 勤勤募緣 又添公財 卽夏拓基載完 新建南別堂與大門間 又移建南庭之溝邊所有庫間及厠室…)으로부터, 별방에 대한 욕구가 상당하였던 것과 이를 마련하기 위해 공적인 재물을 보탬으로써 사찰 재산이 되었던 것임을 엿볼 수 있겠다.

165) 건봉사지 지표조사 보고서, p.165
166) 극락전 남별당의 경우 홍윤식(건봉사지 지표조사 보고서, p.45)은 극락전 및 상별당과 함께 신앙 수행지역으로 구분하였으며, 이곳을 개인적인 신행과 수행의 처소였던 것으로 생각하면서, 그 이유로서 별당이란 주로 그 절에 오랫동안 주거하였던 노승의 주거지 겸 수행처가 되어졌던 것을 들고 있다. 그런데 상별당을 포함하여 남별당 건축물의 규모(건봉사지 지표조사 보고서, p.115 사진 및 p.116 배치도 참조)를 보면 단순히 노승의 주거지 겸 수행처로 보기에는 상당히 큰 규모임을 볼 수 있으며, 이것은 낙서암 영역에서도 마찬가지이다. 따라서 조선말기 당시 성행하였던 것으로서 노승과 제자가 1호를 조직하여 독립생활을 하였던 별방제가 도입된 별당으로 보는 것이 합리적이라 하겠으며, 팔상전 영역에 대한 진술 가운데, "여기서도 따로 봉불의례가 이루어지고 별도의 사중 살림살이가 영위되어 왔다고 한다"는 내용을 통해 별방제가 도입된 모습을 분명히 고찰할 수 있겠다. 더욱이 극락전 영역에서는 상별당과 남별당 모두 담장을 둘러 별가제로까지 발전된 별방의 흔적을 살펴볼 수 있겠다.
167) 건봉사지 지표조사 보고서, p.113
168) 건봉사 재산에 속하는 건물 목록(이대련, 앞의 책, p.20)을 보면 낙서암은 168간 규모이고 극락전은 165간 규모로서, 이를 통해 당시 각각 주요 불전이었던 대방과 극락전의 규모가 상당하였음을 추론할 수 있겠다.
169) 이대련, 앞의 책, p.13
1911년 6월 3일 반포된 전문 7조의 사찰령 가운데 제4조를 보면 "사찰에는 주지를 두어야 한다. 주지는 그 사찰에 속하는 일체의 재산을 관리하여 사무(寺務)와 법요집행(法要執行)의 책에 임하여 사찰을 대표한다."라고 되어 있다.(한국현대사 8 - 신사회100년, p.48 참조)
170) 高橋亨, 앞의 책, p.774 참조
171) 1911년 조선사찰령 발포로 주지제를 시행하게 되어, 이 해 9월에 조세고(趙世杲)를 주지로 선출하였고, 3년 뒤인 1914년 9월에는 이운파(李雲坡)를, 5년 후인 1919년 11월에는 이대련(李大蓮)을, 그 후 4년 뒤인 1923년 10월에는 노제봉(盧霽峯)을, 그리고 3년 뒤인 1926년에는 재차 이대련을 주지로 선출하였다. 이대련, 앞의 책, p.13~15 참조

제1장 | 대방 – 염불당 – 건축의 출현과 기원

하겠다.

화주와 관련해서는 일제의 침탈이 가속화되었던 1908년에 제4차 만일염불회를 마치면서 곧바로 제5차 만일염불회를 시작하였는데, 1927년에 이르러 원옹덕성(圓翁德性)을 화주로 선출하여 만일염불회를 계승[173]하였던 사실로부터 조선말기 당시에 염불당 책임자의 직책인 화주[174]가 일제강점기까지도 사용되었음을 볼 수 있다.

이상 건봉사에 관련된 분석 내용을 종합하면, 건봉사 가람 구성의 경우 고종 15년(1878) 대화재로 소실되기 이전에는 왕실 권위의 상징인 어실각과 아미타 정토의 최고 불전인 극락전, 그리고 아미타 정토를 구현하기 위한 결사운동으로서 만일염불회를 수행하기 위한 불전인 관음전과 만일회 건축물을 주축으로 중심 영역을 구성하였다고 할 수 있다. 또 이러한 중심 영역과 부처의 치아를 봉안하였던 낙서암 영역, 그리고 성정왕후가 원당으로서 건립한 팔상전을 중심으로 한 영역의 세 주요 영역을 중심으로 여러 부속 암자들과 함께 염불 도량을 구성하였을 것으로 해석된다. 또한 이 시기의 중심 영역 배치는 선조 39년(1606)에 피폐화된 사찰을 중건하였을 당시의 구성을 기반으로 하였다고 하겠으며, 여기에 어실각과 극락전, 그리고 관음전과 만일회 같은 주요 건축물들이 우선 건립되었을 것임은 지속적으로 조선 왕실의 보호를 받아왔던 사찰이었고 순조 2년에 이미 만일염불회를 시작하였던 사실 등에서 분명히 고찰할 수 있겠다.

대화재 이후에는 팔상전 영역이 곧바로 재건되지 않았고, 고종 27년(1890)에 이르러 이루어진 것에서 살필 수 있듯이, 극락전과 어실각을 주축으로 관음전 및 염불당인 염불회를 갖춘 염불 도량으로서의 중심 영역과 부처의 치아가 보관되었던 곳으로서 대규모 염불당인 대방을 갖춘 낙서암 영역의, 두 영역을 중심으로 주변 암자들과 함께 재건하면서, 일관되게 염불 도량을 구성하였으며 지속적으로 만일염불회를 이어나간 것을 알 수 있다. 특히 이 시기 중심영역 재건과 관련한 기록에서 소실된 건축물이 대부분 동일한 명칭을 갖고 재건되었던 것을 살펴볼 때 소실 이전의 배치를 근간으로 재건하였을 것으로 판단된다.

그리고 고종 후기에 들어서는 대법당인 극락전을 대웅전으로 개칭하였지만, 여전히 중심 영역의 관음전과 만일회 건축물을 중심으로 만일염불회를 지속하면서 실제적으로 염불도량으로서의 주 역할을 계속하였다. 또한 중심 영역에서 주불전을 대웅전으로 개칭함에 따라 별도의 영역에 새롭게 극락전 영역을 형성하여 염불도량을 확장하는 동시에 소실되었던 팔상전 영역을 재건함으로써 염불도량 영역을 확대해 가면서 동시에 당시 널리 행해졌던 별당제와 별가제를 도입하여 중심 영역 주변으로 암자와 함께 그 규모를 확대해 나갔던 것으로 판단된다.

이후 일제강점기에 이르러서도 고종 후기에 형성된 배치를 근간으로 하여 별당과 부속 건축물을 추

---

172) 한용운은 그의 조선불교유신론(한국의 사상전집 6 한국의 근대사상, p.555)에서 다음과 같이 밝히고 있다. "…그런데 우리 나라에서는 주직을 아직도 선거로 뽑은 예가 없는 터이다. 선거로 뽑은 예가 없으면 어떻게 해왔다는 것인가. 나는 이름붙이기 곤란한대도 억지로 이름지어 셋으로 나누고자 하는 바, 첫째는 윤회주직(輪回住職), 둘째는 의뢰주직(依賴住職), 셋째는 무단주직(武斷住職)이 이것이다…"
173) 이대련, 앞의 책, p.15
174) 高橋亨, 앞의 책, p.774 및 김성도, 앞의 논문, p.78, 주석 171 참조

가 건립하면서 확장해 갔으며, 염불이 쇠퇴하는 가운데에서도 지속적으로 염불 도량을 지속해 갔다고 하겠다.

염불도량을 형성했던 중심 영역 불전 구성을 보면, 소실 이전과 재건 이후 모두 극락전과 관음전 그리고 염불당인 염불회의 세 불전을 중심으로 하고 있으며, 주불전인 극락전과 함께 그 우측으로 부불전인 관음전을 염불당인 염불회의 실제적 혹은 상징적인 불단으로 삼고서 주불전 우측 영역에 병렬 배치함으로써 이중축(二重軸)을 근간으로 한 배치를 이룬 것을 알 수 있다. 이것은 서울·경기 일원에서 주불전과 염불당인 대방이 함께 건립된 사찰인 경우 예외 없이 중심 영역에서 주불전을 대방의 실제적 혹은 상징적인 불단으로 삼아 바라보도록 대방과 주불전을 단일축(單一軸)에 의하여 배치하였던 것과는 다른 구성이라고 하겠다.

별방제와 관련하여 건봉사의 경우에는 극락전 남별당 및 낙서암 남별당 등에서 별가제까지 확대된 별방제가 도입되고 있음에도 개인 재산이 아닌 사찰 재산이었으며, 이것은 강원도라는 지역적 요인과 왕실의 지속적인 지원과 같은 경제적 요인 및 오랜 역사와 전통을 지속해 온 대사찰이라는 측면이 적용된 결과에서 기인된 것으로 해석할 수 있겠다.

이러한 가람 구성에서 나타나는 특성과 함께 지속적인 만일염불회 결사에서 알 수 있듯이 조선을 대표했던 염불 도량이었음에도 고종조 후기에 대법당인 극락전을 대웅전으로 개칭한 사실에서 조선 말기에 나타난 염불의 폐해를 인식하고 이에 적극적으로 대처하고자 하였던 것을 엿볼 수 있으며, 이러한 자체적인 정화 운동의 결과로서 불교계에서는 일제강점기 이후 염불승과 선승이 급격히 축소되었던 것으로 해석할 수 있겠다.

## (2) 해인사 홍제암

조선말기에 널리 성행했던 염불은 이미 신라의 원효로부터 시작된 것으로 시대적으로 매우 오랜 역사성을 갖고 있다. 당시 원효는 불교의 대중화에 노력하여 전국을 돌아다니면서 어려운 불교경전을 이해하지 못하여도 다만 염불만으로 서방정토에 왕생할 수 있다는 단순한 신앙인 정토신앙을 전파하였고, 나무아미타불(南無阿彌陀佛)이라는 염불만 외면 누구나 극락에 왕생할 수 있다고 가르쳤다[175].

강원도 건봉사는 이러한 염불 신앙이 꽃핀 곳으로, 통일신라 때에 이미 만일염불회를 개최하였으며, 조선말기에 이르러서도 3회에 걸쳐 만일염불회를 지속한 염불 도량이었다. 이 곳에 사명당(유정)[176]은 다년간 주석하였는데, 선조 6년(1573)에 낙서암을 중수[177]한 이래, 임진왜란 때에는 이곳에서

---

175) 변태섭, 한국사통론, 삼영사, 2000.2.15., 4판 9쇄, p.135 참조
176) 중종 39년(1544)~광해군 2년(1610). 惟政은 경남 밀양 태생으로 본관은 풍천(豊川), 속명은 임응규(任應奎), 자는 이환(離幻), 호는 사명당(四溟堂)·송운(松雲), 별호는 종봉(鍾峰)이다.
177) 금강산건봉사낙서암중건기에 "…李朝宣祖大王六年癸酉 泗溟惠能兩古錐 亦爲重修 至肅宗大王四十一年甲午 龍岩禪師 又爲重葺云 而至於 李太王九年壬辰 聖鳳禪師與鶴林萬化兩公 同心重修…"로 기록된 것을 볼 수 있다.

거병하였고[178], 선조38년(1605)에는 왜병이 통도사에서 탈취해간 부처의 치아와 사리를 되찾아 온 후 치아 12매를 이 사찰의 낙서암에 보관[179]하였으며, 다음 해인 1606년에는 피폐된 건봉사를 중건하였던 기록을 볼 수 있다. 또한 선조 8년(1575)에 선종 승려의 여론으로 선종의 본거지인 봉은사 주지로 천거되었으나 이를 사양하고 묘향산 보현사(普賢寺)로 들어가 청허(휴정)[180]에게 법을 청하였고, 이후 3년을 고행하여 정법을 얻었던 기록을 통해[181] 염불과 적지 않은 인연을 살펴볼 수 있다. 즉 염불 도량이었던 건봉사에서 주석하였던 경력과 선 수행의 일종으로서 염불을 인정했던 휴정[182] 아래에 들어가 3년간 수행 정진하였던 그의 이력으로부터 염불과의 인연을 엿볼 수 있으며, 이는 염불을 수행 방편으로 삼는데 긍정적 역할을 하였을 것으로 추론된다.

【사진 1-3】해인사 홍제암 전경
(촬영일자 2000. 9. 26)

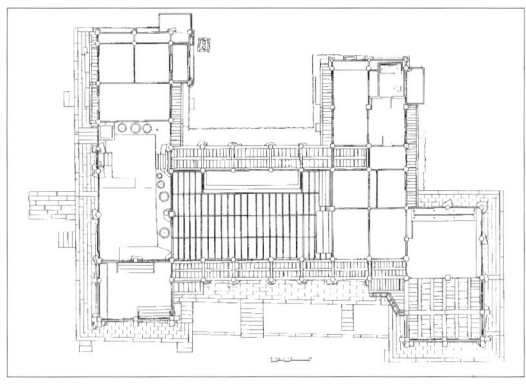

【그림 1-5】해인사 홍제암 평면도
(출처 : 해인사홍제암 실측조사보고서, 2004)

---

178) 금강산건봉사사적에 "…而此寺卽泗溟大師落髮本寺也 當壬辰時 仗節倡義於此寺 而生前眞影 願佛 銀塔 袈裟 念珠 馬上長衫 烏銅香爐 鐵杖 木橋鞋等物 皆在於此寺故也…"라고 기록하고 있다.
179) 釋迦如來齒狀立塔碑銘幷序 (蓬萊山春坡第二世雲坡門人 月峯禪師撰書幷篆, 皇明崇禎紀元後一百年太歲丙午六月日立)에 "聞夫於過去世 慈藏法師 躬入西國 而得釋迦如來頂骨齒牙舍利及金點袈裟若干 藏之於梁山通度寺未知其幾千年之由來矣 中間倭來取去 擧國失望 泗溟大禪師唯政 奉使于日本 還取齒相一十二枚 藏之於乾鳳寺之樂西庵…"이라고 기록하고 있다. 광무10년(1906)에 기록된 金剛山乾鳳寺釋迦如來靈牙塔奉安碑에는 "唐貞觀十二年戊戌 新羅僧慈藏入唐淸涼山 奉釋迦頂骨舍利齒牙袈裟數珠而還 藏于五臺鷲棲獅子葛來西山 本朝壬辰之難 日本人以爲寶持去 其後甲辰 僧泗溟 啣命入日本 遍尋而奉還 分藏于諸寺 而靈牙十二枚 藏杅城之乾鳳寺 盖寺卽泗溟之師信默卓錫之所 爲關東最勝之區也…"라고 기록하고 있다. 또한 금강산건봉사사적급중창광장종보에는 "…號曰泗溟 白密州故山 至此薩曼乎愼默大德 佳錫多年 學高解明 當龍己之變 仗節募義 効勞王室 其豊功偉烈 國之所誦也 往日本時 刷獲世尊齒牙舍利 還奉鷲棲山通度壇塔 又十七枚齒牙 則銀塔分藏 樂西庵者師之本寺 而其後霜月麗業 功石層塔 安齒牙于寺之西麓是矣…"라고 기록하고 있다.
180) 중종 15년(1520)~선조 37년(1604). 休靜의 속명은 최여신(崔汝信), 본관은 완산(完山), 자는 현응(玄應), 호는 청허(淸虛)이며, 묘향산에 오래 머물렀기 때문에 묘향산인(妙香山人) 또는 서산대사(西山大師)로 불렸고, 휴정은 법명이다.
181) 브리태니커 CD 2000 멀티미디어 판 및 한국불교연구회, 한국의 사찰 7 해인사, 일지사, 1997, p.113~114 참조
182) 브리태니커의 내용을 참조하면 휴정은 염불을 인정했는데 이때의 염불은 사후에 서방극락으로 가기 위한 것이 아니라 어디까지나 자기 자신의 내면에서 아미타불을 찾는 자성미타(自性彌陀)의 차원이었음과 실천으로서 그가 인정한 경전공부와 선 수행 및 염불은 조선 후기에 불교교단의 공통된 수행방법으로 체계화되었음을 볼 수 있다.

　이후 사명당은 선조가 승하하고 나서 요양을 위해 해인사 서편의 암자에 주석하던 중 광해군 2년(1610) 8월에 입적했는데[183], 광해군(光海君)이 이를 애도하여 자통홍제존자(慈通弘濟尊者)라는 시호를 내리고 그의 생애와 업적을 기록한 비를 세우게 하면서 이 암자는 홍제암(弘濟庵)으로 지칭되었다[184].

　사명당과의 인연으로 홍제암이란 이름을 얻은 이 암자에는 현재 홍제암이라는 현판을 갖고서 영조 7년(1731)에 고쳐 지은 대규모 불전이 있다. 이 불전에 대해서는 1978년에 해체 보수하면서 조선 영조 7년에 송운(松雲)의 후예 은계자 영규(隱溪子 靈珪)가 기록한 상량기(雍正九年辛亥六月二十日上樑記)가 발견되었으므로, 그 연혁을 살펴볼 수 있다. 내용을 보면, 이 건축물은 영자전(影子殿)으로서 승대장(僧大將) 사명당의 진영상(眞影像)을 봉안하는 당(堂)이고 문제자(門弟子)를 제향하는 전(殿)인데, 입실문인(入室門人) 혜구(慧球)가 광해군 6년(1614)에 처음 창건하고 효종 7년(1656)에 각훈이 중수하였지만, 영조 7년(1731)에 이르러 크게 상하였으므로 넓혀 수즙(修葺)하기를 다시 도모하고 영당(影堂)을 고쳐 창건하기를 거듭 생각하여 마침내 이를 완성하였던 것[185]임을 전하고 있다. 이로부터 이 건축물은 승대장을 포함하여 그 문하의 여러 제자들을 봉안 및 제향하는 불전으로서 1614년에 처음 창건된 것을 1731년에 이르러 크게 넓혀 개수한 것임을 알 수 있다.

　현재 이 암자는 망자를 극락으로 천도하는 염불 도량을 이루고 있으며[186], 그 주불전으로서 영자전으로도 지칭되었던 홍제암[187]은 현재 다수의 승려들이 염불을 행할 수 있도록 몸채 내부에 통간으로 구성된 염불용 큰 방을 갖추고서 전형적인 큰방전면 양익사형의 대방 평면 모습을 한 것을 볼 수 있다. 전면으로 돌출된 양 익사 가운데 좌측의 것은 지장보살상을 봉안하여 지장전으로 활용되고 있고, 우측의 것은 휴식용 누로 구성되었으며, 양 익사 모두 바닥은 우물마루로 되었으나 천장의 경우 좌측 익누(翼樓)는 판재를 활용한 평천장으로, 우측 익누(翼樓)는 연등천장으로 된 것을 볼 수 있다. 몸채의

---

183) 慈通弘濟尊者泗溟大師石藏碑銘, 한국불교연구회, 한국의 사찰 7 해인사, 일지사, 1997, p.116 참조
　　陜川海印寺誌에는 사명당이 선조 41년(戊申, 1608)에 왔다고 기록하고 있으며, 慈通弘濟尊者泗溟大師石藏碑銘에는 치악산에 있다가 1608년에 선조의 부음을 듣고 서울에 올라와 통곡하더니 그로 말미암아 심한 병을 얻어 가야산에 들어가 치료하게 되었다고 기록(한국불교연구원, 앞의 책, p.116 참조)하고 있는 바, 선조가 승하한 해인 1608년에 해인사 홍제암에 들른 것을 알 수 있다.
　　이 비와 관련하여 1943년에 일본 경찰 竹浦가 파괴한 이래로, 해방 이후 새롭게 비를 만들고 慈通弘濟尊者泗溟大師碑銘並書를 기록하였는데, 여기에서도 그 내용을 확인할 수 있겠다.(韓贊奭, 陜川海印寺誌, 創人社, 1947, p.196~201 참조)
184) 한국불교연구회, 한국의 사찰 7 해인사, 일지사, 1997, p.112 및 해인사 홍제암 실측조사보고서, 문화재청, 2004, p.68~69 참조
185) 사단법인한국문화재보존기술진흥협회, 한국건축사총서 Ⅱ 임진왜란 이후의 조영활동에 관한 연구, 대원문화사, 1992, p.137 참조
186) 현재 21년째 거처 중인 사무장과의 면담(2000년 9월 26일)을 통해 홍제암은 임진왜란이 끝난 후 사명당이 주석하다가 입적한 이래로 당시 전쟁에 죽은 망자의 명복과 극락으로의 인도를 기원하는 도량으로 역할하여 왔음을 전해들을 수 있었다. 홍제암에 대한 보다 상세한 자료가 향후 발굴 확보되어야 그 성격에 대하여 구체적으로 논할 수 있겠지만, 이 암자에서는 임진왜란 당시 전쟁에 죽은 원혼을 극락으로 천도하는 역할을 이어오고 있음을 확인할 수 있었으며, 지금까지 나무아미타불을 연호하면서 꾕쇠와 북소리를 이에 맞추어 염불하였고, 간혹 지장보살 연창과 함께 반야심경도 포함시켜 외우는 것을 지켜볼 수 있었다.
187) 상량기록을 통해 영자전으로도 지칭되었던 것을 알 수 있지만, 현재 보물 1300호로 해인사 홍제암으로 지정되어 있고, 또한 홍제암 경내를 대표하는 건축물로서 건물 현판 역시 홍제암으로 되어 있어, 이후 이 건축물에 대하여 홍제암이라 칭하도록 한다.

일부로서 좌측 익누 후면에는 부엌이 구성되어 있고, 우측 익누 후면에는 사명당 등 여러 조사들의 진영을 봉안한 조사실이 있으며, 몸채 후면으로도 승방 및 불구 보관용 공간 등이 구성되면서 工자형 평면을 형성한 것을 살펴볼 수 있다.

특기할 사항으로는 전면 및 양측면에 구성된 익공 형식을 살펴보면 각각 다르게 구성[188]되어 있으며, 염불용 큰 방의 전면 툇마루 상부 가구를 보면 그 우측으로 창방 부재가 다른 크기로 불연속적으로 구성되어 있는데, 이러한 현재의 모습은 1614년 창건된 이후 지속적으로 보수 및 확장해 온 결과로 이해된다. 이러한 창방 부재와 함께 특히 지붕 구성을 보면 몸채 상부에 형성된 용마루와 우측 익누 상부에 형성된 용마루가 곧바로 직교되어 만나지 못하고 한번 꺾이어 어색하게 구성된 것을 볼 수 있는데, 이들 가구 부재는 몸채 오른쪽 부분으로 확장이 이루어졌음을 뒷받침해 주고 있다.

또한 부엌과 큰 방 측면의 기둥 열 구성을 보면 조선 말기 서울·경기 일원에 형성된 대방에서는 상호 일치하지 않는 것에 반하여, 여기에서는 일치하고 있어 구조적 상이점도 엿볼 수 있다.

이러한 홍제암은 처음 지어질 때의 모습을 확인할 수는 없지만 중수기의 기록을 통해 영조 7년에 현재의 모습을 갖추었을 것으로 판단된다. 그리고 임진왜란에서 억울하게 희생된 이들을 극락으로 인도하는 역할을 맡으면서 그 방편으로 염불 수행을 채택하였던 것을 엿볼 수 있었으며, 이는 앞서 살펴보았듯이 사명당이 건봉사 및 청허와 인연을 맺은 것에서 비롯된 것으로 해석된다.

이상과 같은 내용을 고려할 때, 임진왜란 이후 억울하게 희생된 이들을 극락으로 인도하기 위해 염불을 방편으로 삼으면서 몸채에 염불용 큰 방을 갖춘 대방이 등장하였던 것으로 판단되며, 또한 건봉사 중수에 관여했던 사명당의 이력을 볼 때 염불 도량인 건봉사에서 이미 대방의 원형이 형성되었을 가능성도 엿볼 수 있겠다. 비록 앞서 언급한 기둥열 구성에서 살필 수 있듯이 서울·경기 일원에 형성된 대방과 구조적 차이를 보이고 있고, 실 구성에서도 사명당 등을 포함하여 여러 조사들의 진영을 봉안한 조사실을 갖추어 서울·경기 일원의 대방과 차이를 보이지만[189], 염불용 큰 방과 함께 좌우 양익사 및 승방과 부엌 등이 하나의 건축물 안에 함께 갖춰진 복합 불전을 형성하였고, 다수 염불 대중을 수용할 수 있는 바탕을 마련한 최초의 현존 건축물이라는 점에서 그 의미가 매우 크다고 하겠다.

---

188) 현재 지장 보살을 봉안하고서 지장전으로 사용하고 있는 좌측 익사(翼舍)의 경우 이익공 양식으로 구성되었는데, 조각한 초익공 부재 상부에 수서 아래로 연봉오리를 조각한 이익공 부재가 있으며 그 위에 봉두(鳳頭)가 결구되어 장식하고 있다. 그 후면에 위치한 부엌의 경우에는 수서 아래에 연봉오리를 조각한 초익공으로 구성되어 있으며, 그 상부에 봉두(鳳頭)를 꽂아 장식한 것을 볼 수 있다.

큰방 앞에 위치한 툇마루 전면의 경우에는 1출목 2익공 양식으로 구성되었는데, 앙서 위에 연꽃을 조각한 초익공 부재 상부에 마찬가지로 앙서 위에 연꽃을 조각한 2익공 부재를 두었으며, 그 위로 봉두(鳳頭)를 결구한 회첨 부분을 제외하고는 모두 초공(草工)을 결구하고 있다.

우측 익사의 경우에도 1출목 2익공 양식으로 구성되었지만, 앙서 위에 연꽃을 조각한 초익공 부재 상부에 수서 아래로 연봉오리를 조각한 이익공 부재를 두어 큰 방 앞 툇마루 전면과 다르게 구성되었으며, 그 위로 격을 높여 용두(龍頭)를 결구한 우주(隅柱)를 제외한 부분에는 봉두(鳳頭)를 결구하고 있다. 또한 그 후면에 위치한 조사실의 경우 수서 아래로 연봉오리를 조각한 초익공 양식으로 구성되었으며, 그 상부에 봉두를 꽂아 장식하고 있는 바, 각 주요 공간 구성별로 다양한 익공(翼工) 양식으로 형성된 것을 알 수 있다.

189) 보광사 대방의 경우 우측 후면으로 돌출된 익사(翼舍)의 일부 공간을 역대 승려들의 진영을 봉안한 조사실로 사용하다가 후

### (3) 대방의 기원

대표적인 염불 도량이었던 강원도 건봉사와 현재도 염불을 수행 방편으로 하고 있는 경남 해인사 홍제암에 대한 분석 연구에서 대방, 즉 염불당의 기원에 대한 실마리를 추론해 볼 수 있겠다.

건봉사는 통일신라시대 이래의 염불 도량으로서 순조조 이래의 조선말기 동안 3차에 걸쳐 만일염불회를 행하면서 염불을 꽃피운 사찰이었다. 비록 고종 15년에 발생한 화재로 사찰 전체가 소실되었으나 곧바로 극락전 영역과 낙서암 영역을 중심으로 재건되었으며, 이에 관련한 기록에서 소실된 건축물 및 암자는 대개 동일한 명칭으로 재건되었던 것을 알 수 있었다. 특히 중심영역의 재건과 관련하여 소실된 건축물 명칭이 재건된 건축물 명칭에 대개 동일하게 그대로 나타났으며[190], 이와 함께 기단과 초석의 경우 화재에 크게 영향을 받지 않는 부분으로서 어느 정도 재활용이 가능한 점[191]과 소실 즉시 곧바로 재건이 이루어졌던 점[192] 등을 고려할 때, 기존의 건축물 배치를 근간으로 재건이 이루어졌을 것임은 당연하다고 하겠다.

이 경우 중심 영역에서의 기존 건축물 배치는 선조 39년(1606)에 피폐화된 사찰을 중건하였을 당시의 가람 구성을 기반으로 하였을 것이고, 주불전인 극락전 이외의 주요 건축물로서 관음전과 만일회는 만일염불회가 시작된 순조 2년(1802) 이전과 선조 39년 사이 어느 시기에 건립되었을 것임을 판단할 수 있겠다. 따라서 이 시기에 대방의 주불전으로서 관음전과 대방인 만일회 건물이 상호 주종 관계를 갖고 형성되었던 것을 고찰할 수 있다.

해인사 암자인 홍제암은 광해군 6년(1614)에 처음 건립되어 영조 7년(1731)에 확장 개축된 대방으로서, 이 건축물에서는 임진왜란 당시 억울하게 희생된 원혼들을 극락으로 천도하기 위하여 염불을 행하여 왔으며, 현재까지도 염불을 수행 방편으로 행하고 있는 것을 볼 수 있다. 현존하는 건축물은 영조 7년에 개축되었을 당시의 형태를 갖고서 오늘에 이르고 있으며, 전면에서 바라볼 때 우측 부분으로 확장이 이루어진 것으로 해석된다[193].

---

에 부주지승방으로 사용한 사실을 교무승 덕영과의 면담(1998년 4월 27일)을 통해 알 수 있었는데, 예외적이나마 이처럼 홍제암에 구성된 조사실 공간이 보광사 대방에서도 이어진 흔적을 엿볼 수 있겠다.

190) 어실각, 대법당, 향전사성전, 명부전, 보안원, 봉서루, 범종각, 만일회, 관음전의 경우 극락전 영역의 건축물로서 소실 이전 및 재건 이후에 그대로 등장한 것을 앞서 살펴보았다.

191) 기단과 초석은 대개 흙과 돌과 같은 내구성을 갖춘 재료로 구성하므로 건축물을 이루는 구성 요소 가운데 가장 영속성이 강하다고 하겠다. 건축물 상부 가구는 대개 목조로 구성되므로, 전쟁이나 화재와 같은 외부적 위험 요소에 취약한 반면, 이들 기단과 초석의 경우 이미 폐허가 된 유적지의 경우에도 온전히 제 모습을 갖추고 있어서, 남아 있는 초석을 통해 당시의 배치를 파악하고, 또한 기둥간(柱間) 거리와 함께 단위척(單位尺)을 추론할 수 있게 한다.

192) 고종 15년 4월 건봉사 가람 전체가 소실된 이후 7월에 곧바로 관음전과 만일회 건축물 재건 공사를 행하였는데, 이들 건축물이 들어설 대지를 새로 정하여 터다지기 및 기단 공사를 새롭게 행한다는 것은 불합리할 뿐 아니라 많은 시간이 소요되는 것임을 고려할 때 3, 4개월이란 촉박한 기간 내에 제대로 행하기 어려운 것임을 알 수 있으며, 따라서 소실 전의 건축물 위치에 기존의 기단과 초석을 활용하여 이전과 동일한 용도에 쓰이는 동일 명칭의 건축물을 복구하는 것이 가장 합리적인 것임을 쉽게 알 수 있다.

193) 앞서 살펴보았듯이 방의 전면 툇마루 상부 가구를 보면 그 우측으로 창방 부재가 다른 크기로 불연속적으로 구성되어 있는데, 이러한 현재의 모습은 1614년 창건된 이후 지속적으로 보수 및 확장해 온 결과로 이해된다. 이러한 창방 부재와 함께 특히 지

제 1장 | 대방 – 염불당 – 건축의 출현과 기원

이들 건봉사와 해인사 홍제암은 모두 염불과 관련이 있는 사찰로서, 사명당은 이전에 염불 도량인 건봉사에 머물면서 중수 불사에 참여[194]하였고, 이후 홍제암에서 주석하던 중 입적하였다. 그런데 이러한 홍제암에서 염불당인 대방이 광해군 6년(1614)에 이미 건립되어 영조 7년(1731)에 확장 개축되었으며 이곳에서 임진왜란 당시 희생된 이들을 극락으로 천도하기 위한 염불을 행하였고[195], 오늘날까지 염불 수행을 행하고 있음은 염불당의 기원에 대하여 매우 중요한 실마리를 제공한다고 하겠다.

즉, 해인사 홍제암에서의 염불 수행은 직접적으로 임진왜란과 사명당의 영향이라 볼 수 있겠으며, 비록 사명당의 사후에 건립되었지만 염불당인 대방은 이러한 영향으로 인해 건립된 것으로 해석할 수 있겠다. 또한 사명당이 염불 도량인 건봉사에서 임진왜란 이후에 사찰 복구에 참여했던 기록 및 염불 공간을 만일회와 관음전으로 구성하였던 건봉사 가람의 특성에서 해인사 홍제암의 원형이 건봉사에서 비롯하였을 가능성도 엿볼 수 있겠다.

따라서 이러한 분석으로부터 염불당의 기원을 살펴보면[196], 임진왜란 이후에 전란으로 희생된 이들을 천도하여 극락 왕생하도록 기원할 필요가 있었는데, 이러한 역할에 건봉사와 같은 염불 도량은 매우 적합한 사찰이라 하겠다. 이러한 사찰에서 다수의 염불승(念佛僧)이 모여 염불을 하면서 당시 희생자의 혼을 천도하였을 것이고, 이러한 과정에서 다수의 염불승을 수용할 수 있는 염불용 큰 방을 갖추면서도 전란으로 사찰이 거의 폐허가 된 상황에서 우선적으로 불전 및 요사 기능을 한 건축물 내에 포함시켜 구성한 복합 불전이 필요하였을 것이며, 이로 인해 염불당을 형성하였던 것을 추론해 볼 수 있다. 그리고 사명당이 이러한 사찰에 주석 및 중수 불사에 참여하다가 이후 옮겨가 입적하였던 홍제암에서도 역시 임진왜란 당시 희생된 이들을 극락으로 천도하는 염불을 계속하였는데, 이에 따라 사명당의 사후에도 재차 동일한 형식의 건축물을 짓고서 다수의 승려들이 함께 염불로 그 원혼을 기원하였으나 암자 규모였기에 별도의 주불전 없이 그 자체가 주불전 역할을 하였던 염불당인 대방이 형성되었던 것으로 해석[197]할 수 있겠다[198].

---

붕 구성을 보면 몸채 상부에 형성된 용마루와 우측 익누 상부에 형성된 용마루가 곧바로 직교되어 만나지 못하고 한번 꺾이어 어색하게 구성된 것을 볼 수 있는데, 이들 가구 부재는 몸채 오른쪽 부분으로 확장이 이루어졌음을 뒷받침해 주고 있다.

194) 사명당은 건봉사에 주석하면서 선조 6년(1573)에 낙서암을 중수한 이래로 임진왜란 때에는 이곳에서 거병하였고, 선조38년(1605)에는 왜병이 통도사에서 탈취해간 부처의 치아와 사리를 되찾아 온 후 치아 12매를 본 사찰의 낙서암에 보관하였으며, 다음 해인 1606년에는 피폐된 건봉사를 중건하였던 기록을 앞서 살펴보았다.

195) 앞서 살펴보았듯이 현재 21년째 거처 중인 사무장과의 면담(2000년 9월 26일)을 통해 홍제암에서는 임진왜란이 끝난 후 사명당이 주석하다가 입적한 이래로 당시 전쟁에 죽은 망자의 명복과 극락으로의 인도를 기원하는 도량으로 역할하여 왔음을 전해들을 수 있었다.

196) 건봉사의 경우 6·25 전쟁으로 소실되어 당시 건축물을 확인할 수 없는 상황이 되었으므로, 앞서 고찰한 연구 결과로부터 염불당의 기원을 추론해 볼 수 있을 따름이다.

197) 그러나 건봉사의 경우 임진왜란 이후 재건된 건축물과 같은 일차적 자료가 현존하지 않으며, 홍제암의 경우도 그 자료가 충분하지 않으므로, 이러한 사명당의 발자취, 건봉사에 관련한 조선 말기의 자료 분석을 통한 가람 구성 특성, 현존하는 홍제암 건축물 분석 등을 통해 이러한 염불당의 기원에 대하여 추론할 수 있을 뿐이다.

198) 이러한 초기 형태의 염불당은 승려들의 기억 속에 남아 있다가 이후 조선시대 말기에 이르러 염불 풍조가 성행하면서 선방 및 강당과 함께 염불당을 사찰의 중심 영역에 마련할 필요가 나타났을 때, 사찰 조영을 담당한 민간 장인에게 요구 조건의 하나가 되었을 것은 당연하다고 하겠다. 그 결과 17세기 이후 규모가 갖추어진 조선 사찰의 보편적인 건축형식이 주불전 앞 마

당을 중심으로 앞을 내려다볼 때 좌측에 선방, 우측에 강당, 전면에 누(樓)를 배치하였던 것인데, 순조 이래로 조선시대 말기의 사찰에서는 이 가운데 누를 택하여 당시의 시대적 상황에 따른 염불과 접대 기능을 수용하면서 또한 염불 사찰에 과거 지어졌던 염불용 큰방을 갖춘 복합 법당의 기억도 함께 소화시켜 염불당인 대방으로 분화 발전시키면서, 좌선당(座禪堂)·강학당(講學堂) 및 염불당(念佛堂)의 3법당을 중심 영역에 두는 배치 구성이 형성되었던 것으로 해석된다.

이와 관련하여 조선시대 말기 당시 사찰 건축 조영 담당자는 민간 장인이었으며, 서울·경기 일원에 건립된 대방 건축물에서 큰 방 측면과 이에 접한 부엌의 기둥열 구조는 일치하지 않고 있고, 또한 고승들의 영정을 봉안한 용도의 조사실을 갖춘 경우를 보광사 이외에는 볼 수 없었던 것에 반하여, 흥제암에서는 승려가 조영을 담당하였고, 그 기둥열 구조는 일치하며, 고승 영정을 봉안한 조사실을 갖추고 있는 등 여러 차이점을 알 수 있다. 반면 염불용 큰 방을 중심으로 하여 생활시설을 갖춘 복합 불전이었던 점과 중요 공간을 중심으로 공포를 구성하여 위계적으로 갖춘 점 등에서는 유사점도 살펴볼 수 있다. 따라서 이러한 점들을 고려할 때 대방을 건립한 민간 장인들은 누를 염불당으로 진화 발전시키면서 건봉사 및 흥제암과 같은 기존의 염불계 사찰에 존재하였던 염불당에 대한 승려들의 기억을 나름대로 수용하면서 새롭게 재해석하였을 것이고, 또한 사찰의 경제적 형편을 고려하면서 전면으로 좌측의 휴식용 익사 및 우측의 접대용 누익사(樓翼숨)를 함께 두거나(큰방전면 쌍익사형) 혹은 우측의 접대용 누익사만을 갖추거나(큰방전면 단익사형), 아예 설치하지 않는 유형(큰방전면 무익사형)으로 발전시켜 나간 것을 알 수 있다.

The Characteristics of Inner and
Outer Space of Daebang

# 제 2 장
# 공간 특성

## 1. 외부공간

 이 장에서는 19세기 순조조 이래로 서울·경기 지역의 사찰에 건립된 대방(염불당)을 대상으로 그 외부 공간에서 나타나는 계획 특성을 고찰하고자 한다.

 이를 위해 19세기 이래로 일제강점기까지 대방이 건립된 사찰 가운데 현존 대방[199]이 주불전과 함께 구성되어 있는 서울·경기 지역의 사찰 19곳(주불전과 대방이 함께 구성된 사찰 14곳과 대방이 주불전인 암자 규모의 사찰 5곳)을 대상으로 하여 외부 공간을 분석하였으며, 분석에 이용된 사찰 대방을 정리하면 표 2-1과 같다.

 표에 나타난 19곳의 대방 가운데 18동은 19세기 이래로 1910년 이전에 건립되어 현존하는 것이며, 나머지 1동은 일제강점기에 건립되어 현존하는 것이다.

 기록을 통해 일제강점기에도 대방이 적지 않게 건립된 것을 알 수 있으나[200], 현존하는 것은 봉은사와 개운사, 그리고 흥국사(고양시 소재)에서 볼 수 있을 뿐이다[201]. 그런데 중심 영역에서 원래의 모습을 간직하고 있는 것은 흥국사뿐이므로, 일제강점기에 건립된 것으로서 분석 가능한 대방이 1동 밖에 되지 않는 바[202], 그 이전에 건립된 조선시대 이래의 전형적인 대방을 중심으로 하여 외부 공간 특성을 분석하면서 일제강점기에 건립된 대방에 대해서는 그 변화 유무만을 확인하도록 한다.

---

199) 대방은 상당수 사찰에서 사찰측의 필요로 인해 또는 천재지변으로 인해 멸실되었거나 멸실될 처지에 놓인 경우가 적지 않았다. 따라서 이 연구에서는 필자의 실측 답사 때 존속하여 연구가 가능했던 대방을 현존 대방으로 표현하였다.
200) 1910년 이후 1945년까지 대방이 건립된 기록이 나타나지만 현존하지 않는 것에는 흥룡사(포천군 이동면 도평리 28, 1918년 대방 건립하였으나 6·25로 소실), 상원암(양평군 용문면 연수리, 1918년 대방 건립하였으나 6·25로 소실), 관음사(서울 관악구 남현동 519-3, 1924년 대방 건립), 연주암(과천시 중앙동 85-1, 1929년 대방 15간 재건), 봉국사(성북구 정릉 2동 637, 1938년 대방 건립), 삼성암(도봉구 수유 1동 488, 1943년 대방 건립), 봉원사(서대문구 봉원동 산1번지, 1945년 대방 증축하였으나 6·25로 소실), 사자암(동작구 상도 3동 280)이 있으며, 현존하는 것으로는 봉은사와 개운사, 그리고 흥국사(고양시 소재)가 있다. 이외에도 舊佛紀 2961년(1934) 건립되었다는 내용을 새긴 기단석을 통해 이 해 재건된 것으로 추정되

【사진 2-1】 천축사 대방 전경
(촬영일자 : 1999. 1. 14)

【사진 2-2】 석남사 대방 전경
(촬영일자 : 1999. 2. 23)

【사진 2-3】 견성암 대방 전경
(촬영일자 : 1999. 1. 7)

【사진 2-4】 용궁사 대방 전경
(촬영일자 : 1998. 4. 20)

【사진 2-5】 흥천사 대방 전경
(촬영일자 : 1998. 12. 27)

【사진 2-6】 화계사 대방 전경
(출처 : 화계사실측조사보고서)

제 2장 | 공간 특성

【사진 2-7-1】 보광사 대방 전경
(출처 : 경기도지정문화재 실측조사보고서, 1989)

【사진 2-7-2】 보광사 대방 전경
(촬영일자 : 1998. 4. 27)

【사진 2-8】 흥국사 대방 전경
(남양주시 별내면 소재, 촬영일자 : 1998. 4. 6)

【사진 2-9】 경국사 대방 전경
(촬영일자 : 1998. 2. 23)

【사진 2-10】 운수암 대방 전경
(촬영일자 : 1998. 3. 29)

【사진 2-11】 봉영사 대방 전경
(촬영일자 : 1999. 2. 4)

【사진 2-12】 미타사 대방 전경
(촬영일자 : 1998. 3. 24)

【사진 2-13】 백련사 대방 전경
(강화군 하점면 소재, 출처 : 사찰 소장 사진 – 1967년 2월 모습)

【사진 2-14】 청원사 대방 전경
(촬영일자 : 1999. 2. 23)

【사진 2-15】 용문사 대방 전경
(경기도 양평군 소재, 촬영일자 : 1999. 2. 4)

【사진 2-16】 지장사 대방 전경
(촬영일자 : 1999. 2. 11)

【사진 2-17】 적석사 대방 전경
(출처 : 사찰 소장 사진)

제 2장 | 공간 특성

【사진 2-18】 개운사 대방 전경
(출처 : 사찰 소장 사진)

【사진 2-19】 흥국사 대방 전경
(고양시 지축동 소재, 촬영일자 : 1999. 1. 12)

【사진 2-20】 봉은사 대방 전경
(촬영일자 : 1999. 3. 13)

【사진 2-21】 안정사(청련사) 대방 전경
(촬영일자 : 2007. 1. 7)

### 표 2-1. 연구 대상 건축물

| 대상건축물 | 위 치 | 건립연대 | 비 고 | 유형 |
|---|---|---|---|---|
| 견성암 대방 | 남양주시 진건면 송릉리 산 311 | 철종 11년 (1860) | • 雨花樓記에 기록 나타남<br>• 주불전인 굴법당에서 고려초 조맹이 수행 | 주불전과 대방이 함께 구성된 사찰 |
| 용궁사 대방 | 인천 중구 운남동 667 | 고종 원년 (1864) | • 傳燈寺本末寺誌에 기록 나타남. 대방 11평 / 관음전 5평 | |
| 흥천사 대방 | 서울 성북구 돈암 2동 595 | 고종 2년 (1865) | • 철종 4년(1853) 극락보전 중수 | |
| 화계사 대방 | 서울 도봉구 수유 1동 487 | 고종 3년 (1866) | • 고종 7년(1870) 대웅전 중건 | |
| 보광사 대방 | 파주군 광탄면 영장리 산 13 | 고종 6년 (1869) | • 98년 중수시 발견된 상량문 기록에서 1869년 三創 밝혀짐<br>• 고종 35년(1898) 대웅보전 중건 | |
| 흥국사 대방 | 남양주시 별내면 덕송리 331 | 고종 7년 (1870) | • 순조 21년(1821) 중건후 소실된 대방 재건하고 대웅보전 중건 | |
| 경국사 대방 | 서울 성북구 정릉 3동 753 | 고종 7년 (1870) 개축 | • 1914년 극락보전 재축 | |
| 봉영사 대방 | 남양주시 진접읍 내각리 148 | 고종 14년 (1877) | • 고종 14년(1877) 사찰 중수<br>• 1971년 대웅전 앞 대방을 현 자리로 이건하면서 부엌부를 콘크리트조로 구성 | |
| 미타사 대방 | 서울 성동구 옥수동 395 | 고종 21년 (1884) | • 철종 13년(1862) 극락전 재축 | |
| 청원사 대방 | 안성군 원곡면 성은리 397 | 1908년 | • 1908년 작성된 현판에서 건립년대 추정<br>• 대웅전은 조선후기 건축물, 대방 40평 | |
| 용문사 대방 | 양평군 용문면 신점리 625 | 1909년 | • 고종 30년(1893) 사찰 중창 이후 1907년 일본인이 사찰 방화 1909년 대방 중건하고 1910년 칠성각을 옮겨 대웅전 건립<br>• 6·25때 대웅전과 대방(관음전)만 병화 면함<br>• 1983년 대방 보수 때 부엌 뒤에 요사 증축 | |
| 석남사 대방 | 안성군 금광면 상중리 508 | 조선말 | • 涵月禪師(1691~1770)가 사찰 중창 원 배치는 알 수 없고, 조선말 이건하여 큰방 전면 좌측에 정전인 대웅전을 두어 ㄱ형 배치 구성<br>• 1978년 영산전 앞에 있던 대웅전을 뒤쪽 높은 곳으로 이건 | |
| 지장사 대방 | 서울 동작구 동작동 305 | 조선말 | • 고종 15년(1878)과 1920년 대방 중수<br>• 약사전은 현재 없음 | |
| 흥국사 대방 | 고양시 지축동 203 | 일제강점기 | • 미타전으로 지칭<br>• 기둥부의 경우 모두 원형 기둥이 사용되었고, 마루 일부는 장마루로 구성 | |
| 천축사 대방 | 서울 도봉구 도봉동 549 | 1812년 | • 수차례 중수. 근래는 1959년 중수 | 주불전이 대방인 사찰 |
| 명적암 대방 | 안성군 이죽면 칠장리 845 | 1828년 | • 1828년 완진대화상이 대웅전 건립하고 명적암 중수. 작은 암자로서 기록에서의 대웅전은 대방을 일컫는 것으로 해석됨<br>• 수차 중수로 기둥과 초석 이외는 변형 심함 | |
| 원통암 대방 | 강화군 강화읍 국화리 550 | 1857년 | • 1987년 해체 | |
| 운수암 대방 | 안성군 양성면 방신리 85 | 1870년경 | — | |
| 백련사 대방 | 강화군 하점면 부근리 231 | 1905년 | • 傳燈寺本末寺誌에 기록 나타남<br>• 대방 24평(18간) | |

는 안정사 대방(성동구 하왕십리동 996-1)이 최근 확인되었다. 큰방전면 양익사형으로서 전면 7간 측면 3간의 몸채 앞쪽으로 전면 2간 측면 2간의 익사가 양쪽으로 각각 돌출 구성되었다. 앞에서 바라 볼 때 전후로 툇마루가 구성된 큰 방을 가운데 두고 그 좌측에 부엌, 부엌 앞에 2개의 실로 나뉜 익누, 큰 방 우측편에 현재 트여져 큰방의 일부로 된 방, 그 앞에 익누가 구성된 복합 불전으로서, 조선말기 서울 경기 일원에 건립된 전형적인 염불당인 대방의 특징을 보이고 있다. 대방 내 큰 방 한 가운데서 대웅전 전체 모습을 시각적으로 인지하며 염불할 수 있도록 되어 있지만, 현재 불단을 두어 대웅전을 가리고 있다. 장대석 기단 위에 다듬돌초석이 사용되었는데, 익사 전면에는 장주형방형초석이, 큰 방 전후면에는 원형초석이, 나머지는 방형초석이 사용되었다. 초석 위에는 원형기둥과 방형기둥이 혼용되었는데, 주요 공간인 큰 방과 익사 전면으로 원형기둥이 쓰인 것을 볼 수 있다. 벽체는 방화장과 판벽 및 심벽이 혼용되었으며, 부엌에는 환기용 살창이, 건물 사면에는 예외 없이 초익공이 구성되어 있다. 지붕은 겹처마에 합각지붕으로 구성되어 있다. 이들 평면구성, 다듬돌초석 사용, 벽체 구성, 위계에 따른 방형과 원형 기둥의 사용은 고종조 이래의 조선말기 양식의 특징을 그대로 계승하고 있지만, 원형초석이 사용된 점과

제 2장 | 공간 특성

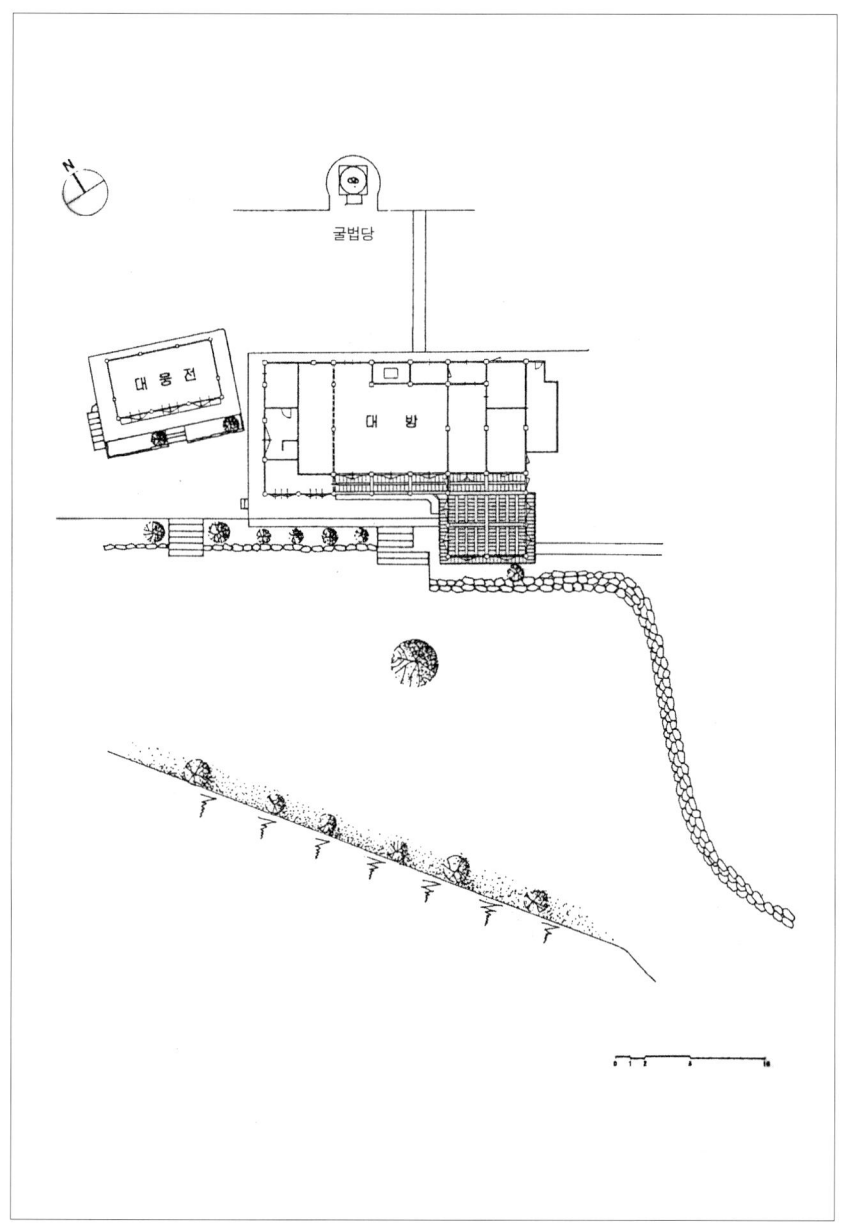

【그림 2-1】 견성암 중심 영역 배치도
(필자 약측 도면)

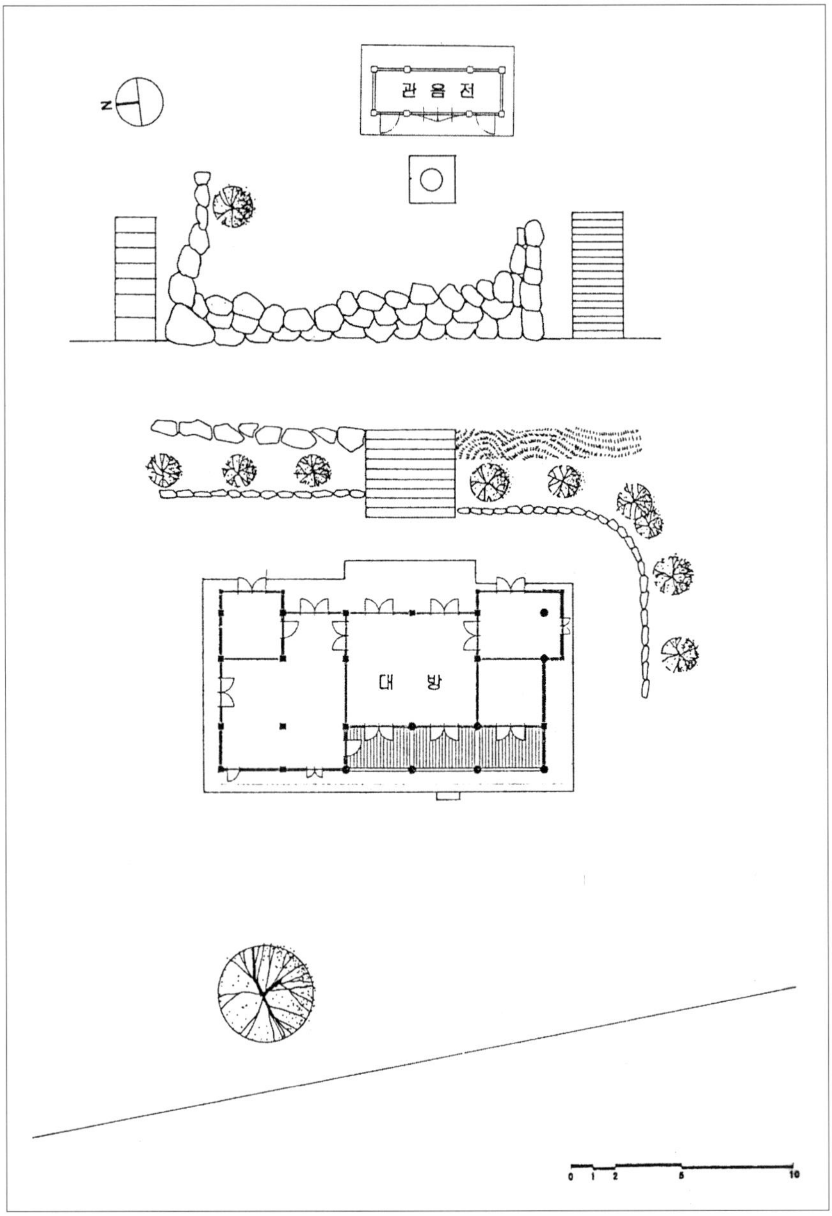

【그림 2-2】 용궁사 중심 영역 배치도
(필자 약측 도면)

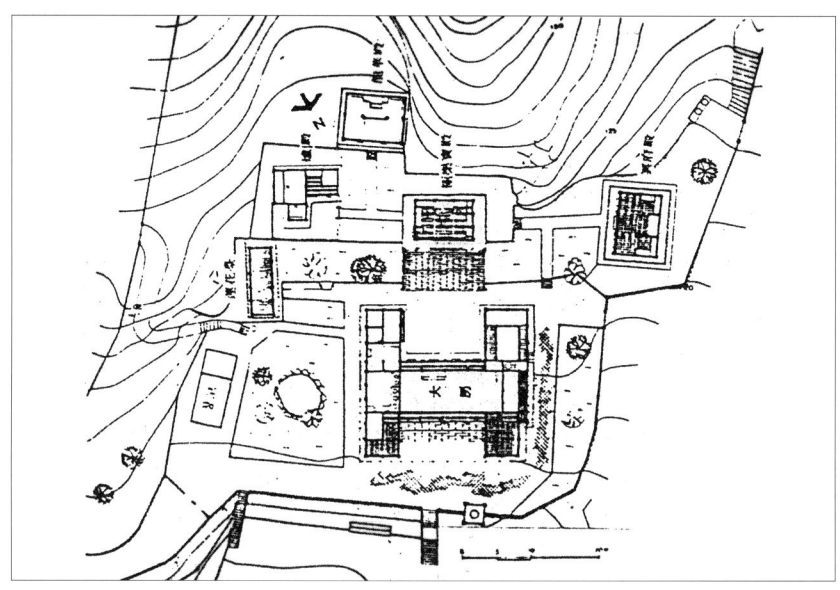

【그림 2-3】 흥천사 배치도
(출처 : 흥천사 실측조사 보고서)

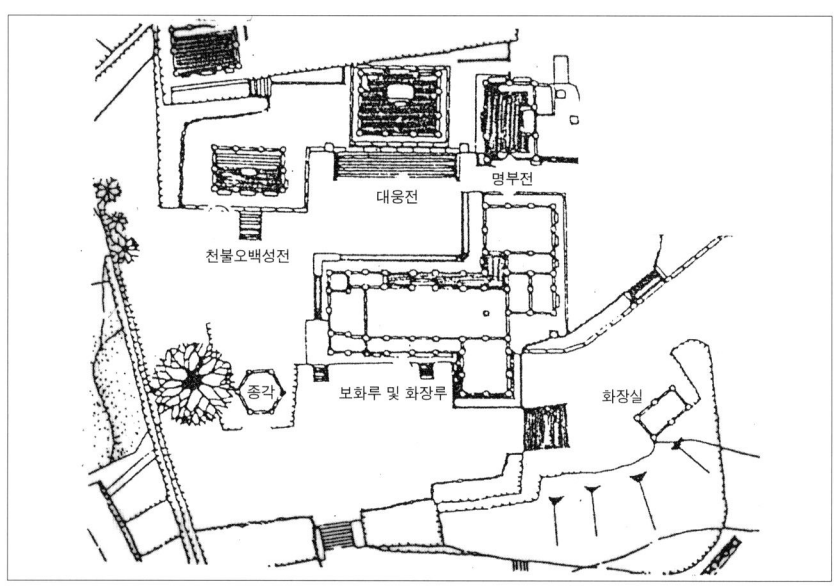

【그림 2-4】 화계사 배치도
(출처 : 화계사 실측조사 보고서)

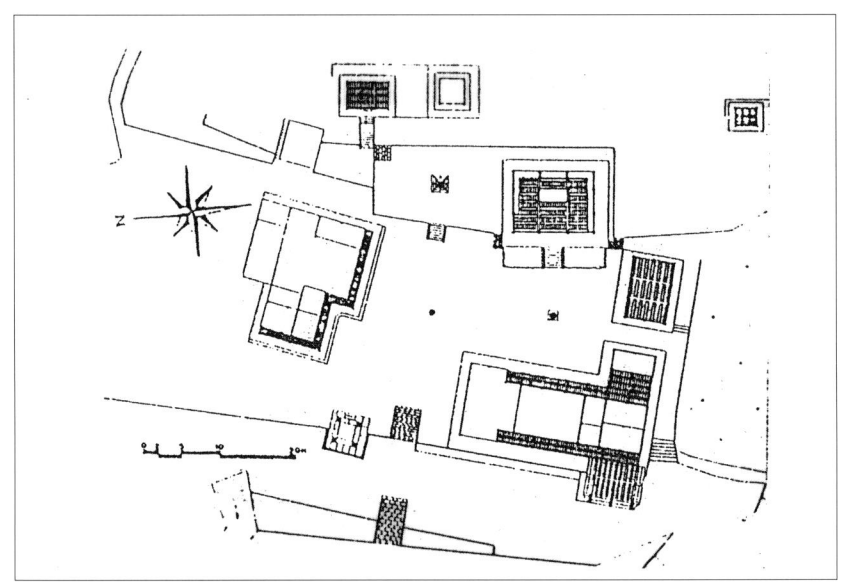

【그림 2-5】 보광사 배치도
(출처 : 경기도 지정문화재 실측조사 보고서)

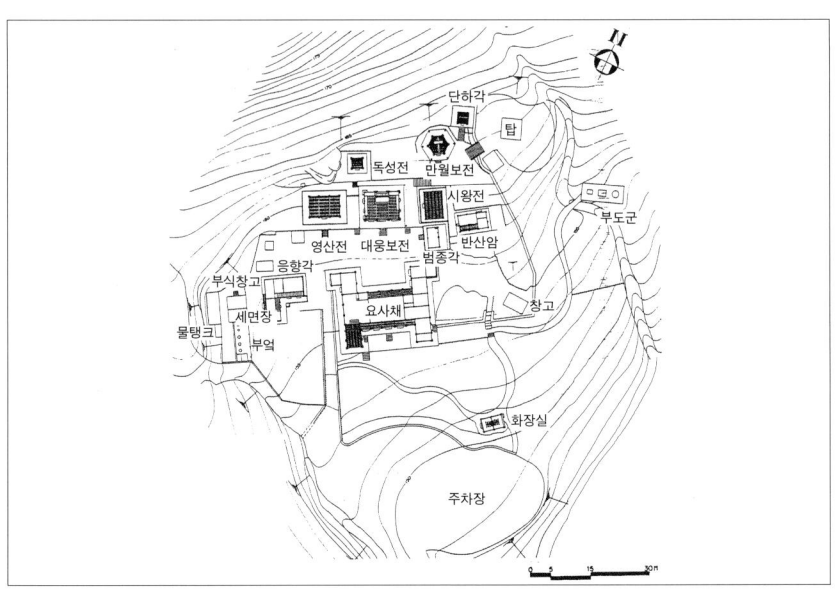

【그림 2-6】 흥국사 배치도
(남양주시 별내면 소재, 출처 : 경기도 지정문화재 실측조사 보고서)

제 2장 | 공간 특성

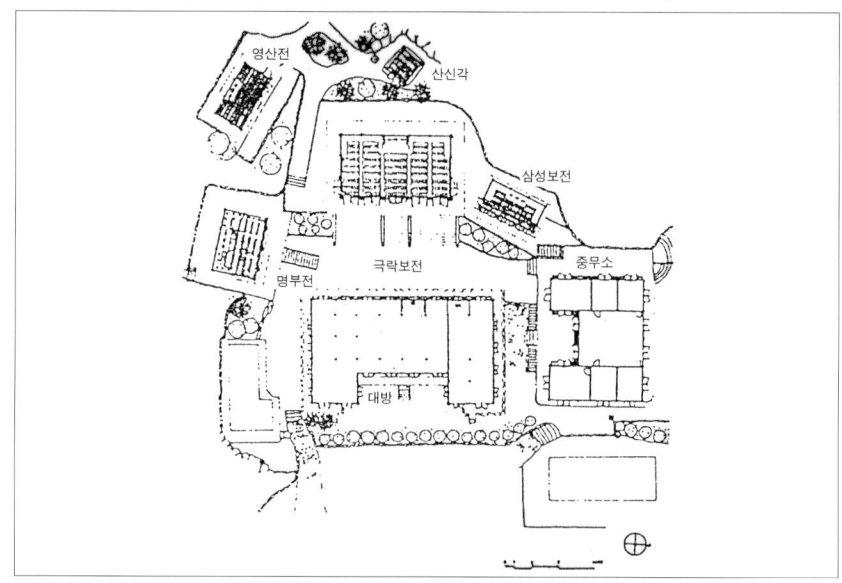

【그림 2-7】 경국사 배치도
(출처 : 김봉열, 앞의 논문, 건축역사학회 4권, 2호 1995)

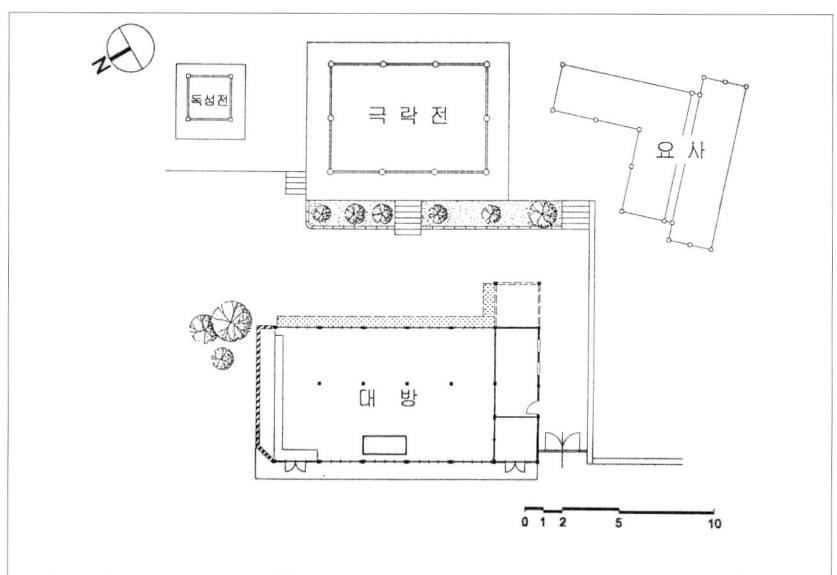

【그림 2-8】 미타사 중심 영역 배치도
(필자 약측 도면)

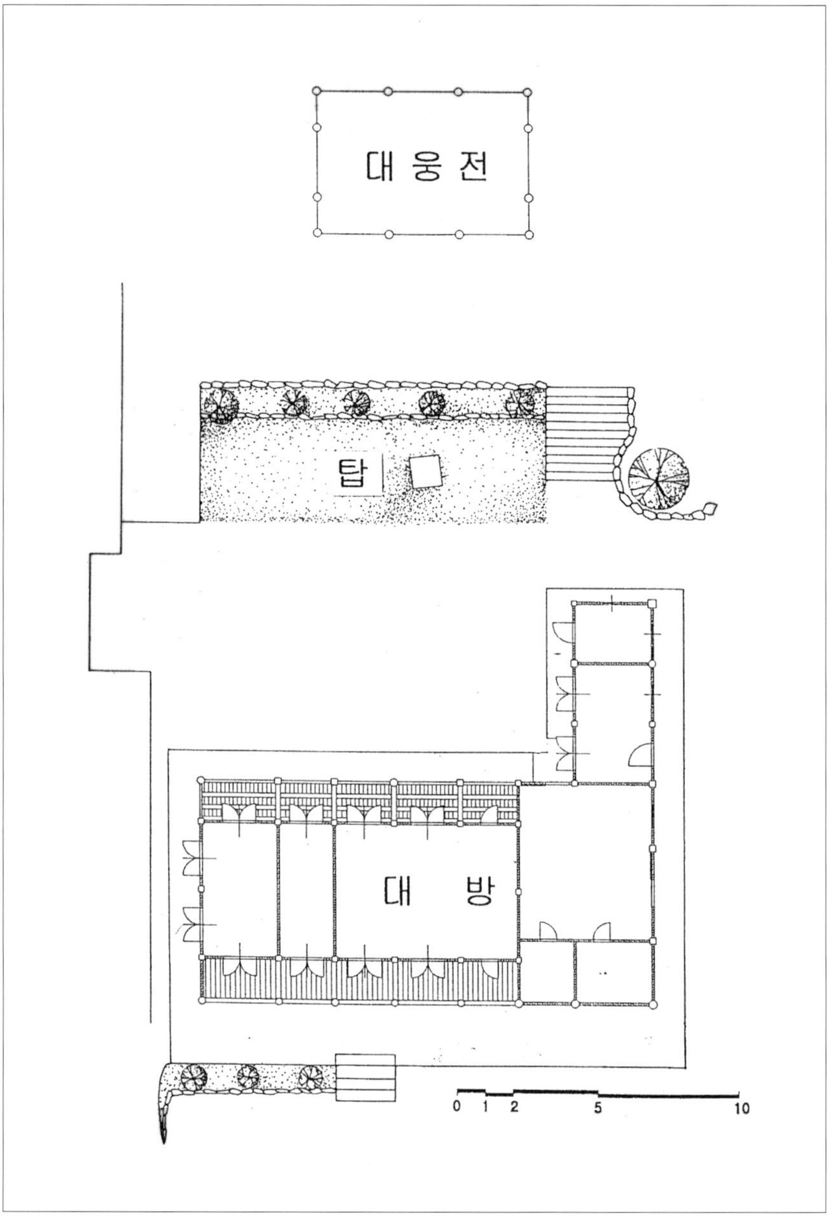

【그림 2-9】 청원사 중심 영역 배치도
(필자 약측 도면)

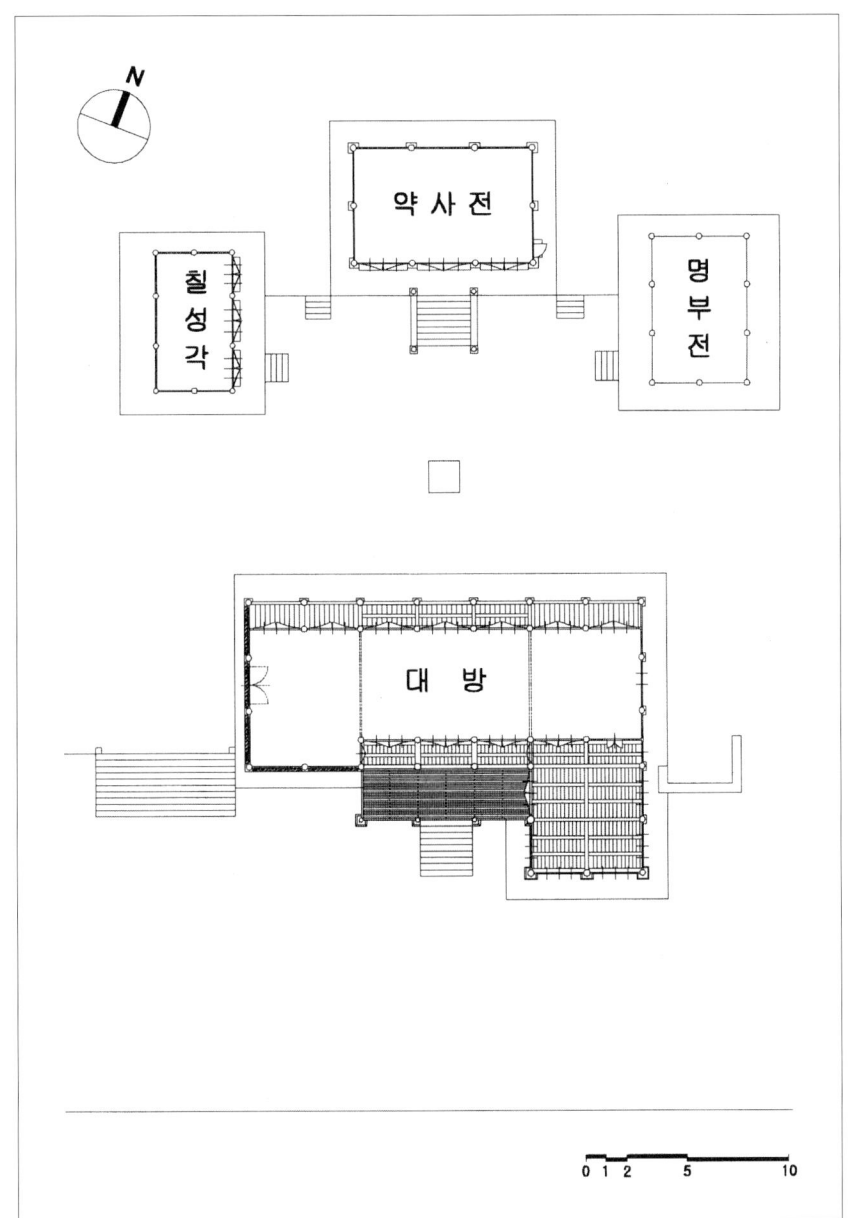

【그림 2-10】 흥국사 중심 영역 배치도
(고양시 지축동 소재, 필자 약측 도면)

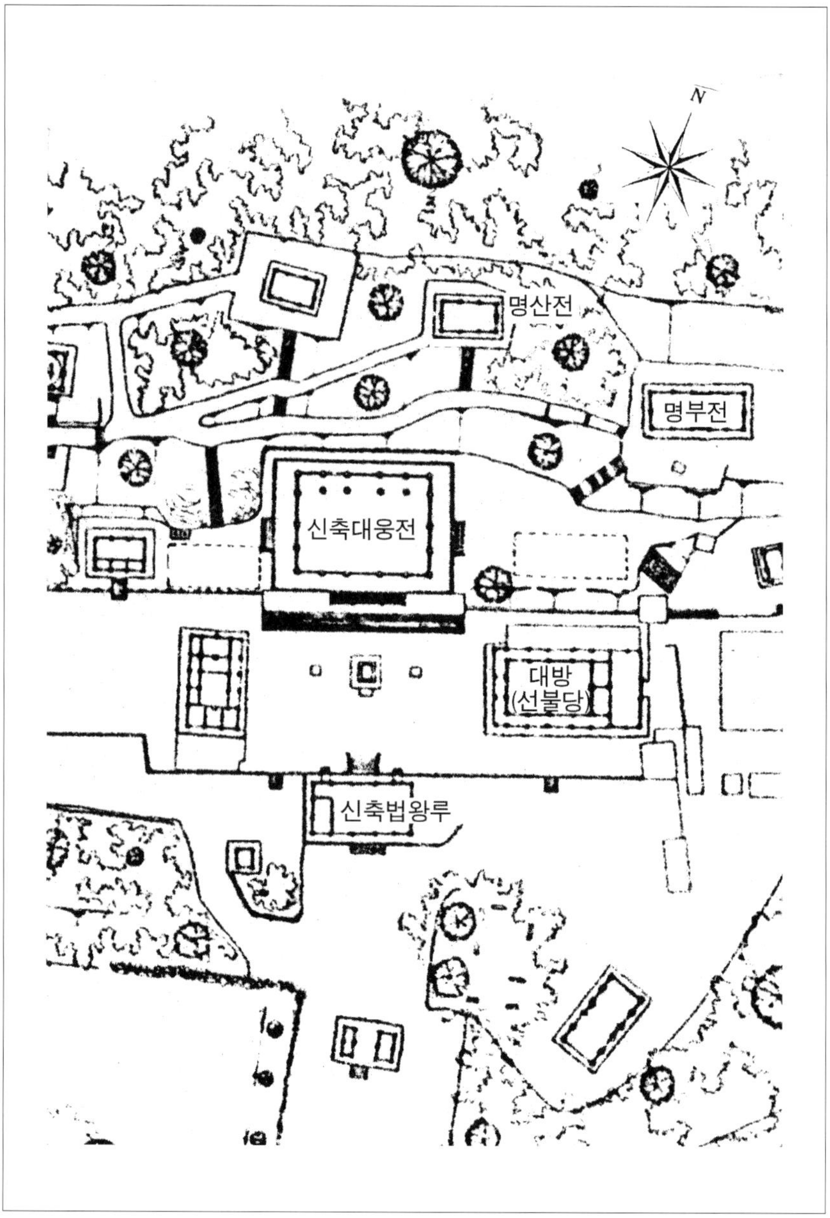

【그림 2-11】 봉은사 중심 영역 배치도
(출처 : 봉은사 실측조사 보고서)

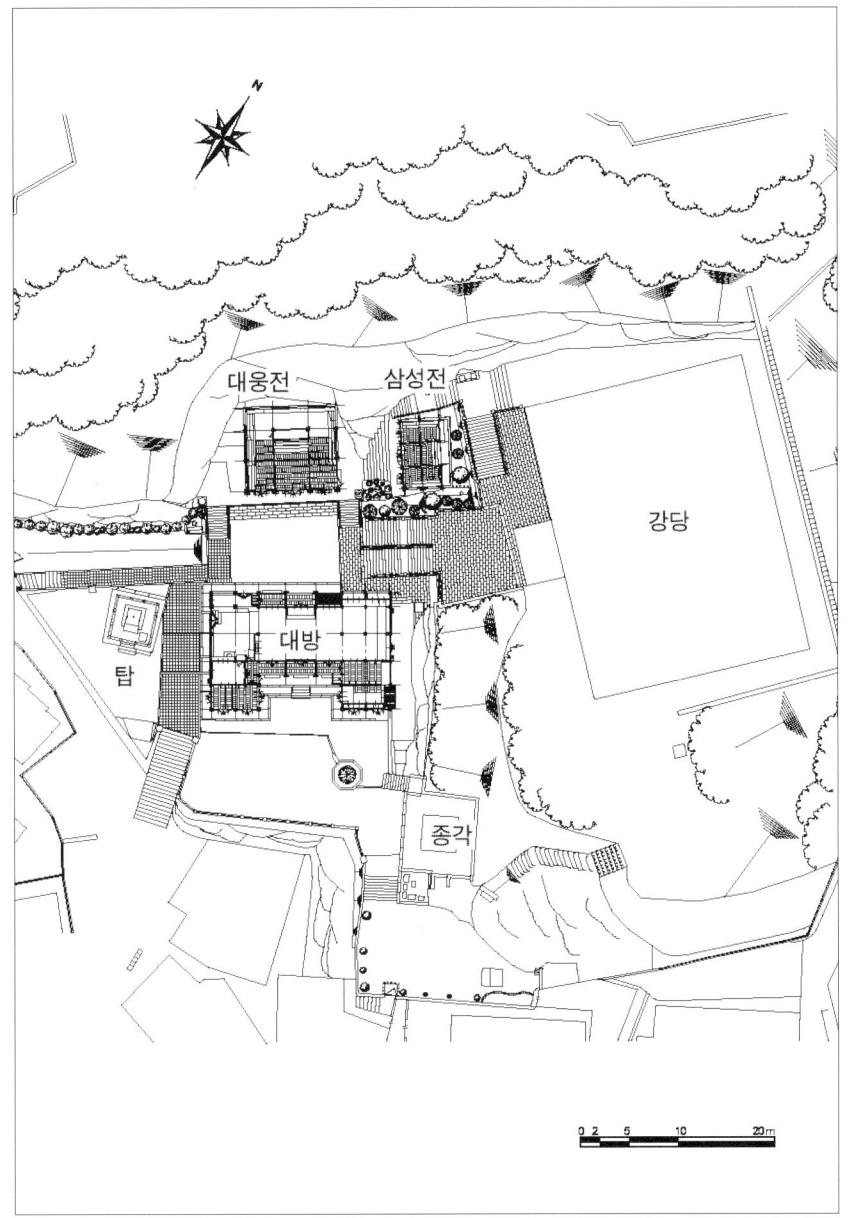

【그림 2-12】 안정사(청련사) 배치도
(출처 : 청련사 실측조사 보고서)

## (1) 대방 구성 사찰의 진입 특성

조선말기부터 일제강점기까지 건립된 대방이 현존하고 있는 서울·경기 일원의 사찰 19곳을 대상으로 하여 대방 위치에서 중정[203]에 진입하기 위한 주요 진입 방식과 대방 평면 구성 형태를 대방 유형에 따라 정리하면 표 2-2와 같다.

표에서 조선시대 말기에 이건하여 사찰의 원래 배치를 알 수 없는 석남사와 1971년 대방을 이건하여 배치가 변형된 봉영사, 1987년에 해체되어 당시 배치를 알 수 없는 원통암, 그리고 사찰 내에서 많은 변형이 일어난 결과로 원래 상태를 알 수 없는 양평 용문사와 지장사를 제외하면, 배치를 알 수 있는 전체 14곳의 사찰 가운데 10곳에서 대방 좌측을 통해 중정에 진입하는 방식을 취하는 것을 알 수 있다. 그리고 이 가운데 일제강점기에 대방이 건립된 흥국사(고양시 소재)에서도 마찬가지로 이러한 좌측 진입 방식을 취하는 것을 볼 수 있다.

주불전과 대방이 함께 구성된 사찰의 경우 대방 좌측으로 진입하여 중정에 올라 주불전과 기타 전각에 이르게 되며, 주불전이 바로 대방인 사찰의 경우에도 대방에서 기타 전각에 가고자 할 때는 대방 좌측을 통해 각 전각에 이르는 것을 볼 수 있다.

이러한 좌측 진입 방식을 취하는 사찰의 대방에서는 책임자가 머무르는 화주용 승방을 독립성이 확보되도록 그 반대편인 우측으로 구성하는 것을 볼 수 있다. 또한 큰방 전면에 익누(翼樓)가 구성되어 있는 유형인 경우 그 기능상 독립성이 필요한 접대용 익누(翼樓)를 화주용 승방과 마찬가지로 진입 동선 반대편인 우측으로 구성하는 것을 알 수 있다. 그리고 진입로에 면한 좌측으로는 부엌을 구성한 것을 볼 수 있다.

한편 사찰이 위치하는 대지의 상황으로 인해 예외적으로 대방 우측을 통해 중정에 진입하게 되는 경우도 4곳의 사찰에서 볼 수 있다. 주불전과 대방이 함께 구성된 미타사·청원사와 주불전이 대방인 운수암·명적암에서 이러한 예외적인 우측 진입 방식을 볼 수 있다.[204]

---

주요 공간만이 아닌 건물 사면 모두에 초익공을 구성한 것에서 일제강점기 건립된 대방의 특성이 나타난다. 또 건물 전면에 모두 원형 기둥을 사용한 것에서 조선말기에 건립된 대방과 일제강점기에 건립된 대방의 과도기적 특성도 살펴볼 수 있다. 현재 이 건물은 정밀실측 중이어서, 상세한 공간 분석은 추후로 미루었다.

201) 일제강점기에 건립된 대방에는 봉은사 선불당, 개운사 대각루, 흥국사 미타전 (고양시 소재)이 있다. 이 가운데 개운사의 경우 1981년 승가대학 설립 당시 운동장 부족으로 대각루가 해체되고 이후 위쪽 높은 곳에 이건되어 원래 배치를 파악할 수 없게 되었다. 봉은사의 경우 1939년 화재로 많은 전각이 소실되어 1941년 대웅전과 함께 대방인 선불당이 건립되었고, 다음 해에 영산전, 북극전, 만세루, 천왕문과 산문 등이 중건되었으나, 1982년부터 대웅전을 큰 규모로 중창하여 중심영역에서 기존 모습이 일부 변형되는 등, 1941년 재건 당시의 모습을 볼 수 없다.

202) 일제강점기에 건립되어 현존하는 대방 3동 가운데 고양 흥국사 대방만이 중심영역에서 원래 모습까지 제대로 간직하고 있으므로, 외부공간 분석에서는 이것만을 분석 대상으로 삼았다. 그러나 2장 2절의 내부공간 분석에서는 대방 자체만을 다루게 되므로, 원래대로의 대방 모습을 그대로 간직한 고양 흥국사 대방과 봉은사 대방(선불당)을 함께 분석 대상으로 삼아 각주에서 정리하였다.

203) 이 글에서는 주불전과 대방 사이에 놓인 중심 영역의 마당을 중정으로 표기하였다.

204) 이와 관련하여 일제강점기에 건립된 봉은사 대방의 경우 그 우측을 통해 보살단과 신중단에 해당되는 기타 불전에 접근하도록 구성되고 있는데, 조선시대 최초의 염불 종찰이었던 건봉사의 경우처럼 주불전과 대방을 각각 축으로 삼아 다축(多軸)으

## 표 2-2. 대방 구성 사찰의 중정 진입 방식

| 대상건축물 | 대방유형 | 주요진입방식 | 평면 구성 형태* | 비 고 | 사찰유형 |
|---|---|---|---|---|---|
| 석남사대방 | 큰방전면 무익사형 | - | 큰방 – 승방 – 부엌 (승방 위) | • 원 배치는 알 수 없고, 조선말 이건하여 큰방 전면 좌측에 대웅전을 두어 ㄱ자형 배치구성. 1978년에는 대웅전을 뒤편으로 높이 이건함 | 주불전과 대방이 함께 구성된 사찰 |
| 용궁사대방 | | 좌측진입 | 부엌 – 큰방 – 승방 | | |
| 봉영사대방 | | - | 부엌 – 큰방 – 승방 | • 1971년 대웅전 앞에 위치했던 대방을 현 위치로 이건하여, 이전 배치 파악 곤란 | |
| 미타사대방 | | 우측진입 | 승방 – 큰방 – 부엌 | | |
| 청원사대방 | | 우측진입 | 승방 – 큰방 – 부엌 | • 최근 대방 전면에 주차장 만들고 좌측 진입이 주진입이 되도록 만듬 | |
| 용문사대방 | | - | 부엌 – 큰방 – 승방 | • 대방 내 큰방 후면에 창호가 설치된 사실에서 원래 대방 후면을 통해 대웅전이 바라보이도록 대방과 대웅전을 구성하였을 것으로 추정. 현재는 후대의 심한 변형으로 당시 사찰 진입 파악 곤란 | |
| 지장사대방 | | - | 승방 – 큰방 – 부엌 | • 변화가 심하여 대방 건립 당시의 사찰 진입 파악 곤란 | |
| 견성암대방 | 큰방전면 단익사형 | 좌측진입 | 부엌 – 큰방 – 승방 / 익누 | • 원래는 좌측 진입로가 주진입로였으나 최근 우측으로 새 도로를 만듬 | |
| 화계사대방 | | 좌측진입 | 부엌 – 큰방 – 승방(위) / 익누 | - | |
| 보광사대방 | | 좌측진입 | 부엌 – 큰방 – 승방(위) / 익누 | - | |
| 흥국사대방 | | 좌측진입 | 부엌 – 큰방 – 승방 | • 고양시 지축동 소재<br>• 현재 대방 우측편에 블록 마감 경사로를 만들어 부진입로 형성 | |
| 흥천사대방 | 큰방전면 쌍익사형 | 좌측진입 | 승방 / 부엌 – 큰방 – 승방 / 익누 / 익누 | | |
| 흥국사대방 | | 좌측진입 | 승방 / 부엌 – 큰방 – 승방 / 익누 / 익사 | • 남양주시 별내면 소재 | |
| 경국사대방 | | 좌측진입 | - | 부엌 – 큰방 – 승방 (평면 추정) / 익누 익누 | |
| 원통암 대방 | 큰방전면 무익사형 | - | | • 청련사에 합병되어, 1987년 12월 해체됨 | 주불전이 대방인 사찰 |
| 명적암대방 | 큰방전면 단익사형 | 우측진입 | 승방 – 큰방 – 부엌 / 익사 | • 현재 초석과 기둥 골격만 유지. 수차례 중수로 심하게 변형<br>• 대방과 그 좌측 위쪽에 산신각만 있었으나 현재 대방 우측에 요사 신축 | |
| 백련사대방 | | 좌측진입 | 부엌 / 부엌 – 큰방 – 승방 / 익누 | | |
| 천축사대방 | 큰방전면 쌍익사형 | 좌측진입 | 승방 / 승방 / 승방 / 부엌 – 큰방 – 승방 / 익누 / 익사 | | |
| 운수암대방 | | 우측진입 | 승방 / 승방 / 부엌 – 큰방 – 승방 / 익사(누방) / 부엌 / 익사 | - | |

* 평면 구성은 대방의 전면에서 바라본 경우를 기준으로 함

　이러한 사찰의 대방에서도 화주용 승방은 그 독립성이 확보되도록 진입로 반대편인 좌측으로 구성되며, 접대용 익사(翼舍)가 구성된 운수암·명적암의 경우 그 익사 역시 독립성이 확보되도록 진입로 반대편인 좌측에 구성된 것을 알 수 있다. 그리고 진입로에 면한 우측으로는 부엌을 구성[205]한 것을 볼 수 있다[206].

　따라서 19세기 이래로 대방이 건립된 서울·경기 일원 사찰에서는 주불전과 대방이 함께 구성된 사찰이나 주불전이 대방인 사찰 모두에서 대방 좌측을 통해 중정이나 그 뒤편 불전에 이르는 좌측 진입 방식이 일반적이었으며, 이 경우 대방의 부엌은 진입로에 면하여 좌측에 구성되는 것을 알 수 있다. 이와 함께 사찰이 입지한 대지의 상황으로 인해 불가피하게 우측 진입 방식을 취하게 되는 사찰도 예외적으로 나타나는 것을 볼 수 있으며, 이 경우 대방의 부엌은 진입로에 면하여 우측에 구성되는 것을 알 수 있다.(그림 2-1~12 참조)

　일제강점기에 건립된 흥국사 대방(고양시 소재)의 경우에도 좌측 진입 방식을 취하는 대방 구성 사찰의 일반적 원칙과 평면 구성 형식이 그대로 지켜졌던 것을 살펴볼 수 있다.

　한편 이러한 대방 구성 사찰의 진입 방식과 대방 부엌과의 위치 관계 파악을 통해서 현재 그 진입 방식을 알 수 없는 사찰의 진입도 유추하는 것이 가능한데, 석남사와 지장사의 경우 대방 부엌이 우측에 위치하고 있는 것에서 원래는 우측 진입 방식을 취한 사찰이었던 것으로 보이며, 양평 용문사의 경우 대방 좌측에 부엌이 위치하고 있는 것에서 원래는 좌측 진입 방식을 취한 사찰이었던 것으로 보인다.[207]

---

　　　로 구성되었던 것으로 판단된다. 조선말기 건봉사 가람의 구성과 변천에 관한 연구, p.104 참조
205) 운수암 대방의 경우에는 우측에 보조 부엌을 좌측에 주부엌을 구성한 특이한 형태인데, 지금은 좌측 부엌만이 그대로 남아 있고, 우측의 것은 방으로 개조된 상태이다.
206) 대방이 주불전인 암자 규모의 사찰에는 대방 좌측편으로 진입이 이루어지는 백련사(강화 소재)·천축사와 대방의 우측편으로 진입이 이루어지는 운수암·명적암이 있다.
　　여기서 백련사의 경우 1932년에 편찬된 전등사본말사지(傳燈寺本末寺誌)에 수록된 건물을 보면 대방 24평(18간), 칠성각 5평(3간), 요사 17평(7간), 부속사 11평(5간), 役夫舍 6평(3간)으로 구성되고 있으며, 천축사의 경우 대방과 함께 원통전, 독성각, 산신각, 요사 등으로 현재 이뤄져 있다. 따라서 백련사와 천축사의 경우 대방 이외에 여러 동의 부속 건물이 있어 대방 좌측의 진입로를 따라 각 부속 건물로 접근하도록 하면서, 대방 자체적인 공간구성으로서 프라이버시를 요하는 화주용 승방과 접대용 익누(翼樓)를 진입로에서 가장 먼 맞은편(右側)으로 자리잡게 하여 사적(私的) 공간의 독립성을 최대로 확보할 수 있도록 한 것을 알 수 있다.
　　이에 반하여 대방 우측편으로 진입이 이루어지는 운수암과 명적암은 각각 비로전과 산신각이라는 한 동의 부속건물만이 대방과 함께 이루어지고 있어서, 앞서 언급된 백련사와 천축사의 경우처럼 여러 부속건물에 접근하는데 따른 동선 혼잡의 염려가 없다. 따라서 대방내 공간구성의 경우에는 앞서와 마찬가지로 프라이버시를 요하는 화주용 승방과 접대용 익누(翼樓)를 진입로에서 가장 먼 맞은편(左側)으로 자리잡게 하고 있는데 반하여, 부속건물로 접근하는 동선은 그 관리가 편하도록 화주용 승방에서 가깝게 하여 대방 우측이 아닌 좌측으로 진입 동선을 구성한 것을 볼 수 있다.
207) 봉은사 대방의 경우에는 부엌이 우측에 구성되어 있으므로 원래 우측 진입 방식을 전제로 계획되었을 것이나, 현재 그 좌측으로 대웅전과 누가 마당을 사이에 두고 주 영역을 형성하고 있어 이후 중심 영역의 배치 및 구성과 관련하여 변화된 것을 엿볼 수 있겠다.

## (2) 시지각적 측면에서 본 외부 공간 특성

### 〈주불전과 관련한 대방의 배치 계획 특성〉

조선시대 말기 이래로 건립되어 현존하고 있는 대방과 주불전이 함께 구성되어 있는 서울·경기 일원의 사찰을 대상으로 주불전에 대한 대방의 위치와 주불전과 대방 간의 상호 거리(L2)를 정리하면 표 2-3과 같다.(그림 2-13 참조).

표 2-3. 주불전에 대한 대방 위치 및 주불전과 대방간 거리

| 대상건축물 | 대방위치 | *주불전과 대방간 거리 L2(단위 m) | 비 고 | 대방유형 |
|---|---|---|---|---|
| 석남사 대방 | - | - | • 원래의 배치는 알 수 없고, 조선말 이건하여 큰방 전면 좌측에 정전인 대웅전을 두어 ㄱ자형 배치 구성. 1978년에는 대웅전을 뒤편으로 높이 이건함 | 큰방<br>전면<br>무익<br>사형 |
| 용궁사 대방 | 관음전 전면 | (19) | • 큰방 후면에 퇴간이 없는 유형이므로 큰방 후면의 외측기둥 중심선을 기준으로 함<br>• 정면 2간의 큰 방에서 바라볼 때 관음전 전경은 우측간에서 인식 | |
| 봉영사 대방 | 대웅전 전면 | - | • 원래는 대웅전 앞에 대방이 위치하였으나, 1971년 대웅전 전면 좌측으로 이건하여 이전의 정확한 대방 배치 파악 불가 | |
| 미타사 대방 | 극락전 전면 | 8.2 | • 정면 4간의 큰 방에서 바라볼 때 극락전 전경은 정중앙에서 인식 | |
| 청원사 대방 | 대웅전 전면 | 21 | • 정면 3간의 큰 방에서 바라볼 때 대웅전 전경은 중앙간에서 인식 | |
| 용문사 대방 | - | - | • 대방 내 큰방 후면에 창호가 설치된 사실에서 원래 대방 후면을 통해 대웅전이 바라보이도록 대방과 대웅전을 구성하였던 것으로 추정. 현재는 대방 전면 좌측으로 신축 대웅전이 위치하며, 후대에 많은 변형이 가해진 것으로 보여짐 | |
| 지장사 대방 | - | - | • 현재 사찰 배치에 있어 변형이 심하여 주불전과의 위치 관계 파악 곤란 | |
| 건성암 대방 | 굴법당 전면 | 11 | • 정면 3간의 큰 방에서 바라볼 때 굴법당 전경은 좌측간에서 인식 | 큰방<br>전면<br>단익<br>사형 |
| 화계사 대방 | 대웅전 전면 | 17 | • 정면 4간의 큰 방에서 바라볼 때 대웅전 전경은 좌측에서 2번째간에서 인식 | |
| 보광사 대방 | 대웅보전 전면 | 22 | • 파주군 광탄면 영장리 소재<br>• 정면 3간의 큰 방에서 바라볼 때 대웅보전 전경은 중앙간에서 인식 | |
| 흥국사 대방 | 약사전 전면 | 17.5 | • 고양시 지축동 소재<br>• 정면 3간의 큰 방에서 바라볼 때 약사전 전경은 중앙간에서 인식 | |
| 흥천사 대방 | 극락보전 전면 | 19.1 | • 정면 4간의 큰 방에서 바라볼 때 대웅전 전경은 정중앙에서 인식 | 큰방<br>전면<br>쌍익<br>사형 |
| 흥국사 대방 | 대웅보전 전면 | 19.1 | • 남양주시 별내면 덕송리 소재<br>• 정면 3간의 큰 방에서 바라볼 때 대웅보전 전경은 중앙간에서 인식 | |
| 경국사 대방 | 극락보전 전면 | 12.3 | • 정면 4간의 큰 방에서 바라볼 때 극락보전 전경은 정중앙에서 인식 | |

- * : 큰방 후면의 퇴간 안쪽에 있는 기둥 중심선에서 주불전 전면의 외측 기둥 중심선까지 거리
- ( ) 안은 큰방 후면의 외측 기둥 중심선에서 주불전 전면의 외측 기둥 중심선까지 거리

표에 정리된 14개 사찰 중 원래 배치를 알 수 없는 석남사, 양평 용문사 및 지장사의 경우를 제외하면 11개 사찰 모두에서 대방은 주불전 전면에 위치하고 있는 것[208]을 볼 수 있다. 또한 이들 대방의 위치를 살필 수 있는 11개 사찰 가운데 1971년 대방의 위치가 옮겨진 봉영사의 경우를 제외한 10개 사찰에서 대방과 주불전 간의 거리(L2)를 살펴볼 수 있다.

---

208) 양평 용문사의 경우 앞서 대방 내 큰방 후면에 창호가 구성되었음(사진 2-22 참조)과 대방 건립 1년 뒤에 주불전인 대웅전이 건립된 사실로부터 대방 내 큰방에서 후면 창호를 통해 대웅전을 바라보도록 대방과 대웅전을 마주하여 구성하였을 것으로 추정하였던 바, 이 경우까지 포함하면 사찰 12곳에서 주불전 전면으로 대방이 구성된 것을 확인할 수 있겠다. 한편 주불전에 대한 대방의 위치 관계 및 사찰 진입 방식에 따른 대방 부엌의 위치 관계를 통해 석남사의 원래 사찰 배치를 추정하면, 원래

【사진 2-22】 용문사 대방 후면
(경기도 양평군 소재, 촬영일자 : 1999. 2. 4)

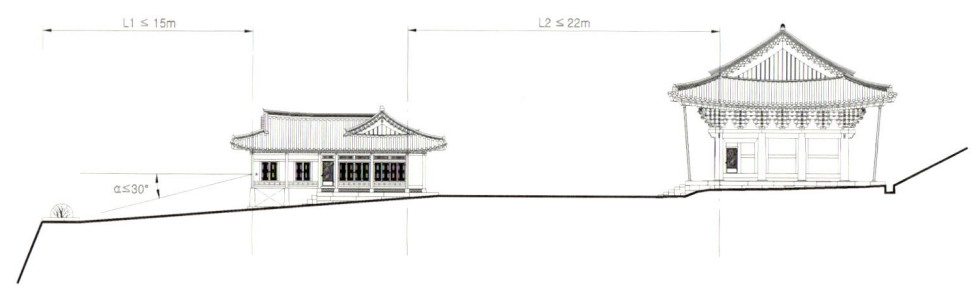

【그림 2-13】 대방 건축물의 시지각 개념도

    대방과 주불전 사이의 상호 거리(L2)를 살펴봄에 있어서 우선 대방에서는 대개 염불용 큰 방의 전후면으로 퇴간이 형성된다. 이 때 후면의 퇴간이 툇마루로 구성된 흥천사, 화계사, 보광사, 흥국사(남양주시 소재)의 경우에서 볼 수 있듯이, 큰 방 후면 퇴간의 안쪽에서 주불전을 바라보게 되므로 주불전과 대방 간의 거리는 큰방 후면의 퇴간 안쪽에 있는 기둥 중심선에서 주불전 전면의 기둥 중심선까지의 거리를 기준으로 하여 정리하였다. 이와 함께 용궁사 대방의 경우 큰방 후면에 퇴간이 없고, 미타사 대방의 경우 큰 방 안쪽 깊숙이 중간 기둥이 위치함에 따라 예외적으로 큰방 후면의 외측 기둥 중심선에서 주불전 전면의 외측 기둥 중심선까지 거리로 하여 그 거리를 정리하였다.

    이 경우 주불전과 대방 간의 거리(L2)는 모두 22m 이내인 것을 알 수 있으며, 17~22m까지의 범위에 들어오는 경우를 보면 일제강점기에 건립된 흥국사(고양시 소재)를 포함하여 7곳으로 대부분의 경

---

는 진입로 우측의 대지에 주불전과 대방이 일직선상으로 중심 영역을 구성하면서 대방에서 주불전을 바라보도록 구성되었던 것으로 보인다.

우를 차지하고 있고, 나머지 3곳의 사찰에서는 8~12m까지의 범위에 들어오는 것을 볼 수 있다.

이와 관련하여 인간의 시지각적(視知覺的) 특성을 활용한 극장계획의 경우 객석에서 무대가 잘 보이면서도 무대 위에서 행해지는 대사 전달이 제대로 전달되는 최대거리를 22m까지로 규정하여 제1차 허용한도 거리로 정하고 있으며, 무대 위의 연기자 표정까지도 이상적으로 감상할 수 있는 생리적 한도로서 그 가시거리(可視距離)를 15m까지로 규정하고 있다[209].

그런데 주불전과 대방간의 거리(L2)를 볼 때 제1차 허용한도인 22m 이내로 구성된 경우가 7곳, 그리고 가시거리인 15m 이내로 구성된 경우가 3곳으로 나타나고 있다[210]. 또한 용궁사, 화계사, 보광사 및 청원사의 경우 큰 방 내부에 불단을 두지 않고 주불전을 예불 대상으로 삼아 구성하고 있다[211].

따라서 이러한 대방과 주불전간의 거리(L2)는 주불전이 대방의 주요 예불 대상으로서 주요 무대가 되는 의도적인 거리로서 사찰 배치에 적용된 것으로 해석할 수 있다.

이와 관련하여 대방 내 큰 방 내부에서 주불전의 전체 모습이 인식되는 곳은 전면이 짝수간으로 구성된 큰 방인 경우, 그 규모가 정면 2간인 용궁사 대방에서는 우측간에서 이루어지고 있으나, 그 규모가 정면 4간인 대방에서는 좌측에서 2번째 간에서 이루어지는 화계사 대방을 제외하면 나머지 3동 모두 정중앙에서 이루어지고 있는 것을 볼 수 있다[212]. 그리고 전면이 홀수간으로 구성된 큰 방인 경우,

---

209) 건축자료연구회편, 건축설계자료집성 4 - 단위공간Ⅱ, 동우출판사, 1984, p.123
    이와 관련하여 Harold Burris-Meyer와 F.G.Cole의 경우에도 배우의 분장과 표정의 미세한 변화를 읽을 수 있는 한계 거리를 50피트(15.24m)로 규정하고 있으며, 75피트(22.86m)를 최대 가시거리로 제안하고 있다(Joseph De Chiara · John Callender, Time - Saver Standards for Building Types, 2nd Edition, McGraw Hill, 1980, p.363 참조).
    이는 외부공간에 대해서도 마찬가지로 적용되는 것을 볼 수 있다. 요시노부(芦原義信)는 인간의 얼굴을 식별할 수 있는 외부 공간에서의 거리를 70~80피트(21.336~24.384m)로 규정하면서, 큰 공간에서 이러한 범위에 재질의 변화나 바닥의 높이차를 두게 되면 생동감 있는 공간으로 새롭게 구성된다는 사실과 함께 이 거리가 너무 작거나 길어도 안되는 기본 모듈임을 밝히고 있다. (Yoshinobu Ashihara, Exterior Design in Architecture, 김정동역, 기문당, 1985., p.56~59 참조)
210) 인간의 視知覺的 특성을 적용하는 것과 관련하여 극장 건축에서는 내부 공간 구성에 활용하고 있는 반면, 대방 건축에서는 외부 공간 구성에 활용한 것을 알 수 있다. 당시 대방 구성 사찰이 도시의 소음원과 격리된 조용한 산지에 위치하였던 바, 이러한 지리적 특성으로 인해 그 구성이 가능하였던 것을 알 수 있다. 또한 이러한 인간의 시지각적 특성이 주불전과 대방 간의 상호 거리 계획에 활용되었던 사실에서 당시 장인이 지닌 합리적인 사고 체계의 일단을 읽을 수 있다.
    이와 관련하여 미터법이 사용되기 이전 인간을 주체로 하여 인간의 신체를 건축 계획의 기준 단위로 삼았던 시대에, 오랜 세월을 거쳐 장인이 체득하여 활용했던 건축의 치수 계획은, 오늘날 미터법을 기준으로 하여 많은 사람들을 대상으로 신체나 시각적 특성 등을 분석한 인체공학의 결과 값과 비교하여, 거시적 치수 계획의 측면에서 다르지 않음이 당연하다고 하겠다. 이러한 관점에서 대방의 외부 공간 상호 거리 분석을 통해, 인간의 시지각적 인지 특성이 당시 외부 공간의 계획에 활용된 것을 확인할 수 있으며, 이는 당시 장인이 인간에 관한 시각적 특성을 잘 이해하여 건축에 적극 활용하였던 것을 입증하고 있다.
211) 특히 이들 사찰의 경우 주불전과 대방 사이의 거리(L2)가 제 1 차 허용한도인 22m이내로서 17~22m 사이에 구성되고 있음이 주목된다.
212) 정면4간의 큰 방에서는 한 가운데에 기둥이 놓인다. 그런데 염불승과 대중이 대방 내 큰 방에서 주불전을 바라보며 염불을 할 경우, 한 가운데 기둥 좌우의 간에 구성된 창호를 통해 바라보며 염불 수행을 하는 것은 당연하다고 하겠다. 이 경우 대방에서 바라 본 주불전의 정면 모습은 대방에서 떨어진 거리(L2)와 인간의 눈이 지닌 시각적 한계로 인해, 큰 방 전면이 홀수간으로 구성된 대방과 비교하여 주불전을 인식하는데 차이가 없다고 하겠다. 따라서 큰 방의 규모를 3간 또는 4간으로 계획할 경우, 이러한 측면과 함께 실의 소요 규모 등을 고려하여 결정하였다고 판단된다.

모두 정면 3간의 큰 방으로 구성되는데, 이 경우 좌측간에서 주불전의 전체 모습이 인식되는 견성암을 제외하면 나머지 3동 모두 중앙간에서 인식되는 것을 볼 수 있다. 따라서 일부 예외도 있지만 전체적으로는 큰 방의 한 가운데를 기준으로 하여 주불전과 대방과의 배치가 정해지고 있음을 알 수 있다.

그리고 이들 예외에 속하는 경우를 보면, 대방 내 큰 방 전면이 홀수간으로 이루어진 견성암에서는 대방 좌측으로 그보다 앞서 지어진 대웅전이 있어 두 건물의 기단이 거의 맞닿아 있는 것을 볼 수 있다. 이는 굴법당을 대방의 주불전으로 하여 상호 배치함에 있어 대지 조건이 대방 내 큰 방의 중앙간에 맞출 수 없는 상황에서 그나마 큰 방과 굴법당과의 상호 시각적 관계를 최대한 고려하여 불가피하게 이루어진 것임을 알 수 있다.(그림 2-1 참조) 또한 대방 내 큰 방 전면이 짝수간[213]으로 이루어진 화계사의 경우도 중심 영역 배치를 볼 때 대웅전과의 사이에 형성된 협소한 중정을 그나마 효과적으로 확보하기 위해 큰 방의 중앙간이 아닌 좌측에서 2번째 간에서 대웅전과의 시축(視軸)을 구성한 것으로 볼 수 있다.(그림 2-4 참조)

따라서 이처럼 대방 내 큰 방 가운데에서 주불전을 인식하도록 시축이 배치 계획에 적용되어 있는 동시에, 그 시거리(L2)가 제1차 허용한도(22m) 이내이거나 가시거리(15m) 이내로 구성되고 있는 것에서 과거 큰 방 내 불단이 구성되지 않고 주불전을 예불 대상으로 삼았을 가능성도 배제할 수 없겠으며[214], 큰 방 내부에 불단이 구성되었다고 하더라도 주불전을 가장 주요한 예불 대상으로서 삼고자 하는 상징적인 의미가 중심 영역의 배치계획 속에 내재되었던 것으로 해석할 수 있겠다.(사진 2-23~26 참조)

또한 이들 대방과 주불전의 배치 계획에서는 대방 내 큰 방의 정중앙을 시축의 기준으로 하면서 인간의 시각적 특성을 고려하여 상호 배치하는 기본 원칙 이외에도, 주변 건축물과의 관계와 지형적인 조건 등 여러 상황까지도 종합적으로 고려하여 합리적으로 적용하였던 것을 알 수 있다.

지형적인 조건까지도 종합적으로 고려한 경우로서 특히 보광사와 흥국사(남양주시 소재)에서는 대방을 주불전과 마주하여 배치하면서도 지형에 따른 등고선을 배려함으로써 지형 훼손을 최소한으로 할 수 있도록 굳이 기하학적인 직선축을 고집하지 않고 어느 정도의 굴절축을 그대로 수용하여 대방을 배치[215]한 것을 볼 수 있다.(그림 2-5, 6 참조)

따라서 대방의 외부공간에는 합리적인 시각계획과 종합적인 주변 상황 고려, 그리고 이에 따른 환경 친화적인 배치계획이 함께 적용되어 계획된 것을 고찰할 수 있다.

---

213) 큰 방 전면이 짝수간으로 이루어진 대방으로서 주불전과의 시축(視軸)이 큰 방의 한 가운데에서 이루어지지 않은 것으로는 화계사 외에 용궁사도 있다. 그런데 대개의 대방 내 큰 방이 3간 이상으로 이루어지고 있는데 대해 용궁사 대방에서는 큰 방 전면이 2간으로만 구성되어 있으며, 큰 방 우측간의 후면 창호를 열었을 때 그 창호를 통해 주불전이 인식되도록 되어 있다.
214) 화계사 대방의 경우 과거 큰 방 내부에 불단 없이 대웅전을 예불 대상으로 삼았으나 현재는 큰 방 내부에 불단을 설치하고 있는 바, 다른 사찰의 대방에서도 이러한 가능성을 배제할 수는 없겠다. 이와 관련하여 김성도, 앞의 논문, p.95 참조
215) 또한 대방 전면으로 구성되는 익사(翼舍)의 경우 대개 지형의 고저차를 이용하여 중층의 익누(翼樓)로 만들게 된다. 그러나 대지 전체가 평지로 된 운수암의 경우 이러한 고저차를 활용한 중층 구성이 곤란하므로 굳이 대지를 절토 및 성토하거나 하여 인공적으로 높이 차를 만들어 중층 익누로 구성하지 않고, 그대로 평지에서 익사로만 구성하고 바닥을 마루방으로 만든 것도 지형적 상황을 배려한 결과의 하나라 하겠다.

제 2장 | 공간 특성

【사진 2-23】 견성암 대방내 큰 방에서 바라본 굴법당 모습
(촬영일자 : 1999. 1. 7)

【사진 2-24】 용궁사 대방내 큰 방에서 바라본 관음전 모습
(촬영일자 : 1999. 1. 8)

【사진 2-25】 청원사 대방내 큰 방에서 바라본 관음전 모습
(촬영일자 : 1999. 2. 23)

【사진 2-26】 흥국사 대방내 큰 방에서 바라본 약사전 모습
(고양시 지축동 소재, 촬영일자 : 1999. 4. 17)

〈대방의 전후면 마당과 관련한 외부 공간 계획 특성〉

한편 대방과 주불전이 함께 구성된 사찰에서는 마당을 사이에 두고 중심 영역을 구성하게 되므로, 주불전 전면과 대방 후면 사이에 마당이 구성[216]되며, 이와 함께 대방 전면에도 대개 마당이 구성되는 것을 볼 수 있다. 이러한 마당의 크기를 정리하면 표2-4와 같다.(그림 2-1~12 및 그림 2-13 참조)

표에 나타난 마당 크기를 볼 때 대방과 주불전 사이에 위치한 마당[217]의 경우 그 넓이는 11m에서

---

216) 대개의 경우 대방 후면과 주불전 전면 사이의 공간에 마당이 형성되어 중심 영역을 구성하지만, 예외적으로 용궁사의 경우 대방 후면에는 거의 통로에 사용되는 마당만으로 구성되고, 주불전인 관음전 전면으로 주요 마당이 형성된 것을 볼 수 있고, 청원사에서는 대방 후면과 주불전 전면 사이의 공간에 마당이 형성되면서도 주불전인 대웅전 전면으로 별도의 작은 마당이 구성되고 있다.
217) 주불전과 대방 사이에 구성된 중심 영역의 마당은 불교 행사 등으로 많은 사람이 절을 찾는 경우 이들을 수용하여 필요한 제반 법요식을 행하는 공간으로 주요한 역할을 하게 된다.

### 표 2-4. 주불전 전면과 대방 전후면의 마당 크기

| 대방 유형 | 대 상 건축물 | 마당크기(넓이 × 깊이) (단위 : m) | | 비 고 |
|---|---|---|---|---|
| | | 주불전과 대방 사이의 마당<br>(A : 주불전 앞마당<br>B : 대방 뒷마당) | 대방 앞마당 | |
| 큰방 전면 무익 사형 | 용궁사 대방 | (A : 14 × 7.7<br>B : 9~11 × 2.5) | 16 × 9~11 | - |
| | 미타사 대방 | 17 × 3.9 | - | • 대방 전면은 도로로 바뀌어 이전 모습 파악 불가 |
| | 청원사 대방 | (A : 8 × 5<br>B : 13.4 × 8.1) | - | • 대웅전 전면 기단의 경우 시멘트 바닥속에 묻혀 기단 모습 파악 불가<br>• 대방 전면의 경우 최근 개축하여 넓은 주차장이 형성된 바, 이전 모습 파악 불가 |
| 큰방 전면 단익 사형 | 건성암 대방 | 20 × 8.8 | - | • 대방 전면은 최근 넓은 공지로 바뀌어 이전 모습 파악 불가 |
| | 화계사 대방 | 17 × 8.5 | 17.2 [25] × 13.5 ~ 15 | - |
| | 보광사 대방 | 18 × 12 ~ 14 | 22 [30] × 10 ~ 11 | - |
| | 흥국사 대방 | 14.8 × 10 | 13.7 [21] × 11.17 | • 고양시 지축동 소재<br>• 익사가 구성된 대방에서는 대개 돌출된 익사를 활용하여 대방 앞마당을 에워싸 마당 영역의 위요성이 강하지만, 고양 흥국사의 경우 예외적으로 위요성이 약하게 구성 |
| 큰방 전면 쌍익 사형 | 흥천사 대방 | 10.8 × 9 | 11 [24.5] × 9 ~ 11 | - |
| | 흥국사 대방 | 11 × 12 | - | • 남양주시 별내면 소재<br>• 대방 전면이 이중 기단으로 되어, 아래 기단을 마당으로 활용. 이들 기단 아래 정원 구성 |
| | 경국사 대방 | 24.5 × 5.6 | 8 [22] × 6.5 | - |

• ( )안은 주불전과 대방 사이에 단일 마당이 아닌 별도의 마당이 형성되어 있을 경우 A는 주불전 전면의 마당 크기를, B는 대방 후면의 마당 크기를 기입
• [ ]안은 익사가 구성된 대방인 경우 익사 앞의 마당 넓이까지 포함한 수치를 기입

24m사이에 분포하고 있고, 그 깊이는 4m에서 14m까지 다양하게 분포하고 있으며, 어떤 일정한 규칙성을 찾아보기 힘들다.

표 2-4에서는 또한 대방 전면에 있는 마당에 대하여 살펴볼 수 있다. 이를 보면 그 넓이가 8m에서 22m 사이에 분포하고 있고, 그 깊이는 15m 이내로서 6.5m~15m 사이에 분포하고 있는데, 얼마 되지 않지만 특히 그 깊이가 11m를 전후하여 집중되고 있다. 그리고 이것은 일제강점기에 건립된 흥국사 대방(고양시 소재)에서도 동일하게 적용되고 있다. 이처럼 대방 전면의 마당 깊이가 후면의 마당 깊이에 비해 그렇게 깊지 않고 15m 이내로서 11m를 전후하여 구성되고 있는 것은 접대와 휴식 용도로 사용된 익누의 기능적 특성을 볼 때 조망 기능을 충족시키기 위한 계획에서 기인한 것으로 해석할 수 있다[218]. 이 경우 익누가 구성된 대방을 대상으로 익누 전면의 외측 기둥 중심선에서 마당 끝단까지

---

이와 관련하여 일반적으로 마당에서 주불전의 기단에 오르기 위해 폭이 좁은 계단이 기단 전면에 한 곳이나 세 곳에 설치되었지만, 1960년대 이래로 계단을 널보석으로 개축하여 마당을 보다 유효하게 활용하는 경우가 나타났는데, 화계사와 흥천사 및 봉은사 등에서 볼 수 있다. 그리고 이러한 널보석이 지닌 장점으로 인해, 대방 건립 사찰에서 주불전 이외에 다른 불전에도 적용하여 기존 계단을 널보석으로 바꾸는 경우가 나타났는데, 백련사 약사전, 봉국사 명부전에서 볼 수 있다. 이와 관련하여 김성도, 앞의 논문, p.117참조

218 큰 방 전면 우측 익누의 기능이 조망 및 접대를 위한 것임과 좌측 익누의 기능이 승려의 휴식을 위한 것임은 대방의 형성배경 (조선시대말과 20세기 전반기의 사찰 건축 특성에 관한 연구, p.74~75, 90) 참조

의 길이(L1)와 익누 높이와의 관계로부터 익누의 창가에 다가앉아[219] 내려다 본 하향각(A)을 정리하면 표 2-5와 같다.(그림 2-13 참조)

표 2-5. 대방 익누의 창가에서 바라 본 시축에 대한 하향각(下向角)

| 대방 유형 | 대상건축물 | *익누전면 마당깊이(l) | **익누높이 (h) | 눈높이 (h+0.75) | 하향각도 | 비 고 |
|---|---|---|---|---|---|---|
| 큰방 전면 단익 사형 | 견성암 대방 | - | 2.43 | 3.18 | - | • 대방 전면은 넓은 공지로 최근 바뀌어 이전 모습 파악 불가 |
| | 화계사 대방 | 12~13 | 2.25 | 3.0 | 13°~14° | - |
| | 보광사 대방 | 7~9.2 | 3.3 | 4.05 | 23.8°~30° | - |
| | 흥국사 대방 | 10 | 2.4 | 3.15 | 17.5° | • 고양시 지축동 소재 |
| 큰방 전면 쌍익 사형 | 흥천사 대방 | 8.5~9.0(우측누) 6.8~7.1(좌측누) | 2.3 | 3.05 | 18.7°~19.7° 23.2°~24.2° | ◁(우측누) ◁(좌측누) |
| | 흥국사 대방 | - | 2.1 | 2.85 | - | • 남양주시 별내면 소재 • 대방 앞 기단 아래 정원 구성 |
| | 경국사 대방 | 6.32 | 1.47 | 2.22 | 19.4° | - |

* 거리 및 높이 단위 : m
* * 익누 전면 마당 깊이 : 익누 전면 외측 기둥 중심선에서 마당 끝단까지의 길이 (L1)
* ** 익누 높이 : 마당 바닥(경사진 마당인 경우 최저 바닥 기준)에서 익누 바닥 윗면까지 높이
* 하향각도 (눈높이에서 시축을 중심으로 한 하향각) : tan-1 [ (h+0.75) / l ]

표에서 볼 수 있듯이 하향각(A)은 30° 이내로서 주로 13°에서 24°의 범위를 이루고 있고, 이는 일제강점기에 건립된 흥국사(고양시 소재) 대방에서도 마찬가지로 적용된 것을 알 수 있다.

그런데 인간의 눈이 갖는 수직면상의 시계(視界)는 거의 60° 이므로[220], 시축(視軸)을 중심으로 하향각 30° 이내에 물체가 놓이는 경우 머리나 안구를 움직이지 않고도 자연스럽게 시야 안에 들어오는 것을 알 수 있다. 따라서 이러한 사실과 함께 접대용 익누에서 조망의 중요성을 고려할 때, 그 유구수가 충분하지는 않지만 조선말기 이래로 일제강점기까지의 사찰 대방의 경우 익누 높이와 익누 전면의 마당 깊이는 사물을 자세히 인식할 수 있는 가시거리(15m)와 편안히 조망할 수 있는 하향각(A)을 동시에 충족시키도록 계획된 것으로 해석할 수 있겠다. 더욱이 가시거리의 경우, 그 최대거리(15m)가 익누의 앞이 아닌 큰방 전면 툇마루 앞에서 적용되고 있으므로, 익누에서는 물론이고 대방의 큰 방 전면 툇마루에 앉아서도 앞마당의 화단 끝단에 있는 꽃과 같은 조경 식재를 상세히 감상할 수 있도록 시각적으로 배려된 것을 살펴볼 수 있다.

이로부터 조선시대 말기 당시 서울·경기 일원에서 규모를 갖춘 대방 구성 사찰의 중심 영역 배치 계획을 추정하면, 주불전을 대방의 실제적·상징적인 예불 대상으로 삼고, 대방 내 큰 방과 주불전의

---

[219] 당시 조선인을 대상으로 하여 앉았을 때의 눈높이 수치는 최상헌의 논문(전통주거건축 내부공간과 인체치수와의 상관성에 관한 연구 - 연경당 및 조선상류주택의 비교분석을 통하여, 대한건축학회논문집, p.192)을 참조하였다. 그는 일본인 久保가 1913년 조선인 성인의 신체를 조사한 자료를 바탕으로 1986년 발행한 국민표준체위보고서에서의 우리나라 성인의 인체 계측치를 참고하여 조선인의 체위기준을 도출하였다. 이에 따르면 앉았을 때의 눈높이로서 여자의 경우 70.2cm, 남자의 경우 76.8cm로 산출하였는데, 이 책에서는 사람에 따른 어느 정도의 융통성을 고려하여 앉았을 때의 눈높이를 2자 반인 75cm로 하였다.
[220] Yoshinobu Ashihara, 앞의 책, p.52

한 가운데를 기준으로 하여 인간의 시지각적인 인지 거리를 고려한 후 대방과 주불전의 위치를 정하였다고 하겠다. 여기에 지형 훼손을 최소화하도록 지형적 특성과 주변 환경 등을 종합적으로 검토하여 이들 건물을 앉히면서, 그 가운데에 법회 거행과 다수의 대중 수용 등 실제적 용도의 다목적 기능을 위한 중정을 적절히 구성하고, 대방 앞으로는 조망 등 휴식 기능의 마당을 구성하였다고 판단된다. 그리고 일제강점기에도 이러한 외부 공간 계획이 지속된 것을 볼 수 있다[221].

## 2. 내부공간

조선 말기의 시대적 상황으로 사찰 내의 누에 염불당과 필요시 접대용 누를 수용하게 되면서 대방이 형성되었다. 그런데 염불당인 큰 방과 접대용 누는 그 기능이 상호 이질적인 것이어서 함께 구성될 경우, 두 공간은 건축적으로 분리되면서도 대방이라는 한 건물 안에서 서로 결합되어야 했다. 그림 2-14에서 2-32의 대방 평면도를 보면 툇마루가 이에 대한 해결책으로 적절히 이용되었음을 알 수 있다. 대부분의 대방에서 큰 방과 접대용 누는 툇마루를 사이에 두고 대각선 방향으로 완전히 분리되면서도 역시 툇마루에 의해 상호 연결되고 있다[222].

이러한 당시의 대방은 사찰 내에서 독립적으로 경영되었으며 그 책임자로서 화주란 역승(役僧)이 있었다. 따라서 대방에는 큰 방 이외에 독립된 생활을 뒷받침할 부엌, 화주를 위한 승방[223], 그리고 염불승을 위한 승방이 갖추어져야 했고, 때로는 접대용 누와 함께 별도로 염불승이 휴식을 취할 수 있는 누도 필요하게 되었다. 이에 따라 견성암, 화계사, 보광사, 백련사의 경우처럼 부엌-큰방-승방의 몸채에 그 전면 우측으로 익누 하나가 결합되어 ㄱ자형 기본골격을 갖는 큰방전면 단익사형[224]과 천축사, 흥천사, 흥국사, 경국사, 운수암의 경우처럼 부엌-큰방-승방의 몸채에 그 전면 양측으로 익누 두 개가 결합되어 ㄷ자형 기본골격을 갖는 큰방전면 쌍익사형[225], 그리고 익누가 없이 부엌-큰방-승방의 一字形 기본골격을 갖는 큰방전면 무익사형[226]이 나타나는 것을 대방 평면도에서 알 수 있다[227].

---

221) 근대기 한국의 전통 건축물 가운데 하나인 서울·경기 일원의 대방 건축에 내재된 합리적이고 과학적인 외부 공간 특성은 21세기에 한국 고유의 건축 공간을 창조하기 위한 주요 자료의 하나로서 소중한 문화 유산이라 하겠다.
222) 이와 함께 접대용 누가 구성되지 않는 대방에서도 큰 방 전면(석남사, 용궁사, 양평 용문사, 지장사 대방)이나 전후면(청원사 대방)으로 툇마루가 반드시 설치되고 있는 것을 볼 수 있어, 대방의 중요한 요소를 이루는 것을 알 수 있다. 이와 관련하여 일제강점기에 건립된 원통사 관음보전의 경우 전통적인 전각의 구성을 이루고 있으면서도 그 전면에 툇마루가 구성되고 있는 사실로부터 평면구성상 전통적인 전각에 대방의 형식이 유입되는 형태가 나타난 것을 볼 수 있다. 용어분석에서 이미 살펴보았듯이 염불당을 대방을 높여 관음전이라 지칭하기도 하였던 바, 이 건물은 주불전인 동시에 대방의 역할도 겸하였던 것으로 보이는데, 1931년 만일염불회(萬日念佛會)를 시작한 것이 이를 뒷받침한다.
223) 백련사와 지장사 대방의 경우 화주용 승방 자리가 승려의 갱의 및 휴식처인 지대방으로 구성되어 있는데, 이는 후대에 바뀐 것으로 원래는 화주용 승방이었다고 하겠다.
224) 이 유형의 경우 후면에 승방 등 필요한 실이 추가되면서 丁자형을 이루기도 한다. 일제강점기에 건립된 대방으로서 이 유형에 속하는 것으로는 고양 흥국사 대방을 들 수 있겠다.
225) 이 유형의 경우 후면에 승방 등이 추가되면서 工자형을 이루기도 한다. 일제강점기에 건립된 대방으로서 이 유형에 속하는 것으로는 개운사 대방이 있다.

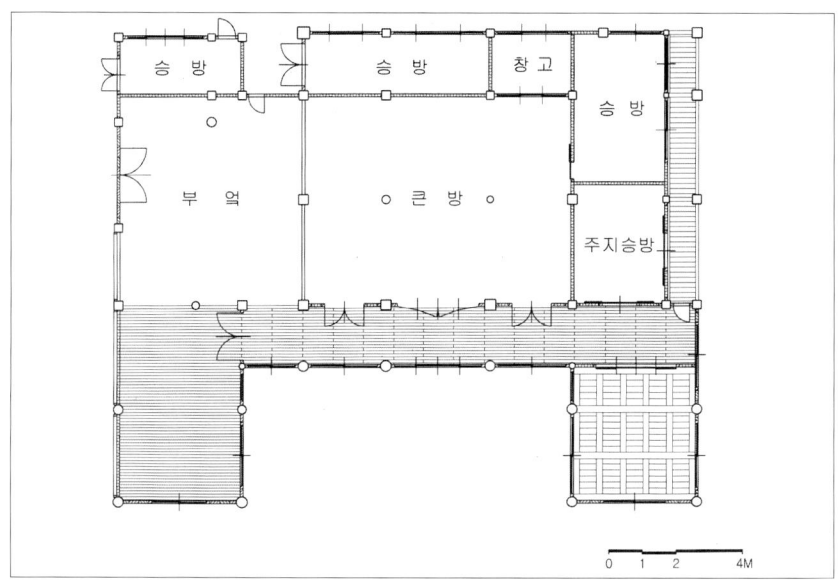

【그림 2-14】 천축사 대방 평면도
(필자 실측 도면)

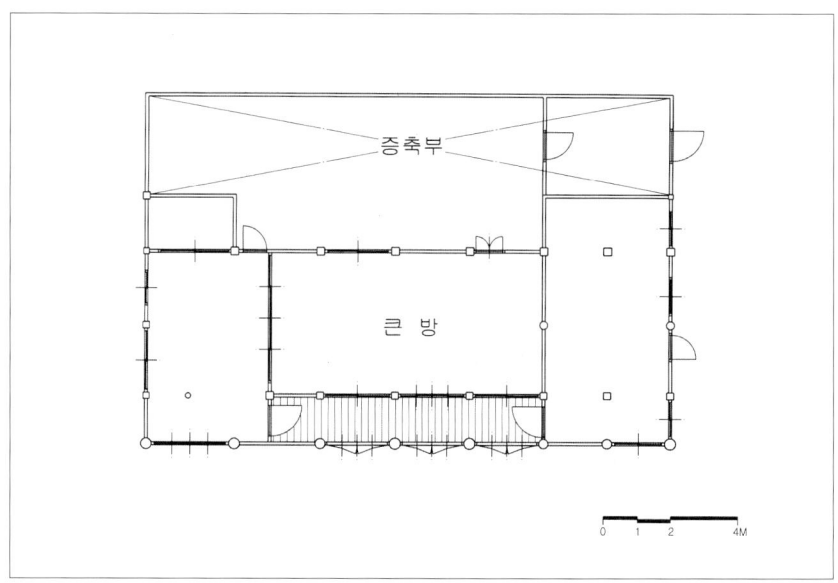

【그림 2-15】 청련사 대방 평면도
(필자 실측 도면)

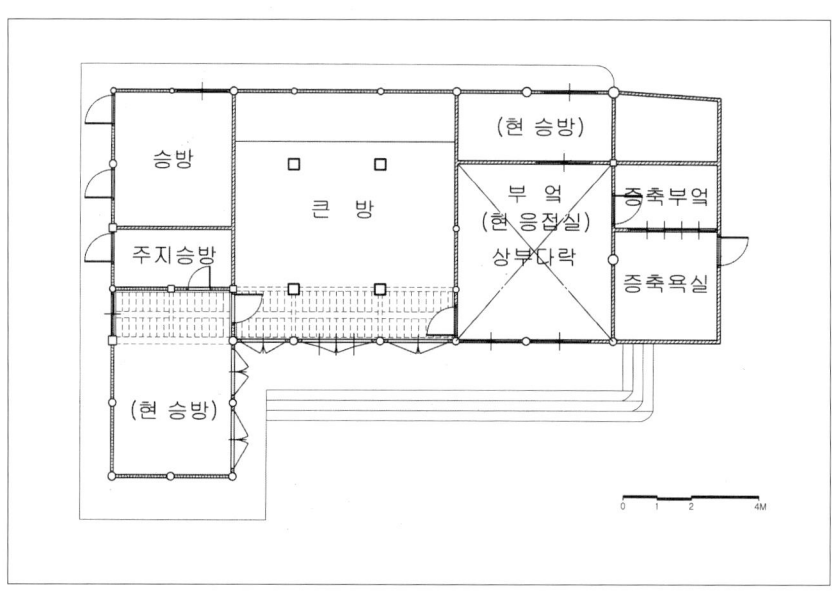

【그림 2-16】 명적암 대방 평면도
(필자 실측 도면)

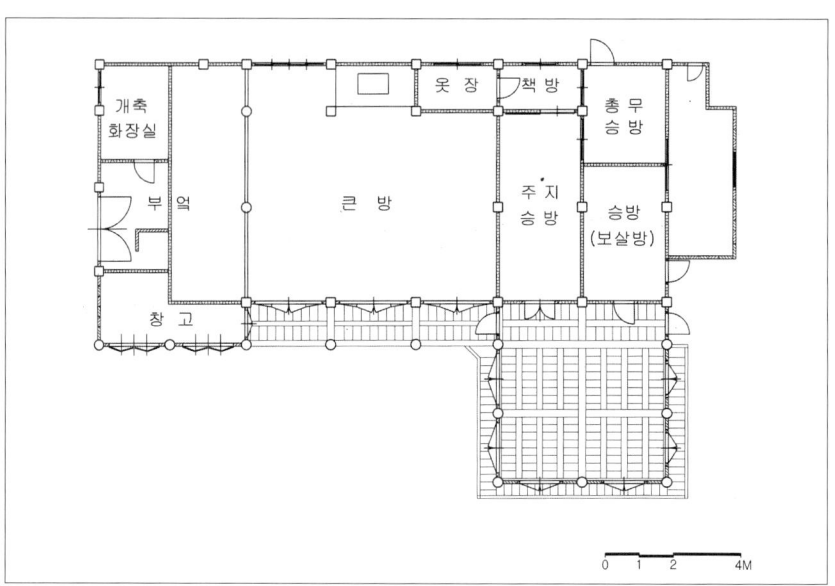

【그림 2-17】 건성암 대방 평면도
(필자 실측 도면)

제 2장 | 공간 특성

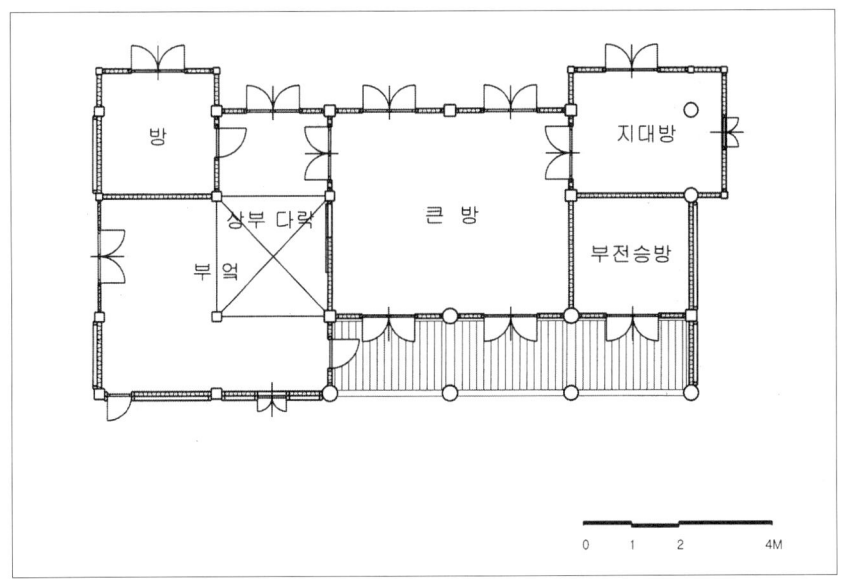

【그림 2-18】 용궁사 대방 평면도
(필자 실측 도면)

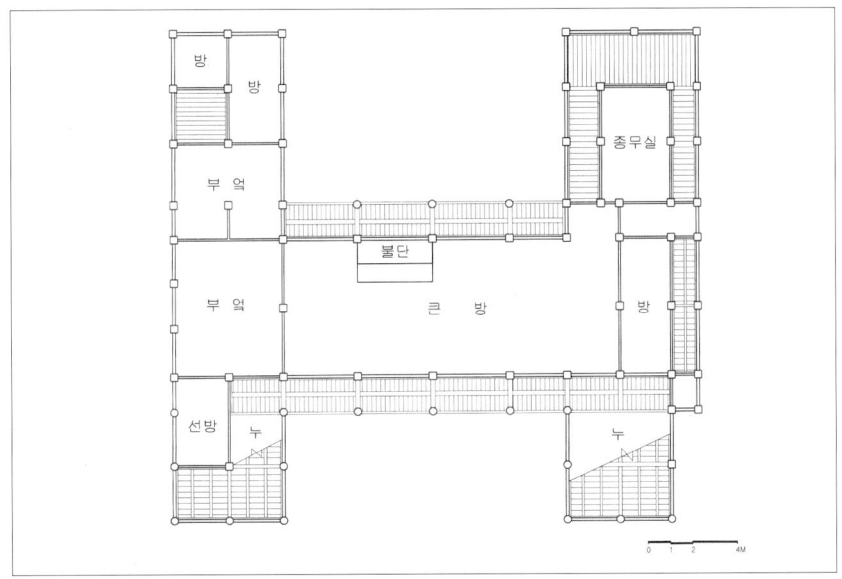

【그림 2-19】 흥천사 대방 평면도
(출처 : 흥천사 실측조사 보고서)

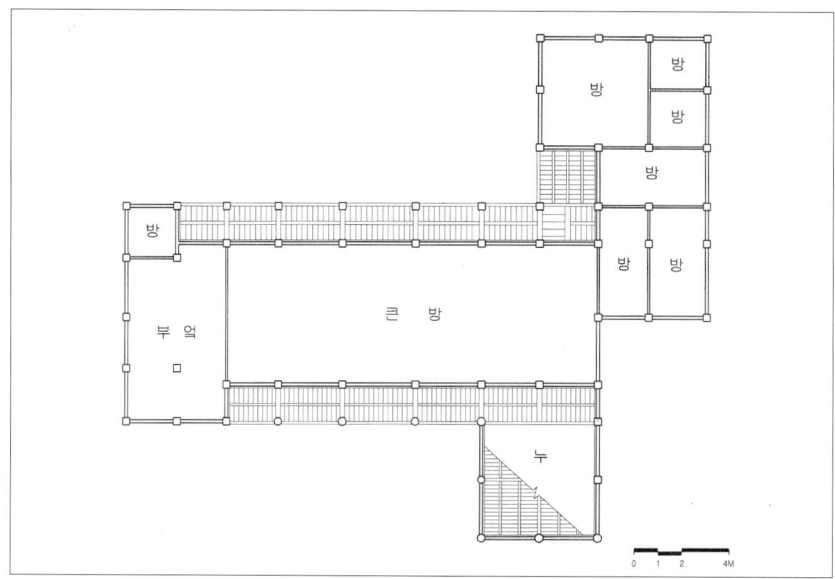

【그림 2-20】 화계사 대방 평면도
(출처 : 화계사 실측조사 보고서)

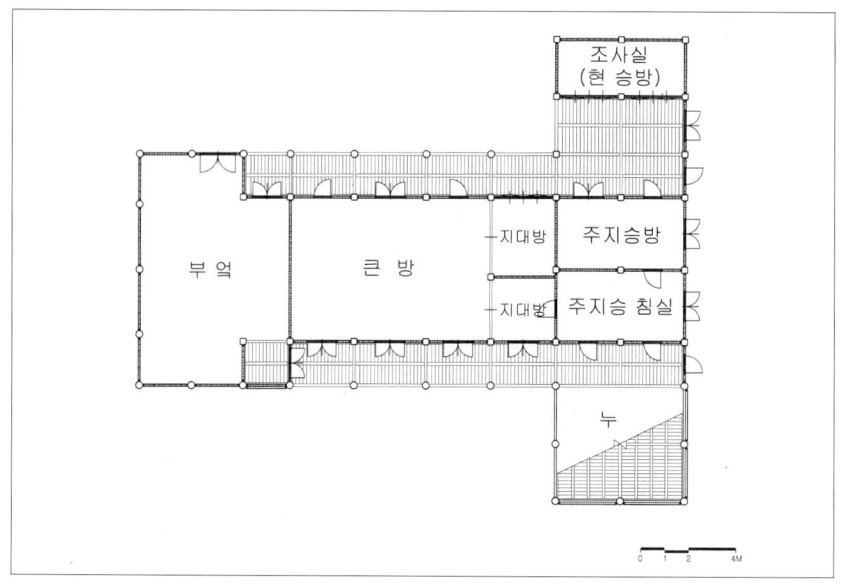

【그림 2-21】 보광사 대방 평면도
(출처 : 보광사 실측조사 보고서)

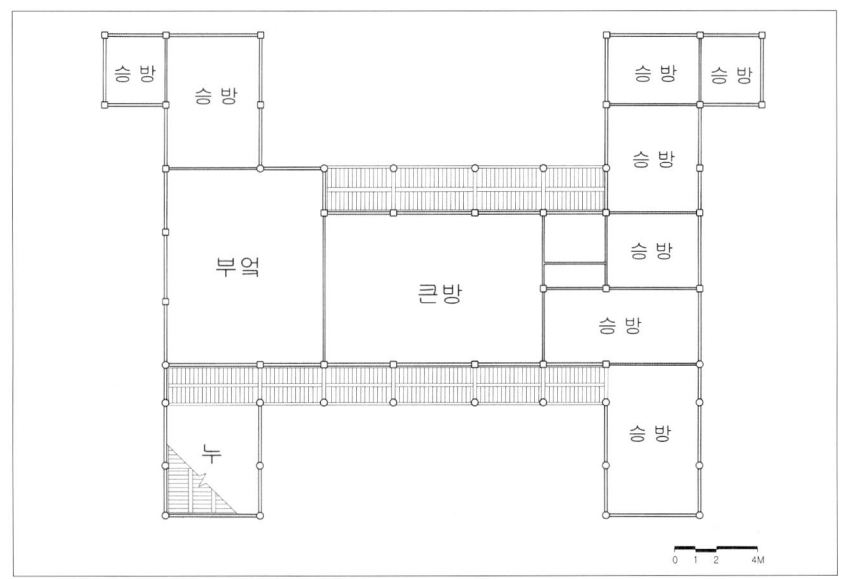

【그림 2-22】 흥국사 대방 평면도
(남양주시 별내면 소재, 경기도 지정문화재 실측조사 보고서)

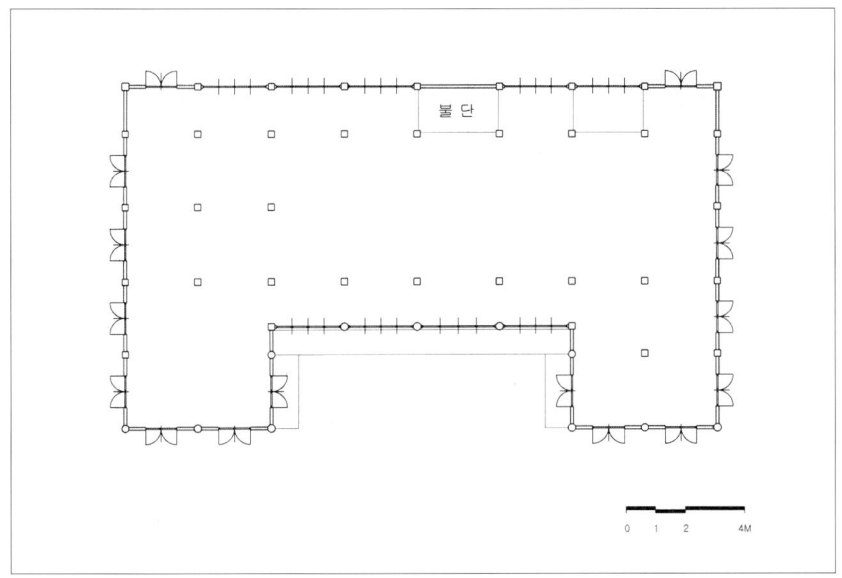

【그림 2-23】 경국사 대방 평면도
(필자 실측 도면)

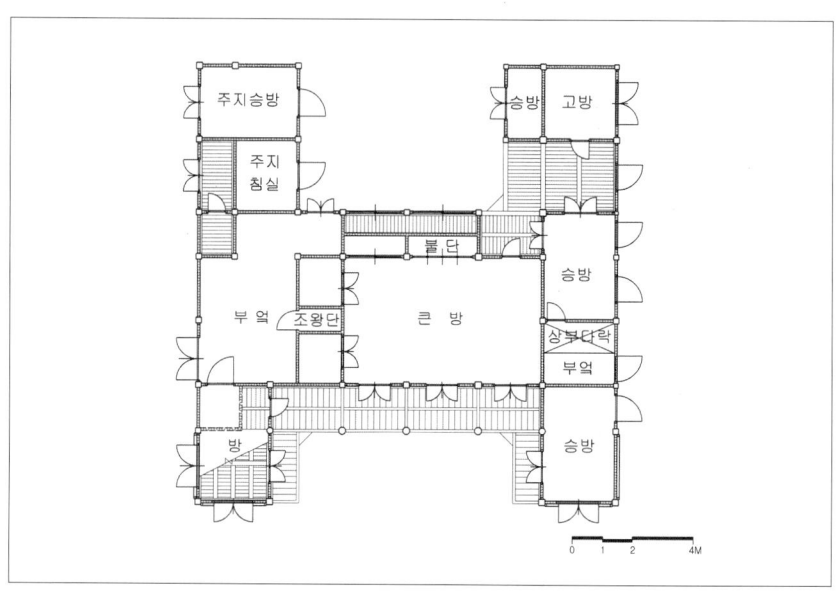

【그림 2-24】 운수암 대방 평면도
(필자 실측 도면)

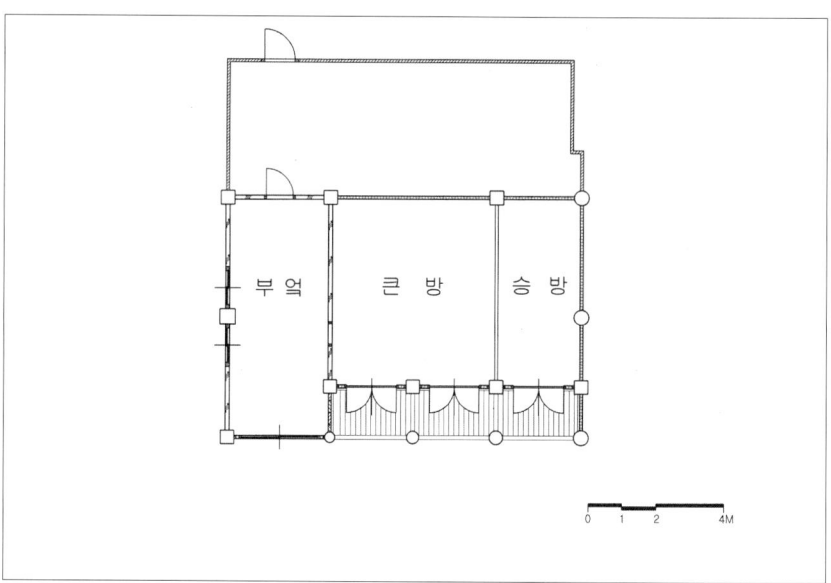

【그림 2-25】 봉영사 대방 평면도
(필자 실측 도면)

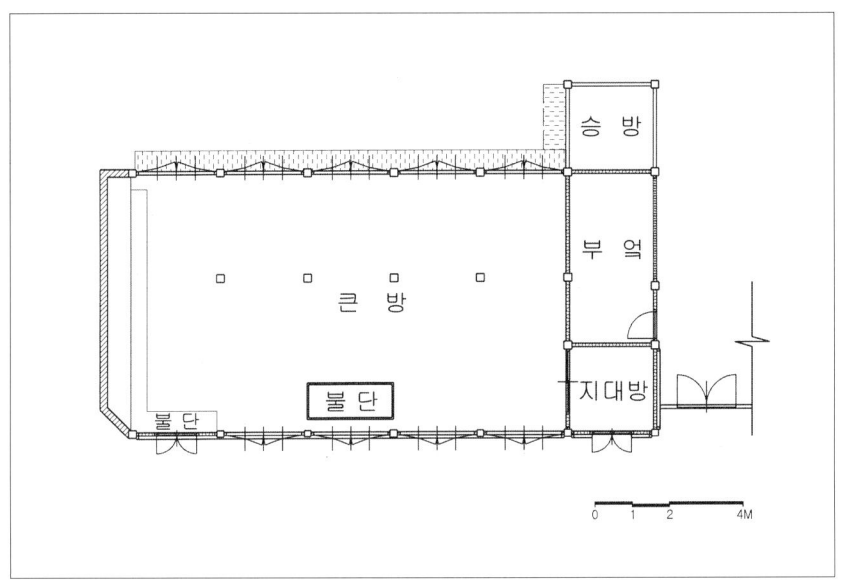

【그림 2-26】 미타사 대방 평면도
(필자 실측 도면)

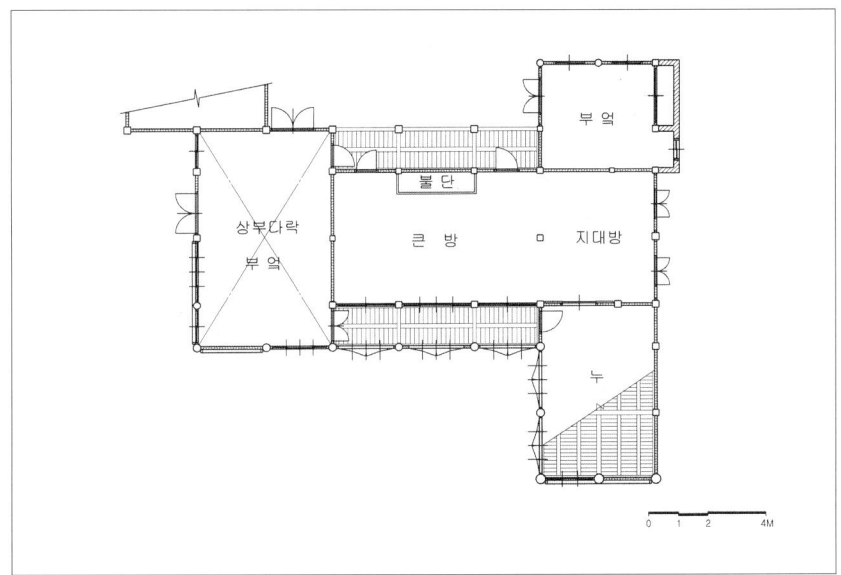

【그림 2-27】 백련사 대방 평면도
(필자 실측 도면)

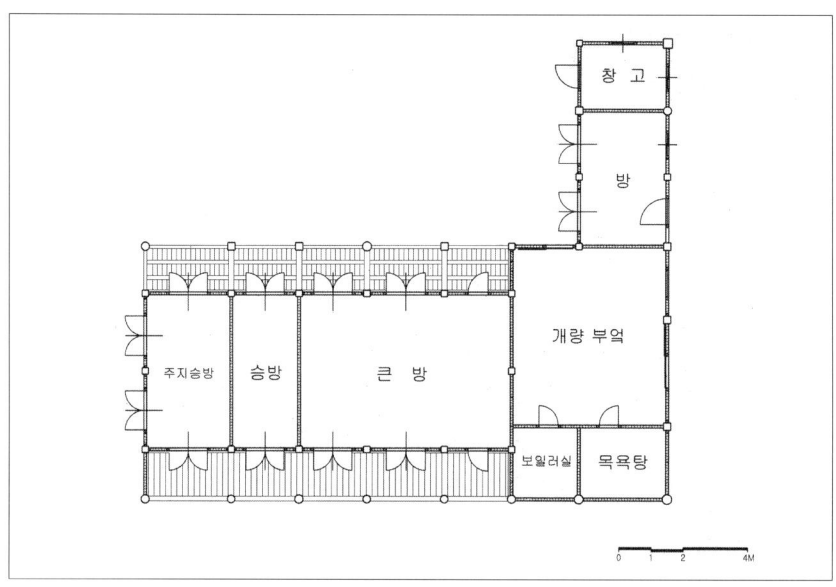

【그림 2-28】청원사 대방 평면도
(필자 실측 도면)

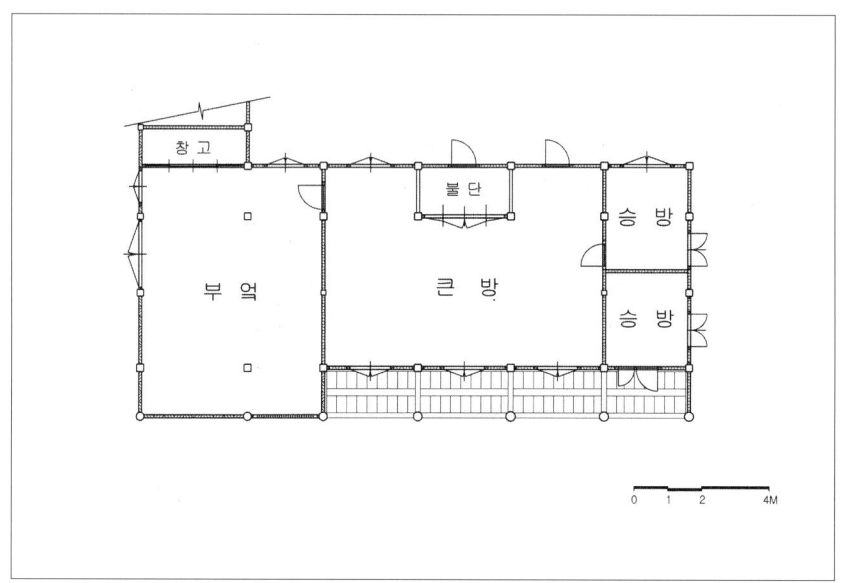

【그림 2-29】용문사 대방 평면도
(양평군 용문면 소재, 필자 실측 도면)

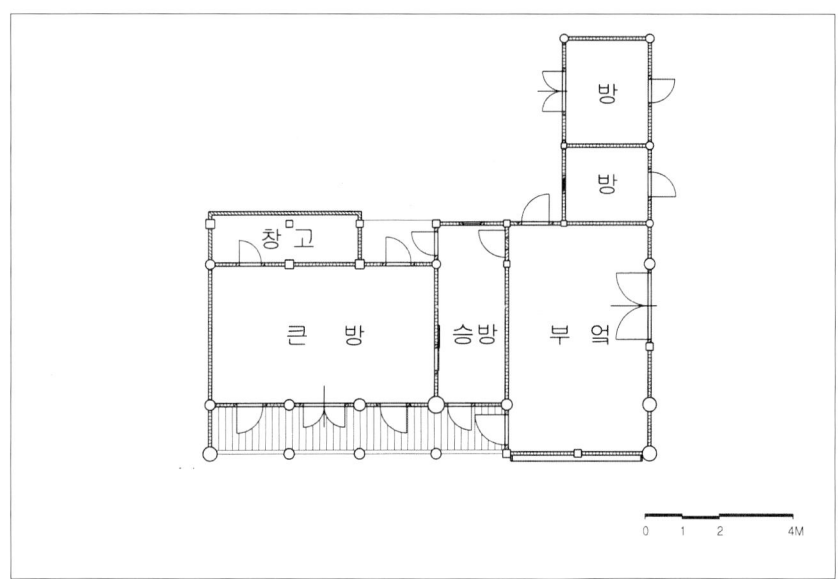

【그림 2-30】 석남사 대방 평면도
(필자 실측 도면)

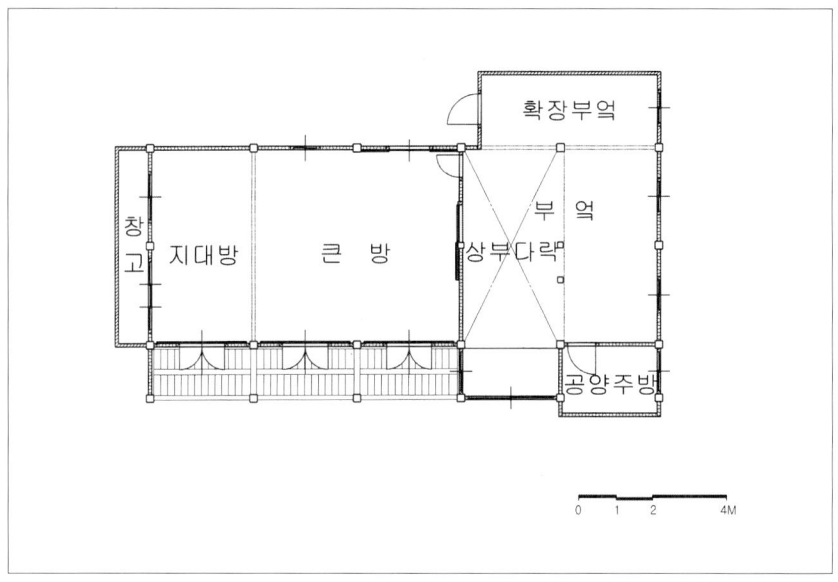

【그림 2-31】 지장사 대방 평면도
(필자 실측 도면)

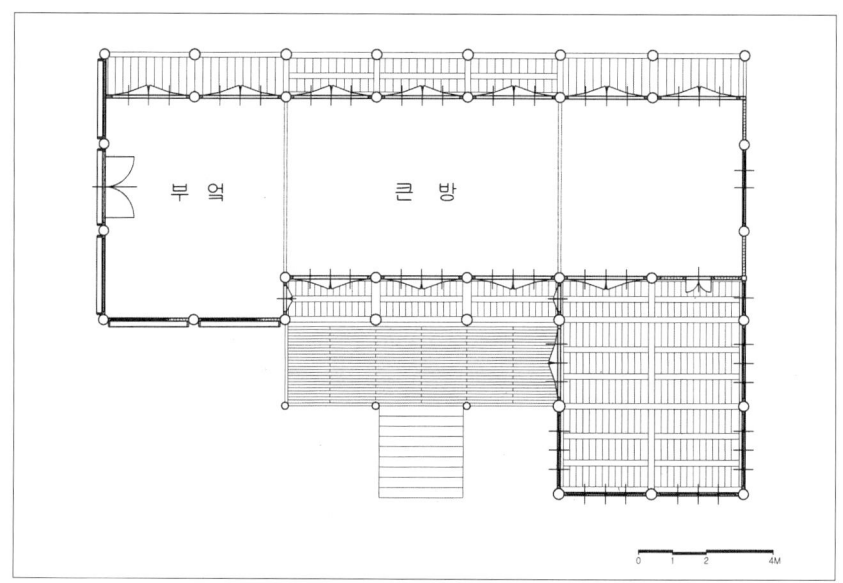

【그림 2-32】 흥국사 대방 평면도
(고양시 지축동 소재, 필자 실측 도면)

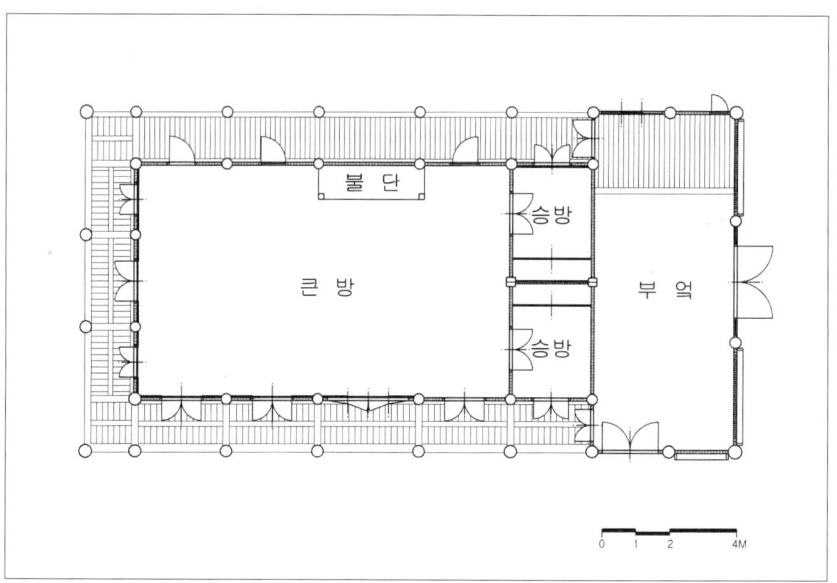

【그림 2-33】 봉은사 대방(선불당) 평면도
(출처 : 봉은사 실측조사 보고서)

이들 세 유형 가운데 ㄷ자형 기본 골격으로 이루어진 큰방전면 쌍익사형 대방은 모두 5곳의 사찰에서 나타나는데, 특히 흥천사, 흥국사, 운수암 대방의 경우 그 몸채 후면에 승방을 갖춤에 따라 공(工)자형 평면으로 구성된 것을 볼 수 있다. 그런데 18세기 이래 풍수지리의 양택론(陽宅論)에서는 건물의 평면 형태를 정함에 있어서 일(日), 월(月), 구(口)와 같은 길상문자(吉祥文字)의 형태를 취하는 것이 바람직한 것으로 주장하고, 반면 부수는 것을 뜻하는 공(工)자의 형태인 경우 이를 불길한 것으로 주장한 것을 볼 수 있다[228].

그럼에도 사찰 대방의 경우 적지 않게 사용되고 있는 바, 그 사용 배경에는 공(工)자형 평면이 갖는 평면 및 입면 계획상의 장점에 따른 것으로 보여진다. 즉 주불전 전면에 위치하는 대방의 경우 대개 다수의 대중을 수용하는 큰 방과 함께 익누, 화주실, 승방, 부엌 그리고 기타 부속실 등 다양한 공간을 복합적으로 수용함에 따라 대규모 공간으로 구성되는데, 이러한 대방의 평면 형태를 일반적인 유형의 하나인 일(一)자형 혹은 구(口)자형으로 구성하는 경우 주불전이 완전히 가려지게 되거나, 중정 확보가 곤란한 상황에 처할 수 있다. 그런데 공(工)자형으로 평면을 구성하면 많은 공간을 수용하여 대규모 공간이 되어도 정면과 측면상에서 입면 길이를 감소시킬 수 있다. 그리고 이로 인해 정면 혹은 측면에서 바라볼 때 시각적으로 후면을 차단하는 효과를 최소화하게 되어, 주불전이 가려지는 것에 대

---

226) 이 유형의 경우도 필요시 후면에 승방 등이 추가되면서 역ㄷ자형(용궁사 대방)을 이루기도 한다. 특히 이 유형에서는 몸채 구성에서 부엌과 승방의 위치가 바뀌어 승방-큰방-부엌(청원사, 미타사 대방)으로 구성되기도 하는데, 이는 앞서 사찰 배치 분석을 통해 살펴보았듯이 진입방향에 따른 결과로서, 일반적인 좌측진입이 아닌 우측진입이 이루어지는 사찰에서 나타나는 특수한 경우로 볼 수 있겠다.

참고적으로 1987년 12월 해체한 원통암(강화군 강화읍 국화리 550)의 법당인 대방(철종 8년 건립)도 이 유형에 해당되는 것임을 청련사에서 15년째 한주로 있는 청민(靑旻)과의 면담(1999년 2월 1일) 및 기내사원지의 내용(p.818)을 통해서 알 수 있었다. 또한 1998년 8월 6일 장마로 인한 산사태로 허물어진 적석사(강화군 내가면 고천리 산 74) 대방도 역시 이 유형에 해당되는 것임을 주지 선암(禪巖)이 제공한 사진과 면담을 통해 확인할 수 있었다.

한편 일제강점기에 건립된 대방으로서 이 유형에 속하는 것으로는 봉은사 대방(선불당)이 있다.

227) 그 연혁을 확실히 파악할 수 있는 대방 가운데 서울·경기 지역에서 가장 오랜 것으로 1812년에 건립된 천축사 대방이 있다. 암자 규모의 사찰에 건립된 이 건축물의 경우 주불전으로 역할하고 있는데, 그 구성을 보면 큰 방 전면으로 좌우 양쪽에 익누가 구성되어 있는 것을 볼 수 있다. 주불전과 함께 구성된 대방이 아닌 그 자체가 주불전이 된 암자 규모에서의 이 건축물을 통해 당시 주불전과 함께 구성된 사찰에서의 대방 구성 형태를 역으로 해석할 수 있겠는데, 즉, 좌우 양쪽에 익누가 구성되어 접대용 우측 익누뿐만 아니라 승려의 휴식용 좌측 익누까지 함께 갖춘 대방으로부터 우선적인 기능적 필요성과 경제적 형편에 따라 우측에만 접대용 익누를 갖춘 대방, 그리고 익누를 모두 생략하고 염불당 위주로 구성하는 대방의 평면 구성 전개 방향을 추론할 수 있겠다.

228) 주남철, 한국의 전통민가, 도서출판 아르케, 1판 1쇄, 1999, p.77~84 참조

"무릇 집을 지을 때 그 모양을 日, 月, 口와 같은 길한 문자의 모양으로 하면 길한 형이며, 工, 尸자와 같은 모양이면 이는 불길하다. 이를 크게 쫓아야 한다. 무릇 집을 지을 때에는 반드시 홀수를 채택하여야 한다. 예컨데 1간, 3간이 그렇고, 기둥이나 서까래 숫자 또한 홀수라야 한다. 두 개의 문은 서로 마주보지 않게 하고, 만약 양쪽 벽면에 창을 마주보도록 내고 싶으면 한짝 한쌍으로 하여야 한다."

柳重臨, 『增補山林經濟』, 卜居, (서울; 아세아문화사) 영인본, 1981, pp.2-22. 및 徐有榘, 『林園經濟志』(林園十六志, 林園經濟十六志), 相宅志, 卷第一

〈凡造屋其形始日月口吉字者吉形始工尸字者不吉此是大率也凡造屋必用單數爲吉如一間三間之類量柱尺數及布緣多少亦用單數兩戶不可相當兩壁如欲對牕必須一隻一雙〉

한 해결안이 될 수 있다[229]. 또한 전후면으로 마당을 자연스럽게 형성하는 평면형으로서 중정 확보에 적극적으로 이용될 수 있으며, 실이 필요할 때 손쉽게 후면으로 증축[230]할 수 있는 뛰어난 확장성을 갖고 있고, 이와 함께 전면으로 돌출된 누 구성에서 볼 수 있듯이 적극적인 요철을 통한 입체적 구성으로 인해 아름다운 입면 구성이 가능해지는 등 많은 계획상의 장점이 있음에 따라 이처럼 큰 규모의 대방[231]에서 적극적으로 채택되었던 것으로 판단된다.

이러한 대방에서 그 평면도를 살펴보면, 부엌과 화주용 승방[232]은 대개 큰 방을 사이에 두고 몸채 양 측면에 각각 마주하여 구성되고 있다.

큰 방 측면에 바로 접하는 부엌은 염불 대중에 대한 식사 공양이 편리하도록 동선을 구성[233]한 것을 알 수 있다. 이와 관련하여 오늘날 상당수 대방에서는 최근 행한 실내 개수로 인해 내부 공간에서의 원형을 상실한 상태이지만, 남아있는 자료만으로 볼 때 부엌과 큰 방 사이의 음식 공양 동선 구성에는 두가지 유형이 있었던 것으로 판단된다. 그 하나는 용궁사 대방에서 볼 수 있는 것으로서 부엌과 큰 방 사이에 연결 통로인 문과 함께 별도의 작은 문을 두어 이 곳을 통해 음식 공양을 손쉽게 처리한 방식이며, 이는 기능을 중시한 사찰에서 행했던 것으로 해석된다. 또 다른 하나는 보광사 대방에서 볼 수 있는 것으로서 툇마루를 이용하여 음식 공양을 처리한 방식인데, 이를 위해 부엌 내부까지 툇마루를 끌어들이고 있으며, 이것은 법도를 중시한 사찰에서 행하였던 것으로 해석된다.

또한 화주용 승방은 보광사, 흥국사의 경우 큰 방과 접대용 누의 관리가 동시에 쉽게 이루어도록 그 가운데 위치하여 합리적인 동선 구성을 이루고 있는 것을 알 수 있는데, 큰방전면 무익사형의 경우를 제외하면 오늘날 과거의 내부 모습을 볼 수 없는 다른 사찰의 경우도 이러한 배치를 기본으로 한 것으로 보인다[234].

염불당인 큰 방의 공간 구성을 주목하면 고종 3년과 6년에 각각 건립된 화계사와 보광사의 대방 내

---

229) 특히 지붕의 경우, 방형 평면에서는 공간 규모가 커질수록 실 깊이와 상부 가구 규모가 증가하여 지붕 규모가 커지면서 건물 높이가 높아져 뒤편 건축물을 가리는 반면, 工자형 평면은 공간 규모가 커져도 실 깊이 등이 증가되지 않으므로 지붕이 높아지지 않아 후면을 가리지 않음을 알 수 있다.
230) 흥국사 대방(남양주시 소재)에서는 이러한 실의 확장성을 잘 보여주고 있다.
231) 공(工)자형에서 보이는 이러한 평면 및 입면상의 장점은 ㄱ자형을 기본 골격으로 한 정(丁)자형에서도 마찬가지라고 할 수 있지만, 대방의 규모가 커지는 경우 丁자형보다 工자형으로 구성하는 것이 그 효과를 보다 극대화할 수 있다고 하겠다.
232) 오늘날 화주용 승방이란 명칭은 보이지 않으며, 이 실은 대개 주지용 승방으로 표현되고 있다. 그러나 주지의 임기가 3년 기한이었던 조선말의 상황과 오늘날의 상황과는 상당한 차이가 있으므로, 이 연구에서는 당시의 대방을 이해하기 위하여 현재의 주지용 승방을 화주용 승방으로 표현하였다. 이와 관련하여 김봉렬(앞의 논문, p.18)은 대방의 각 실을 분석함에 있어서 오늘날 쓰이는 용어인 주지실을 그대로 사용하고 있다.
233) 대방 내 부엌은 일반적으로 큰 방에 접하여 구성되고 있다. 예외적으로 석남사 대방에서만 부엌이 승방에 접하여 구성되고 있는데, 조선말에 이건된 건축물이므로 원래의 실배치를 알 수 없다고 하겠다. 그렇지만 전형적인 대방의 기둥열 구조를 보이는 바, 부엌과 그 측면으로 접한 실과 기둥열이 일치하지 않는 동시에 큰 방 전후면으로 툇간이 형성되는 겹집 구성을 하고 있으며, 또한 사각기둥보다 위계가 높은 원기둥이 부엌 옆 방에 구성되고 있다. 이러한 사실을 볼 때, 큰방전면 무익사형에서 가장 위계가 높은 큰 방이 원래 부엌 옆에 구성되었을 것으로 판단되며, 이후 이건 당시 간막이 구성을 자유롭게 할 수 있는 평면상의 특징과 함께 당시 사찰측의 필요성으로 인해 승방을 부엌에 접하도록 실 구성을 바꾸었을 것으로 판단된다.
234) 김봉렬의 논문에서도 이 부분에 대하여 다음과 같이 언급하고 있다. "주지실은 한쪽으로 큰 방에 붙어 있어 쉽게 여러 행사를 주관할 수 있으며, 다른 쪽으로는 돌출된 누마루와 붙어 있다."(앞의 논문, p.18)

큰 방에는 불단을 두지 않았고[235] 대웅전을 바라보며 염불을 하도록 구성되었고, 용궁사와 청원사의 경우도 마찬가지라고 하겠다[236]. 그런데 법당 앞에 만들어진 누의 역할을 살펴보면 법당 문을 열어 놓고 불자들이 누마루에서 법당을 향해 의식을 행하였던[237] 것을 알 수 있다. 따라서 현존 대방 중 이들 건축물을 통해 알 수 있는 것으로, 기능적 측면에서 다수 대중을 수용하여 법당을 향해 의식이 행해졌던 누 공간이 역시 다수의 대중을 수용하여 만일염불회(萬日念佛會) 개최가 행해졌던 염불공간인 대방으로 발전되는 과정의 과도기적인 모습을 건축적으로 보여주는 것이라 하겠다.

한편 이들 대방과 주불전이 함께 구성된 사찰 여부에 관계없이 조선말기 이래로 건립되어 현존하는 모든 대방을 대상으로 주요 구성 요소인 큰 방과 익누 및 부엌에 있어서의 각 구성 요소별 규모를 살펴보면[238] 표 2-6과 같다.

## 표 2-6. 대방의 구성 요소별 규모

| 대방 유형 | 사찰 및 건물 명 | 익누 규모* | 큰방 규모* | 부엌 규모* | 비 고 | 사찰 구성 |
|---|---|---|---|---|---|---|
| 큰방 전면 무익 사형 | 석남사 대방 | - | 3 x 1 | 2 x 3 | • 큰 방과 이에 접한 부엌부의 측면 기둥 간격이 불일치<br>• 전면만 툇마루 구성. 후면도 퇴간 구성 | 주불전과 대방이 함께 구성된 사찰 |
| | 용궁사 대방 | - | 2 x 2 | 2 x 2 | • 전면만 툇마루 구성. (전퇴집 형식) | |
| | 미타사 대방 | - | 4 x 3 | 1 x 2 | • 큰 방과 이에 접한 부엌부의 측면 기둥 간격이 불일치<br>• 현재 툇마루 없음. 전면만 퇴간 구성 | |
| | 청원사 대방 | - | 3 x 2 | 2 x 3 | • 큰 방과 이에 접한 부엌부의 측면 기둥 간격이 불일치<br>• 전후면 툇마루 구성 | |
| | 용문사 대방 | - | 3 x 3 | 2 x 4 | • 전면만 툇마루 구성. (전후퇴집 형식) | |
| | 지장사 대방 | - | 2 x 2 | 2 x 3 | • 전면만 툇마루 구성. (전퇴집 형식) | |
| | 봉영사 대방 | - | 3 x 2 | - | • 부엌은 현재 콘크리트조로 구성되어 원래 상태 파악 곤란<br>• 전면만 툇마루 구성 | |
| 큰방 전면 단익 사형 | 건성암 대방 | 2 x 2 | 3 x 3 | 2 x 4 | • 큰 방과 이에 접한 부엌부의 측면 기둥 간격이 불일치<br>• 전면만 툇마루 구성. (겹집형식) | |
| | 화계사 대방 | 2 x 2 | 4 x 2 | 2 x 3 | • 전후면 툇마루 구성 (겹집형식) | |
| | 보광사 대방 | 2 x 2 | 3 x 1 | 3 x 4 | • 큰 방과 이에 접한 부엌부의 측면 기둥 간격이 불일치<br>• 전후면 툇마루 구성 (겹집형식) | |
| 큰방 전면 쌍익 사형 | 흥천사 대방 | 2 x 2 | 4 x 2 | 1 x 3 | • 큰 방과 이에 접한 부엌부의 측면 기둥 간격이 불일치<br>• 전후면 툇마루 구성 (겹집형식) | |
| | 흥국사 대방 | 2 x 2 | 3 x 2 | 2 x 3 | • 남양주시 별내면 소재<br>• 큰 방과 이에 접한 부엌부의 측면 기둥 간격이 불일치<br>• 전후면 툇마루 구성 (겹집형식) | |
| | 경국사 대방 | - | - | - | • 내부를 모두 터서 큰 방으로 개조하여 이전 상태 파악 곤란<br>• 겹집형식 | |
| 큰방 전면 단익 사형 | 명적암 대방 | 2 x 2 | 3 x 2 | 2 x 3 | • 큰 방과 이에 접한 부엌부의 측면 기둥 간격이 불일치<br>• 전후면 퇴간 구성(현재 하나의 큰방으로 편입) (겹집형식) | 주불전이 대방인 사찰 |
| | 백련사 대방 | 2 x 2 | 3 x 2 | 2 x 4 | • 큰 방과 이에 접한 부엌부의 측면 기둥 간격이 불일치<br>• 전후면 툇마루 구성 (겹집형식) | |
| 큰방 전면 쌍익 사형 | 천축사 대방 | 1 x 1.5 | 3 x 2 | 2 x 2 | • 큰 방과 이에 접한 부엌부의 측면 기둥 간격이 불일치<br>• 전면만 툇마루 구성 (겹집형식) | |
| | 운수암 대방 | 1 x 1 | 3 x 2 | 2 x 3 | • 큰 방과 이에 접한 부엌부의 측면 기둥 간격이 불일치<br>• 전후면 툇마루 구성 (겹집형식) | |

* 대방 구성 요소별 규모 : 정면간수 x 측면간수

　　표 2-6에서 대방 전면에 구성되는 익누의 일반적인 규모는 천축사와 운수암의 경우를 제외하면 익누 하나에 대하여 정면 2간 측면 2간으로 구성되는 것을 볼 수 있다. 큰 방의 경우에는 정면 4간 측면 3간 규모로 이루어진 것은 1곳에서만 보이며, 정면 2간 측면 2간과 정면 3간 측면 1간, 그리고 정면 3간 측면 3간으로 된 것이 각각 2곳에서 나타나고, 정면 3간 측면 2간 규모로 된 것이 7곳으로 가장 많이 나타나고 있음을 볼 수 있다. 또한 부엌의 경우에는 정면 1간 측면 2간과 정면 1간 측면 3간 그리고 정면 3간 측면 4간으로 구성된 것이 각각 1곳에서만 나타나며, 정면 2간 측면 2간으로 된 것은 2곳에서, 정면 2간 측면 4간으로 된 것은 3곳에서 보이고 있고, 정면 2간 측면 3간으로 된 것이 7곳으로 가장 많이 나타나고 있음을 알 수 있다.

　　따라서 조선말기 서울 경기 일원의 사찰에 건립된 대방의 각 구성 요소별 보편적인 규모로는 익누의 경우 그 하나에 대하여 정면 2간 측면 2간이며, 큰 방의 경우 정면 3간 측면 2간이고, 부엌의 경우 정면 2간 측면 3간이라 할 수 있겠다[239].

　　또한 표 2-6과 함께 대방 평면도로부터 대방의 몸채를 이루는 큰 방과 이에 접하는 부엌부에서 측면부의 기둥 배열이 일치하지 않는 경우[240]가 파악 가능한 15개의 유구 가운데 12개에서 나타나는 것을 볼 수 있다[241]. 특히 큰 방 전면에 익누가 구성된 대방의 경우 예외 없이 그 기둥 배열이 일치하지 않음을 볼 수 있고, 겹집[242]의 형식으로 이루어진 것을 알 수 있다[243]. 그리고 큰방전면 무익사형의 경

---

235) 화계사 대방의 경우 화계사실측조사보고서에 수록된 평면에는 불단이 있으나, 교무승 대명(大明)과의 면담(1998년 4월 27일)을 통해 과거에는 불단이 없이 대웅전을 바라보며 염불을 행하였다는 사실을 확인할 수 있었다. 그는 1958년 이래 지금까지 주지를 역임해 온 숭산행원을 옆에서 보좌해 왔으며 변형되기 이전의 대방 모습을 잘 알고 있었다. 한편 보광사의 경우도 화계사와 마찬가지로 대방 내부에 불단을 두지 않고 대웅전을 바라보며 염불을 하였는데, 교무승 덕영(德永)과의 면담(1998년 4월 27일)을 통해서 대방의 옛 모습과 함께 이를 확인할 수 있었다.

236) 김봉렬의 논문(앞의 논문)에서는 이 부분에 대한 언급이 없다. 특히 화계사 대방의 경우 실측조사보고서에 수록된 평면을 대상으로 하여 변형 이후의 모습이 수록되어 있는데, 이와 관련해 앞서 언급한대로 교무승과의 면담을 통해 과거에는 큰방 내부에 예불공간이 원래 없었음을 밝힌 바 있다.

237) 박언곤, 앞의 책, p.23

238) 대방은 그 몸채가 겹집으로 구성되어 필요시 간막이 구성을 통한 자유로운 공간 분할이 가능하며, 또한 후면으로 자유롭게 증축할 수 있어 면적 증감에 매우 적극적으로 대처할 수 있는 융통성과 우수한 확장성을 지닌 건축물이다. 이러한 대방에서 그 면적 증감의 주요 인자로는 화주와 소속 염불승의 수가 되며, 이들의 숫자에 따라 승방은 일정한 규모로 구성되기 어려우므로 이 규모 분석에서는 제외하였다.

239) 일제강점기에 건립된 봉은사 대방의 경우 큰방전면 무익사형으로 큰 방이 정면 4간 측면 3간, 부엌이 정면 2간 측면 3간으로 구성되고 있으며, 고양 흥국사 대방의 경우에는 큰방전면 단익사형으로 큰 방이 정면 3간 측면 1간, 익누가 정면 2간 측면 2간, 그리고 부엌이 정면 2간 측면 3간으로 구성되고 있다. 따라서 익누와 부엌에서는 조선말 이래의 규모가 그대로 적용된 것을 볼 수 있다.

240) 큰 방과 그 옆에 구성되는 부엌의 상호 기둥 배열이 일치하지 않음에 따라 부엌 측면에서는 보에 걸치는 긴 충량 부재가 적극적으로 발달되고 있다. 또한 이처럼 자유로운 기둥 배열로 인해 부엌이 구조적으로 융통성을 지니게 되는 동시에 넓은 공간을 구성하게 되는 것을 알 수 있다.

241) 일제강점기에 건립된 봉은사 대방에서도 마찬가지로 기둥 배열이 일치하지 않는 것을 볼 수 있다.

242) 한 용마루 아래에 방이 한 줄로 배치되는 외통유형과 두 줄로 배치되는 양통유형으로 가옥 평면을 구분한 황철산의 유형분류에 대하여, 리종목은 보다 세분화하여 양통집에 정주간이 있는 양통집, 정주간이 없는 양통집, 세겹집을 넣음(김광언, 한국의 주거민속지, 민음사, 1988, p.6 참조)으로써, 겹집이라는 용어를 처음으로 사용한 것을 볼 수 있다.

우도 이건으로 그 원형 확인이 곤란한 봉영사 대방을 제외하고 가구 구조가 온전한 6개의 유구 가운데 3개에서 역시 기둥배열이 일치하지 않는 겹집화 현상을 볼 수 있고, 나머지 3개도 겹집의 기본이 되는 전퇴집과 전후퇴집의 구조를 갖추고 있는 것을 볼 수 있다.

이러한 사실은 대방의 구성 요소 중 염불당이 중심이 되는 몸채의 기원에 대하여 중요한 단서를 제공한다고 하겠는데, 해인사 홍제암[244]과 같이 임진왜란 이후 형성된 염불당의 원형을 참조하면서도 몸채의 구조적 원형을 전퇴집이나 전후퇴집 또는 겹집구조의 민가 형식에서 도입하였음[245]을 나타내는 것이라 할 수 있겠다[246].

조선 후기 주거에서 겹집 구성이 나타나는 이유로는 보 방향의 증가를 통해 공간 확대와 실 분화를 쉽게 할 수 있게 하여 적은 비용으로도 방의 수를 늘려 거주 인구를 증가시킬 수 있는 공간 이용의 효율화 측면 및 이에 따른 경제적 측면에서의 여러 장점을 가졌기 때문인 것으로 생각되고 있다[247]. 조선 말 당시 사찰 내에서 독립적으로 경영된 대방에서 넓은 공간 및 다양한 공간을 확보하고, 한 건물 내

---

여기에서 김홍식(한국의 민가, 한길사, 1992, p.39~40)은 겹집과 양통집을 구분하여 집의 간살이가 두 줄로만 시설되고 기둥은 세 줄로만 들어가는 집을 양통집이라 정의하고, 이에 대하여 집의 간살이가 부분적으로만 두 줄로 시설되고, 기둥이 세 줄 또는 네 줄로 들어가는 집을 겹집으로 구분하여 설명하고 있다. (전봉희, 조선시대 주거사에 있어서 겹집화 현상에 관한 연구, 대한건축학회논문집 12권 10호, 통권 96호, 1996.10. p.196에서 재인용)

243) 염불당의 원형이 이미 형성되었던 사찰에는 건봉사와 해인사 홍제암이 있다. 이 가운데 현존하는 해인사 홍제암 건축물에서 이러한 겹집 구성이 이미 이루어진 것을 볼 수 있으며, 당시 이러한 겹집 구성이 이루어진 요인으로는 임진왜란 이후 제기된 시급한 공간 확보와 기능의 복합화에 대한 필요성에서 나타난 것으로 볼 수 있겠다. 하지만 이 경우 사찰 조영의 주체가 승려였다는 측면에서 조선 말기에 민간 장인이 주체가 된 것과는 분명한 차이를 볼 수 있으며, 그 결과 염불용 큰 방과 이에 접하는 부엌부에서의 기둥 배열도 전자의 경우에는 익누가 설치되었음에도 일치하지만 후자의 경우에는 일치하지 않는 차이점이 나타나는 것을 볼 수 있겠다.

244) 현존 대방 가운데 가장 오래된 것으로서, 광해군 6년에 처음 건립되어 영조 7년에 확장 개축되었다.

245) 김봉렬(앞의 논문, p.20~21)은 수도권에 건립된 대방의 유형에 대한 연원의 하나로 궁궐건축을 들면서, 여러 방들이 툇마루와 대청으로 통합되고 누마루방이 돌출되어 있는 자경전을 그 예로 들어 설명하였다. 그러나 대방의 기원을 살펴볼 수 있는 것으로서 건봉사와 해인사 홍제암에 건립된 대방은 임진왜란 이후 승려들이 주체가 되어 건립한 건축물인데, 이 시기에 승려들이 복구하면서 궁궐 건축을 도입한 것으로 해석하는 것은 무리가 있다고 하겠다.

또한 궁궐 내전 건축은 전체적으로 대칭적인 구성을 한 형식을 갖추는 것을 그 기본인 평면의 형태로 하고 있음(김동욱, 17세기 조선조 궁궐 내전건물의 실내구성에 관한 연구, 대한건축학회논문집 8권 10호, 통권 48호, 1992.10., p.88 참조)을 알 수 있다. 그런데 해인사 홍제암의 경우 용마루 구성을 살펴보면 대칭 구성을 하지 않으며, 아울러 기둥열이 일치하는 좌우대칭형의 궁궐 건축 평면 구성에 대하여 조선 말기에 건립된 대방의 경우 기둥열이 일치하지 않는 겹집형 구조로 이루어진 것을 볼 때 이것은 그 유형적 근원이 전혀 다른 것임을 반증하는 것이라 하겠다.

246) 현존하는 염불당 가운데 서울·경기 이외의 것으로서 그 기원에 대한 단서를 제공하고 있는 해인사 홍제암의 경우 대방의 몸채를 이루는 큰 방과 이에 접하는 부엌에서 측면부의 기둥 배열이 일치하고 있다. 조선 말기에 건립된 대방의 경우와 다르게 형성된 이러한 구조 형식의 차이는 사찰 건축물 담당 주체의 변화 및 그에 따라 누 건축물을 새롭게 해석하여 염불당으로 진화 발전시켜 나간 결과로 해석할 수 있겠다. 즉 사찰 건축물을 담당하던 승장을 대신하여 19세기 중반 이래로 조선시대 말기에 이르러서 사찰 조영을 민간 장인이 담당(김동욱, 한국건축공장사연구, 1판, 기문당, 1993, p245~247 참조)하게 된 결과이며, 이로 인해 새로운 건축 기법 도입이 가능하게 된 결과라 하겠다. 홍제암의 경우 영조 7년(1731)에 확장 개축할 당시 기록된 상량기에 나타난 참여 장인 이름을 통해(사단법인 한국문화재보존기술진흥협회, 임진왜란 이후의 조영활동에 대한 연구, 대원문화사, 1992, p.137 참조) 승장(僧匠)이 건축 조영에 대개 참여하였음을 확인할 수 있다.

247) 전봉희, 앞의 논문, p.199 참조

여러 염불승들을 수용하여 거주[248]하게 하는데 있어서 그 몸채를 이러한 겹집형으로 구성한다면 매우 합리적인 구조라 할 수 있다[249]. 따라서 조선말 민간 장인이 승장을 대신하여 사찰 조영에 참여[250]하면서 새로운 건축 기법 도입이 손쉬워진 상황에서 이러한 공간 이용상의 유효성 및 필요성을 인식하고 해인사 홍제암처럼 임진왜란 이후 이미 형성된 대방의 원형을 참조하는 동시에 겹집구조의 민가 형식을 채택하여 대방의 몸채를 구성하였던 것으로 보인다.

한편 규모를 어느 정도 갖춘 사찰의 경우 대방은 그 독립성으로 인해 자체적인 수납공간의 필요성이 제기되어 그 내부에 수납시설을 갖추게 되는 것을 알 수 있는데, 이 경우 익누 하부를 수납공간으로 이용[251]하거나 부엌 상부를 다락으로 구성[252]하거나 혹은 별도의 수납공간을 구성한 것[253]을 볼 수 있다[254].

이상 조선말기 이래로 서울·경기 일원의 사찰에 건립된 현존하는 대방의 내부 공간 분석을 통해 익누 구성 대방의 경우 염불당인 큰 방과 휴식용 익누의 두 이질적 요소를 툇마루를 이용해 연결 및 분절하는 것을 살펴보았다. 또 당시 그 책임자였던 화주의 승방 위치를 접대용 익누와 큰방의 가운데에 위치하도록 구성하여 합리적인 동선 구성을 하는 것을 고찰하였다. 이와 함께 일부 사찰에서는 내부에 불단을 두지 않고 주불전을 예불 대상으로 삼고 있는 바, 기능적 측면에서 누로부터 염불당으로 공간이 진화해가는 과도기적 모습을 살필 수 있었다. 이외에도 그 주요 구성 요소인 익누와 큰 방 및 부엌의 보편적인 규모를 고찰하였는데, 익누의 경우 그 하나에 대하여 정면 2간 측면 2간 규모, 큰 방

---

248) 남양주 보광사, 흥국사, 운수암 대방 등에서 이러한 경우를 분명히 볼 수 있다.
249) 광해군 6년(1614)에 초창되어 정조 7년(1731)에 확장 개축된 해인사 홍제암의 경우도 마찬가지로 이러한 필요로 인해 이미 겹집 형태를 갖추었던 것으로 해석된다.
겹집 형식과 관련하여 임진왜란 이후에 주거 및 종교 건축물을 포함하여 많은 건축물이 파손되었는데, 이 시기 발생한 공간의 절대적 부족으로 인해 효율적으로 공간을 마련할 필요성이 나타나게 됨에 따라 이러한 형식이 도입되었을 것을 추론해 볼 수 있으며, 홍제암은 겹집 구성을 통해 이러한 당시의 형편을 알려주는 것으로 해석된다. 이를 볼 때 주거 건축물에서도 겹집 구성 역시 상당히 이른 시기에 나타났을 것을 추론해볼 수 있으며, 측면 3간의 세겹집으로 구성된 남악종택(경북민속자료 제77호, 1600년경 건립 추정) 사랑채인 가학루(駕鶴樓), 전면 툇마루 후면으로 2간을 구성하여 측면 3간의 세겹집을 이룬 충효당(보물 제414호, 17세기 건립 및 확장) 등에서 확인할 수 있다. 그러나 현존하는 주거 건축물이 18세기 이후에 건립된 것이 대다수로서 이에 대한 연구가 주로 이루어졌던 바, 향후 임진왜란 직후의 주거 건축에 대한 추가 연구가 필요하다고 하겠다.
250) 민간 건축 공장의 불사 조영 지배에 대하여 김동욱(『한국건축공장사연구』, 1판, 기문당, 서울, 1993, p.245~247 참조)은 상량문에 나타난 기록을 분석하여 다음과 같은 내용을 밝히고 있다. "19세기 중반 이후로는 일부 큰 사찰을 제외한 많은 사찰 영선에서 민간장인이 거의 주도적인 활동을 하게 되어 19세기 말에 가면 사찰조영은 완전히 민간장인에 의해 지배되는 경향을 나타낸다. 이러한 변화는 노임제 정착에 따른 민간장인의 활발한 공장활동에 따라 사찰에서도 자체 승장의 양성보다는 점차 민간장인의 고용이 일반화되고 이것이 확대되면서 승려장인 자체의 수적 감소를 초래하였다고 생각된다.…"
251) 남양주 보광사 대방에서 이러한 경우를 볼 수 있다.
252) 미타사 및 지장사 대방에서 이러한 경우를 볼 수 있다.
253) 청원사 대방에서 이러한 경우를 볼 수 있다.
254) 대방 내부의 수납공간과 관련하여 흥천사, 화계사, 경국사, 남양주시 소재 흥국사 및 고양시 소재 흥국사 등에서 볼 수 있는 것처럼 오늘날 현존하는 대방 가운데 상당수가 외부는 그대로 두지만 내부공간은 터서 하나의 큰 방으로 개축하여 사용하고 있어서, 내부 공간의 원형을 살필 수 있는 유구는 몇 안되는 것을 알 수 있다.

의 경우 정면 3간 측면 2간 규모, 부엌의 경우 정면 2간 측면 3간 규모인 것을 알 수 있었고, 큰 방과 부엌부의 규모는 일제강점기에 건립된 대방에서도 그대로 적용된 것을 엿볼 수 있었다. 특히 몸채의 측면 기둥 배열 분석을 통해 몸채인 염불당 공간구조의 형식적 연원이 임진왜란 이후 염불도량에서 형성된 것으로서 해인사 홍제암과 같은 대방 형식과 함께 전퇴집이나 전후퇴집 또는 겹집구조의 민가 형식에서 도입된 것을 살펴보았다. 이것은 조선말 민간 장인이 승장을 대신하여 사찰 조영에 참여하면서 새로운 건축 기법 도입이 손쉬워진 상황에서 다양하고 넓은 공간의 확보 및 공간의 유효성을 필요로 하는 대방건축이 지닌 특성[255]으로 인해 나타난 결과로 볼 수 있겠다.

따라서 서울·경기 일원의 대방 건물은 임진왜란 이후 염불 사찰에서 형성되었던 염불용 건물의 원형에 대한 기억을 근거로 하여 시대적 상황의 요구에 맞추어 기존의 누(樓)를 기능적으로 분화 발전시켜 접대용 누(樓)도 필요시 수용하면서 염불당(念佛堂)으로 구성한 복합 건축물로서, 몸채인 염불당 구성에 겹집 구조 형식이 채택된 창의적이고도 획기적인 구성을 한 전각임을 알 수 있다.

## 3. 소결

조선시대말기 이래로 서울·경기 일원의 사찰에서 새롭게 등장한 새로운 유형의 불전인 대방을 대상으로 내·외부 공간을 분석하여 다음과 같은 공간 특성을 알 수 있었다.

대방이 구성된 사찰에서 중정에 진입하는 경우 주불전과 대방이 함께 구성된 사찰이나 주불전이 대방인 사찰 모두에서 대방 좌측 진입 방식을 일반적인 원칙으로 했다. 이 경우 독립성을 필요로 하는 실로서 책임자인 화주가 거주하는 승방과 접대용 익누는 진입로 반대편인 우측에 멀리 분리 배치됨으로써 진입동선과 관련하여 합리적인 공간 구성을 이루고 있다. 이러한 합리적 공간 구성은 또한 내부 실 구성에서 더욱 명확히 나타나는데, 당시 책임자인 화주의 방 위치를 접대용 익누와 염불용 큰방의 가운데에 위치하도록 구성하여 효율적인 관리가 이루어질 수 있도록 하였고, 또한 큰 방 바로 옆에 부엌을 두어 음식공양을 위한 서비스 기능을 극대화하고 있다.

대방의 각 실 구성은 이러한 효율적인 동선 계획과 함께 인간의 시지각적 인지 특성을 함께 고려하여 계획되었다. 대방과 주불전이 함께 구성된 사찰의 경우 대방은 주불전을 실제적 혹은 상징적 예불 대상으로 삼아 구성되고 있으며, 그 상호 거리는 모두 22m 이내로서 주불전이 주요 예불 대상으로서 무대가 되고 대방이 객석이 되는 구성을 이루고 있다. 이러한 상호 거리 분석을 통하여 인간의 시지각적 인지 특성이 배치계획 속에 적용되었음을 알 수 있었으며, 오늘날의 극장 공간 계획과 합치되는 점을 볼 수 있었다.

더욱이 익누가 구성된 대방에서는 그 앞마당의 조망 계획과 관련하여 익누에 앉았을 때 자세한 인

---

255) 이러한 특성의 대방은 오늘날의 화계사 적광전(1층 선방, 2층 법당)이나 도선사 호국참회원(지하 1층, 지상 3층, 법당·영사실·도서관·수련원 등 복합 용도로 구성)과 같은 사찰 건축물에서 볼 수 있는 대형화된 내부공간과 복합적 용도의 건축물을 예고하는 선구적 건축물임을 알 수 있다.

식이 가능한 가시거리(15m)와 편안한 조망 각도인 하향각(30°)을 동시에 충족시키도록 계획된 것도 살필 수 있어 당시 장인들이 시각적 특성을 충분히 이해하여 공간 계획에 적용하였던 일단을 엿볼 수 있었다.

다양한 구성 공간과 큰 규모를 필요로 하는 대방인 경우, 그 유형은 큰방전면 단익사형에서 큰방전면 쌍익사형으로 구성되는데, 이는 ㄱ자형 및 ㄷ자형을 기본 골격으로 하여 丁자형과 工자형의 발전된 형태를 이루고 있다. 여기서 工자형은 당시 풍수지리에 따른 양택론에서 금기시한 평면형이었지만, 丁자형과 함께 그 형태가 갖는 장점으로서 정면과 측면 길이의 최소화에 따른 후면 공간 차단을 최소화하는 효과, 전후면 마당 구성이 쉬운 평면 특성과 이에 따른 손쉬운 중정 확보, 후면으로의 우수한 확장성 등으로 인해 적극적으로 채용되어 사용된 것을 살펴보았다.

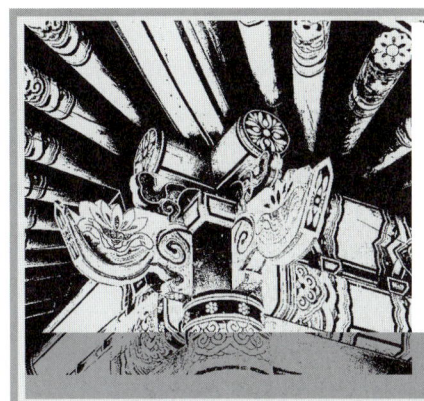

# 제 3 장
# 의장 고찰

The Characteristics of Exterior Design

이 장에서는 고종년간 이래로 1945년도까지 서울·경기 일원의 사찰에 건립된 현존 대방을 대상으로 의장 고찰을 진행하였다. 이에 따라서 고종조에 건립된 대방 9동[256]과 일제강점기에 지어진 대방 3동[257], 도합 12동을 대상으로 연구를 진행하였으며, 이를 정리하면 표 3-1과 같다.

표 3-1. 서울·경기 일원에 건립된 의장 연구 대상 대방

| 대상건축물 | 위 치 | 건립연대 | 현존 유무 | 비 고 |
|---|---|---|---|---|
| 용궁사 대방 | 인천 중구 운남동 667 | 고종 원년 (1864) | 有 | • 전등사본말사지에 기록 나타남 |
| 흥천사 대방 | 서울 성북구 돈암 2동 595 | 고종 2년 (1865) | 有 | - |
| 화계사 대방 | 서울 도봉구 수유 1동 487 | 고종 3년 (1866) | 有 | - |
| 보광사 대방 | 파주군 광탄면 영장리 산 13 | 고종 6년 (1869) | 有 | • 최근 중수되면서 상량문 기록을 통해 1869년 삼창(三創)된 것임이 밝혀짐 |
| 흥국사 대방 | 남양주시 별내면 덕송리 331 | 고종 7년 (1870) | 有 | • 순조 21년 중건 후 소실된 것을 재창 |
| 경국사 대방 | 서울 성북구 정릉 3동 753 | 고종 7년 (1870) 개축 | 有 | - |
| 운수암 대방 | 안성군 양성면 방신리 85 | 1870년 무렵 | 有 | - |
| 미타사 대방 | 서울 성동구 옥수동 395 | 고종 21년 (1884) | 有 | - |
| 백련사 대방 | 강화군 하점면 부근리 231 | 1905년 | 有 | • 전등사본말사지에 기록 나타남 |
| 개운사 대방 | 서울 성북구 안암동 5가 157 | 1921년 | 有 | • 고종 17년(1880) 대웅전 중건(현존 無)<br>• 1921년 대방 중건. 최근 이건 |
| 봉은사 대방 | 서울 강남구 삼성동 73 | 1941년 | 有 | • 선불당(選佛堂)으로 지칭됨 |
| 흥국사 대방 | 고양시 지축동 203 | - | 有 | • 일제강점기 건립된 것으로 추정 |

---

256) 고종 14년(1877)에 건립된 봉영사 대방의 경우 현존하고 있으나 1971년 대웅전 앞의 위치에서 현재의 자리로 이건하면서, 부엌부를 콘크리트造로 구성하는 등 변형이 심하여 본 연구 대상에서 제외하도록 하였다. 또한 1900년 건립된 수국사 대방은 6·25로 소실되고 이후 현재의 대방이 새로 건립되었던 사실을 주지승 한자용과의 면담을 통하여 확인할 수 있었다.

　건축물 분석은 건축 공간을 구성하는 제1차 구성 요소를 중심으로 진행하였다. 또한 대방의 평면 구성 전개에 따른 유형[258]을 구분하여 의장상의 특성 고찰에 참고적으로 활용하도록 하였다. 따라서 큰방전면 단익사형, 큰방전면 쌍익사형, 그리고 큰방전면 무익사형의 세 유형의 대방을 대상으로 기단부, 초석을 포함한 축부, 공포부, 지붕부의 순으로 분석 고찰[259]하였다.

　이와 함께 시대적 특성을 살펴보기 위하여 1864년에서 1907년까지의 고종조와 그 이후인 1945년까지의 일제강점기를 구분하여 분석을 행하였는데, 일제강점기에 지어진 대방의 경우 그 보편적 의장 특성을 고찰하기에는 그 유구 수가 너무 부족하므로 이 연구에서는 고종조의 양식과 다른 변화를 보이는 요소에 주목하여 참고적으로 살펴보도록 하였다.

---

257) 개운사 대각루는 큰방전면 쌍익사형의 대방으로서 1981년 승가대학 설립 당시 운동장 부족으로 해체되어 이후 위쪽의 높은 곳에 이건되면서 원형을 많이 상실한 상태이다. 현재 전체적인 평면 구성 및 공포 구성은 옛 모습을 간직하고 있으나, 콘크리트 기단 위에 위치하고 있고, 내부 공간과 함께 외부 벽체에 어느 정도 변형이 가해졌으며, 지붕 위에 있던 용두(龍頭) 또한 제거되어 변형 이전의 모습은 사진(전통사찰총서 ④ 서울의 전통사찰, 사찰문화연구원, 1995, p.296에 이건 前의 모습 참조)을 통해서만 확인이 가능할 뿐이다.
　봉은사 선불당의 경우 대방이라는 명칭은 보이지 않으나 그 내부 불단에 관세음보살상을 봉안(실측조사보고서, p.149)하고서 현재도 오전 10시부터 11시까지 염불 의식을 행하고 있어 염불당인 대방임을 분명히 알 수 있으며, 그 결과 외부 공간 영역 구성을 보아도 현재 중심을 이루는 중정을 향하지 않고 별도의 축을 구성하고 있음을 볼 수 있다. 이 대방은 큰방전면 무익사형으로서 지붕 전후면의 양측으로 별도의 합각지붕이 구성되어 있는데, 이것은 익누의 생략에 따른 단조로움을 해결하기 위해 큰방전면 쌍익사형에서 보이는 지붕 디테일이 채용되었던 것으로 생각되며, 이에 따라 큰방전면 쌍익사형에서만 나타나는 지붕장식부재인 용두도 설치되고 있음을 볼 수 있다.
　한편 고양시에 소재한 흥국사 대방의 경우 큰방전면 단익사형으로서 현재 설법당 혹은 미타전으로 지칭되고 있으며, 그 정확한 건립년대에 대해서는 알려지지 않았다. 이 사찰에는 1904년부터 개최된 만일회를 기념하여 1924년 세운 한미산흥국사만일회비(漢美山興國寺萬日會碑)가 남아있는데, 이를 볼 때 대방은 조선말 당시 이미 건립되어 있었을 것으로 보이며, 이곳에 봉안되어 있는 1792년 개금된 아미타불좌상과 조선 후기 제작된 것으로 보이는 염불수행 단계를 나타낸 극락구품도도 이러한 사실을 뒷받침한다. 그러나 현존하는 대방은 그 구성을 볼 때 고종년간 건립된 대방의 의장과 다르게 기둥부에서 전체적으로 원주가 사용되었고, 마루도 일부가 장마루로 구성되어 있어, 이후에 재건된 건축물로 판단된다. 이 사찰의 경우 고종 4년(1867)에 건립된 대방 전면의 주불전인 약사전과 고종 13년(1876)에 건립된 칠성각, 그리고 광무 6년(1902)에 건립된 산신각이 남아 있어 6·25의 와중에도 경기 일원에서는 드물게 피해를 입지 않았던 사찰이라 하겠다. 따라서 이러한 안전한 곳에 자리하고 있음과 6·25 이후의 경제적 상황으로는 쉽게 구성될 수 없는 대방 익누의 장주형 초석과 나머지 부위의 다듬돌 방형 초석, 그리고 장마루가 사용된 점 등으로 미루어 늦어도 전쟁 이전에 건립된 것으로서, 만일회(萬日會) 직후 이 사찰의 경제력이 급속히 신장되고 여러 건축물이 신축되었던 사실을 볼 때 이 시기를 전후하여 증축의 필요성 등에 따라 건립된 것으로 보인다.

258) 대방의 유형은 크게 세 가지로 구별할 수 있겠다. 첫째는 부엌-큰방-(화주용)승방-전면 단일 익누가 기본 골격(ㄱ자형)이 되고 대방 후면인 익누 반대편에 승방 등 필요한 실이 첨가되어 丁자형을 이루는 유형으로서 화계사, 보광사, 백련사가 이 경우에 해당되며 여기서는 "큰방전면 단익사형"으로 지칭하도록 한다. 두번째는 부엌-큰방-승방-전면 쌍익사가 기본 골격(ㄷ자형)이 되고 후면에 승방 등이 첨가되어 工자형을 이루는 유형으로서 흥천사, 흥국사, 경국사, 운수암이 이 경우에 해당되고, 이를 "큰방전면 쌍익사형"으로 지칭하도록 한다. 그리고 마지막으로 용궁사와 미타사의 경우처럼 큰 방 전면에 어떠한 익사도 추가되지 않는 유형으로서 여기서는 "큰방전면 무익사형"으로 지칭하도록 한다.(이와 관련하여는 주남철·김성도, 앞의 논문, p. 237~238 참조)

259) 대방의 유형 분류에 따라 고종년간 건립된 대방을 보면 큰방전면 단익사형의 경우는 3동, 큰방전면 쌍익사형의 경우는 4동, 그리고 큰방전면 무익사형의 경우는 2동으로서 그 유구 수가 충분하지 않으므로 그 의장상 특성 고찰에 따른 상호간의 분석에는 참고적으로만 살펴보도록 한다.

## 제 3장 | 의장 고찰

## 1. 기단부

고종조 이래 1945년까지 서울·경기 일원에 건립된 대방을 대상으로 각 기단 형태[260]와 위치[261]를 살펴보면 표 3-2와 같다.

먼저 고종년간에 건립된 대방만을 대상으로 고찰하면, 우선 기단 구성을 볼 때 다듬돌만을 이용한 경우는 5동, 막돌만을 이용한 경우는 3동, 그리고 다듬돌과 막돌을 함께 혼용한 경우는 1동으로 나타나고 있어 전체적으로 다듬돌이 많이 사용된 것을 볼 수 있다.

사면의 전 모습을 파악할 수 없는 미타사 대방과 전측면을 달리 구성하여 변화성을 도입한 보광사·용궁사 대방의 경우를 제외하면, 전체 9동 가운데 6동에서 사면 기단이 동일하게 구성되며 통일성을 이루고 있어 대개 기단의 사방을 동일 양식으로 구성하는 경향을 살필 수 있다.

전면만을 대상으로 살펴보면 다듬돌바른층 쌓기로 한 것이 5동, 막돌바른층쌓기로 한 것이 2동, 그리고 막돌 허튼층쌓기로 한 것이 2동 나타나고 있다.

한편 대방의 유형에 따라 살펴보면 큰방전면 쌍익사형의 경우는 운수암 대방을 제외한 나머지 3동 모

표 3-2. 대방의 기단 형태와 위치

| 대상건축물 | 기단형태 | 위치 | 비 고 | 분 류 | |
|---|---|---|---|---|---|
| 화계사 대방 | 다듬돌바른층쌓기 | 전체 | • 장대석을 이용하여 전면 5단, 측면면 1단으로 구성<br>• 현재 전면의 경우 성토로 인해 이전의 기단 모습을 실측조사보고서나 볼 수 있음 | 큰방전면<br>단익사형 | 고<br>종<br>조<br>대<br>방 |
| 보광사 대방 | 막돌허튼층쌓기<br>+<br>다듬돌바른층쌓기 | 전면<br>측후면 | • 측후면은 장대석을 이용해 외벌대로 구성 | | |
| 백련사 대방 | 다듬돌바른층쌓기 | 전체 | • 강화군 하점면 소재<br>• 1967년 2월 당시의 모습을 지닌 사진이 사찰에 소장되어 있음<br>• 현재는 전면 기단이 막돌허튼층쌓기위 장대석 외벌대 마감으로 변형됨 | 큰방전면<br>쌍익사형 | |
| 흥천사 대방 | 다듬돌바른층쌓기 | 전체 | • 전체를 장대석을 이용해 외벌대로 구성 | | |
| 흥국사 대방 | 다듬돌바른층쌓기 | 전체 | • 남양주시 별내면 덕송리 331 소재<br>• 장대석을 이용하여 전면의 경우 아래 4단, 위 3단의 2중 기단으로 구성하였고, 측후면은 외벌대로 구성 | | |
| 경국사 대방 | 다듬돌바른층쌓기 | 전체 | • 전면 5단, 측면면 1단으로 구성 | | |
| 운수암 대방 | 막돌바른층쌓기 | 전체 | • 전면 2단, 측면면 1단으로 구성. 우측면 일부분은 지면의<br>경사로 인해 2단으로 구성된 후 후면으로 가면서 1단으로 구성 | | |
| 용궁사 대방 | 막돌바른층쌓기<br>+<br>막돌허튼층쌓기 | 전후면<br>측면 | • 전면 2단, 후면 1단으로 구성 | 큰방전면<br>무익사형 | |
| 미타사 대방 | 막돌허튼층쌓기 | 전면 | • 전면은 방화장 아래 막돌로 기단을 형성한 것을 볼 수 있으나,<br>후면은 바닥에 설치된 블록에 가려서 파악 불가 | | |
| 흥국사 대방 | 다듬돌바른층쌓기 | 전체 | • 고양시 지축동 203 소재<br>• 전면 5단, 좌측 및 후면 1단으로 구성. 우측은 시멘트 모르타르로 마감되어 파악 곤란 | 큰방전면<br>단익사형 | 일<br>제<br>강<br>점<br>기<br>대<br>방 |
| 개운사 대방 | 다듬돌바른층쌓기 | 전측면 | • 사진으로 남아있는 이건 전의 모습에서 장대석쌓기한 것을 볼 수 있음 | 큰방전면<br>쌍익사형 | |
| 봉은사 대방 | 다듬돌바른층쌓기 | 전체 | • 전체를 장대석을 이용해 외벌대로 구성 | 큰방전면<br>무익사형 | |

---

260) 기단 형태는 마감 석재(石材)의 형태와 층의 형태에 따라 구분하였다.
261) 위치와 관련하여 이 연구에서는 관찰자의 시점을 중심으로 정리하였다.

【사진 3-1】 화계사 대방 전면 기단
(출처 : 화계사실측조사보고서)

【사진 3-2】 보광사 대방 전면 기단
(촬영일자 : 1998. 4. 27)

【사진 3-3】 흥국사 대방 전면 기단
(남양주시 별내면 소재, 촬영일자 : 1998. 12. 13)

【사진 3-4】 용궁사 대방 전면 기단
(촬영일자 : 1998. 4. 20)

두 다듬돌 바른층쌓기로 구성되어 있는 것을 볼 수 있다. 그런데 운수암의 경우도 막돌이지만 바른층쌓기로 이루어져 있어 이 형식의 대방에서는 기단이 주로 바른층쌓기로 이루어지는 것을 고찰할 수 있다.

큰방전면 단익사형의 경우는 막돌허튼층으로 된 것이 1동 다듬돌바른층쌓기로 이루어진 것이 2동 나타나며, 아울러 큰방전면 무익사형의 경우는 두 유구의 기단 모두에서 막돌이 이용된 것을 볼 수 있다.

다음으로 일제강점기에 건립된 대방을 살펴보면, 세 유구 모두 다듬돌바른층쌓기로 구성되고 있으나 전반적인 당시의 기단 형식을 고찰하기에는 그 유구 수가 부족하다 하겠으며, 특히 큰방전면 무익사형인 봉은사 대방의 기단에 다듬돌이 사용되었음이 고종조의 막돌 구성과 대조되어 주목된다.

이상 서울·경기 일원에 건립된 사찰 대방의 기단 분석을 통해 고종조 당시에는 다듬돌이 많이 사용된 것을 볼 수 있었고, 사면의 기단 형태를 동일하게 구성하는 경향을 살필 수 있었다. 또한 큰방전면 쌍익사형에서는 모두 바른층쌓기로 된 것을 볼 수 있었고, 주로 다듬돌 바른층쌓기가 선호된 것을 고찰할 수 있었다. 한편 다듬돌로 기단을 구성하는 경향은 일제강점기에도 계속된 것을 볼 수 있다.

## 2. 축부

### (1) 초석

고종년간 이래로 1945년까지 서울·경기 일원의 사찰에 건립된 대방을 대상으로 각 건축물에 사용된 초석 형태와 사용 위치를 살펴보면 표 3-3과 같다.

우선 고종년간 건립된 대방만을 대상으로 고찰하도록 한다.

전체적인 초석 구성을 보면 우선 보광사 대방의 경우만 막돌초석이 주로 사용되었고, 백련사와 경국사 대방에서는 다듬돌초석(대략다듬돌초석 포함)과 막돌이 혼용되었으며, 나머지에서는 다듬돌초석(대략다듬돌초석 포함)이 주로 사용된 것을 알 수 있다.

전면쪽을 살펴보면 막돌이 사용된 보광사 대방을 제외한 나머지 8동의 대방에서는 모두 다듬돌초석(대략다듬돌초석 포함)이 사용된 것을 알 수 있다.

대방의 주요 구성 요소인 큰 방과 익누(翼樓)를 중심으로 초석 구성을 살펴보면[262] 강화 백련사 대방

표 3-3. 각 대방의 초석 형태와 위치

| 대상건축물 | 초석형태 | 사용위치 | 비 고 | 분 류 | |
|---|---|---|---|---|---|
| 화계사 대방 | 방형다듬돌초석<br>+<br>막돌초석 | 대부분<br>전면 우측 익누 일부 | • 현재 건물 전면을 성토하여 초석 일부가 보이지 않음 | 큰방전면<br>단익사형 | 고<br>종<br>조<br>대<br>방 |
| 보광사 대방 | 막돌초석<br>+<br>방형대략다듬돌초석 | 대부분<br>전면 1곳 | • 전면 좌측을 기준으로 다섯번째 기둥 아래 초석이 방형 대략다듬돌로 구성 | | |
| 백련사 대방 | 방형대략다듬돌초석<br>+<br>막돌초석 | 전면우측익누 & 큰방 전면<br>나머지 | • 강화군 하점면 소재 | | |
| 흥천사 대방 | 방형다듬돌초석<br>+<br>방주형초석 | 전면 양익누를 제외한 나머지<br>전면 양익누 | — | 큰방전면<br>쌍익사형 | |
| 흥국사 대방 | 방형다듬돌초석<br>+<br>방주형초석 | 전면 양익누를 제외한 나머지<br>전면 양익누 | • 남양주시 별내면 소재 | | |
| 경국사 대방 | 방형대략다듬돌초석<br>+<br>방주형초석<br>+<br>막돌초석 | 전면 양익누 일부 & 양측면 일부<br>전면 양익누 2곳<br>양측면 일부 | • 현재 건물 후면 초석은 툇마루에 가려 파악되지 않으며,<br>  큰방 전면 부분도 벽체에 가려 파악 불가 | | |
| 운수암 대방 | 방형다듬돌초석 | 전체 | — | 큰방전면<br>무익사형 | |
| 용궁사 대방 | 방형대략다듬돌초석 | 전면 | • 측후면 일부 초석은 현재 강회 마감된 기단에 묻혀 파악 불가 | | |
| 미타사 대방 | 방형다듬돌초석 | 전체 | • 현재 부분적으로 개수가 행해진 후면 일부를 제외한<br>  나머지 전측후면에서 원래 초석 모습을 살펴볼 수 있음 | | |
| 흥국사 대방 | 방형다듬돌초석<br>+<br>방주형초석 | 전면 양익누를 제외한 나머지<br>전면 양익누 | • 고양시 지축동 소재 | 큰방전면<br>단익사형 | 일<br>제<br>강<br>점<br>기<br>대<br>방 |
| 개운사 대방 | 방주형초석 | 전면 양익누 | • 사진으로 전면 양익누에 방주형 초석을 사용했음을 확인할 수 있으나,<br>  나머지 부위의 초석은 현재 이건으로 변형되어 파악 곤란 | 큰방전면<br>쌍익사형 | |
| 봉은사 대방 | 방형다듬돌초석 | 전체 | — | 큰방전면<br>무익사형 | |

에서는 큰 방과 익누에서만 방형대략다듬돌초석으로 구성되고 나머지 구성 요소에서는 막돌초석으로 구성되어 큰 방과 익누의 위계가 다른 대방 구성 요소보다 높게 처리된 것을 볼 수 있다. 그러나 기타 대방의 초석에서는 구성 요소의 위계와 관련없이 사용된 것을 볼 수 있다.

또한 익누가 설치된 대방의 경우 그 유형에 따라 전면쪽 초석 구성 방식이 2가지로 대별되는 것을 볼 수 있는데 큰방전면 단익사형의 경우는 익누나 큰 방 모두 방형다듬돌초석(대략다듬돌초석 포함)이나 막돌초석만으로 구성되는 반면, 큰방전면 쌍익사형의 경우에서는 운수암 대방을 제외한 나머지 3동에서 익누에는 방주형초석을, 큰 방에는 방형다듬돌초석(대략다듬돌초석 포함)을 사용하여 두 형식의 초석이 혼합 구성되고 있다. 이 초석을 누하주(樓下柱) 구성과 함께 살펴보면, 큰방전면 단익사형에서는 일반적인 누 형식을 그대로 갖추고 있으나, 운수암 대방을 제외한 큰방전면 쌍익사형에서는 왕실의 건축수법이 일부 도입되어 정교하게 다듬은 석재의 방형주초(方形柱礎)가 사용된 것을 알 수 있어 당시 대방 형식에 따라 누를 구성하던 설계 기법의 한 단면을 살필 수 있다.

【사진 3-5】 경국사 대방 우측 누하 초석
(촬영일자 : 1998. 2. 23)

【사진 3-6】 운수암 대방 좌측부 초석
(촬영일자 : 1998. 3. 29)

다음으로 일제강점기에 건립된 경우를 보면 큰방전면 무익사형인 봉은사 대방에서는 전체가 방형다듬돌초석으로 구성되어 있어 고종조의 경우와 다르지 않은 것을 알 수 있으며, 큰방전면 쌍익사형인 개운사 대방에서는 전면의 익누에 장주형초석이 사용되고 있어 고종조와 마찬가지 형식으로 구성된 것을 알 수 있다. 그러나 큰방전면 단익사형인 고양 흥국사 대방에서는 고종조에 건립된 대방의 형식과는 다르게 큰방전면 쌍익사형의 초석 형식이 이입되어 전면 익누에 장주형 초석이 사용되고 있어 주목된다.

---

262) 대방의 경우 공포부 및 기둥부 등의 분석(주남철·김성도, 앞의 논문, p. 236 참조)을 통해 큰 방과 익사의 위계가 다른 구성요소인 부엌, 승방 등의 요소보다 높게 처리된 것을 알 수 있었다. 이와 관련해서 초석의 경우도 살펴보았다.

제 3장 | 의장 고찰

【사진 3-7】 흥국사 대방 측후면 초석
(고양시 지축동 소재, 촬영일자 : 1999. 1. 12)

　이상 서울·경기 일원에 건립된 대방의 초석 분석을 통해 고종년간 건립된 대방에서는 다듬돌초석 사용이 일반화된 것을 알 수 있었으며[263], 이는 일제강점기까지도 계속되었던 것으로 보인다. 익누가 설치된 대방의 전면 초석 구성에 있어서는 고종조에 건립된 대방인 경우 큰방전면 쌍익사형에서는 익누 하부를 방주형초석(方柱形礎石)으로 구성함에 따라 방형다듬돌초석과 방주형초석이 함께 나타나는 반면, 큰방전면 단익사형에서는 익누 하부를 포함한 전면 모두가 방형다듬돌초석이나 막돌초석만으로 구성되는 것을 알 수 있었다. 그러나 고양 흥국사 대방의 경우 큰방전면 단익사형에서 방주형초석이 사용되고 있어 후대에 이르러 큰방전면 쌍익사형의 익누부 초석 형식이 이입되고 있음을 볼 수 있다.


### (2) 기둥

　각 대방의 초석 위에 세운 기둥은 입면 구성상 축부(軸部)의 주요 구성요소 중 하나인 바, 이를 대상으로 그 형태 및 사용 위치를 정리하면 표 3-4와 같다.
　먼저 고종년간 건립된 대방의 기둥 구성 형식을 살펴보면 전체를 방주(方柱)로 처리한 미타사 대방을 제외한 나머지 모든 대방에서는 원주(圓柱)와 방주(方柱)를 혼용한 것을 볼 수 있다. 그런데 원주가

---

[263] 이와 관련하여 고종년간의 사찰 전각으로서 전통적인 불전을 대상으로 한 초석 분석에서도 마찬가지인 것을 알 수 있었다. 그런데 전통적인 불전에서 불단(佛壇)에 해당하는 건축물의 전면 초석 구성은 원형다듬돌초석이 주로 이용되고 있고, 보살단(菩薩壇)에 해당하는 건축물의 전면 초석 구성은 원형다듬돌초석 이외에 하방상원형(下方上圓形), 팔각형(八角形) 및 방형(方形) 초석이 골고루 사용되고 있는 반면, 대방에서는 모두 방형초석만 나타나고 있다. 따라서 대방의 경우 불단이나 보살단의 건축물과는 다른 구성을 이루고 있는 것이 주목된다(김성도·주남철, 앞의 논문, p.176~177 참조). 여기서 불단, 보살단과 관련한 용어는 사찰 전각의 위계에 따른 3단 분류 방식에 의한 것이다. 김성도, 앞의 논문, p.20 주석 73) 참조

사용된 위치를 보면 건물 방위도 부분적으로 고려되지만 주로 큰 방과 익누를 중심으로 구성[264]되고 있음을 알 수 있다. 이와 관련하여 고종년간 건립된 대방 이외의 사찰 전각의 경우 주불전에서는 주로

표 3-4. 각 대방의 기둥 형태와 위치

| 대상건축물 | 기둥형태 | 사용위치* | 비 고 | 분 류 | |
|---|---|---|---|---|---|
| 화계사 대방 | 원주 | 큰방 앞 툇마루 전면<br>전면 돌출 우측 익누의 전면과 좌측면 | • 큰방 전후면 툇마루 및 우측 익누는 우물마루로 구성 | 큰방전면<br>단익사형 | 고<br>종<br>조<br>대<br>방 |
| | 방주 | 기타 부분 및 건물 내부 전체 | | | |
| 보광사 대방 | 원주 | 큰방 앞뒤의 툇마루 전면<br>전면 돌출 우측 익누의 전면과 양측면<br>건물 좌측 부엌의 전후면 | • 큰방 전후면 툇마루 및 우측 익누는 우물마루로 구성 | | |
| | 방주 | 기타 부분과 건물 내부 전체 | | | |
| 백련사 대방 | 원주 | 큰방 앞 툇마루 전면<br>전면 돌출 우측익누 전면 및 좌측면<br>건물 좌측 부엌 전면 및 측면 일부 | • 강화군 하점면 소재<br>• 큰방 전후면 툇마루 및 우측 익누는 우물마루로 구성 | | |
| | 방주 | 기타 부분 및 건물 내부 전체 | | | |
| 흥천사 대방 | 원주 | 큰방 앞 툇마루 전면<br>전면 돌출 좌우 양익누의 전면 및 양측면 | • 큰방 전후면 툇마루 및 양익누는 우물마루로 구성 | | |
| | 방주 | 기타 부분 및 건물 내부 전체 | | | |
| 흥국사 대방 | 원주 | 큰방 앞뒤의 툇마루 전면<br>전면 돌출 좌우 양익누의 전면 및 양측면 | • 남양주시 별내면 소재<br>• 큰방 전후면 툇마루 및 양익누 중 좌측익누는 우물마루로 구성 | 큰방전면<br>쌍익사형 | |
| | 방주 | 기타 부분 및 건물 내부 전체 | | | |
| 경국사 대방 | 원주 | 큰방 전면 외주부(外周部)**<br>전면 돌출 좌우 양익사의<br>전면 및 안측면 | • 현재 방주에 반원주(半圓柱)를 붙여 원주처럼 보임<br>• 전후면 툇마루부와 양익누를 모두 터서 큰방으로 구성하여 이전의 마루구성 파악 불가 | | |
| | 방주 | 전면 돌출 좌우 양익사의 바깥 측면을 포함한 기타 부분과 건물 내부 전체 | | | |
| 운수암 대방 | 원주 | 큰방 앞의 툇마루 전면 | • 전면 툇마루는 우물마루로 구성 | | |
| | 방주 | 전면 돌출 좌우 양익사의 전면 및 양측면을 포함한 기타 부분과 건물 내부 전체 | | | |
| 용궁사 대방 | 원주 | 큰방 전면 2곳<br>큰방 앞 툇마루 전면<br>건물 우측 후면의 지대방내 우측 2곳* | • 현재 큰방전면 툇마루는 장마루로 구성 | 큰방전면<br>무익사형 | |
| | 방주 | 기타 부분 및 건물 내부 | | | |
| 미타사 대방 | 방주 | 전체 | • 현재 내부 공간을 터서 이전의 마루 구성 파악 불가 | | |
| 흥국사 대방 | 원주 | 전체 | • 고양시 지축동 소재<br>• 큰방 전후면 툇마루 및 우측 익누는 우물마루로,<br>툇마루 전면의 차양 아래 마루는 장마루로 구성 | 큰방전면<br>단익사형 | 일<br>제<br>강<br>점<br>기<br>대<br>방 |
| 개운사 대방 | 원주 | 건물 외주부 전면 | • 이건으로 인해 이전의 마루구성 파악 불가<br>(현재 전면 툇마루는 우물마루) | 큰방전면<br>쌍익사형 | |
| | 방주 | 양측 후면 및 내부 | | | |
| 봉은사 대방 | 원주 | 내부 2곳을 제외한 나머지 전체 | • 보수하기 이전에 전측면은 우물마루로<br>후면은 장마루로 구성 | 큰방전면<br>무익사형 | |
| | 방주 | 내부 2곳 | | | |

* 건물 우측 후면에 있는 지대방에 쓰인 원기둥 2개의 경우 원래 외주부(外周部)였으나 후대의 중수에 의해서 지대방이 반칸씩 중수되면서 지금처럼 내부기둥이 되었던 것으로 추측됨
** 경국사 대방의 경우 과거 여러 차례에 걸친 개보수의 결과로 원래의 공간구성을 현재 알 수 없으나 큰방 앞뒤로 툇마루가 있었음을 다른 대방과의 비교를 통해 추론해 볼 수 있음

---

264) 고종년간에 건립된 대방의 경우 주로 큰 방과 익사를 중심으로 원주가 사용되고, 나머지 부엌 승방 등의 구성요소는 방주로 구성되어 차별화되고 있음(주남철·김성도, 앞의 논문, p. 236 참조)이 밝혀져 있다.

건물 전체가 원주로 구성되었고, 보살전에서는 건물 전면만 대개 원주로 구성[265]되었던 바, 이러한 기둥 구성 방식과 대방의 기둥 구성 방식과는 차별성을 가짐을 알 수 있다.

대방의 유형에 따라 살펴보면, 큰방전면 단익사형과 큰방전면 쌍익사형 간에는 크게 차이가 없으며, 두 유형 모두 큰 방과 익사를 중심으로 건물 전면 위주로 원주가 사용되었다[266]. 반면 큰 방 전면에 익사가 없는 큰방전면 무익사형의 경우 용궁사에서는 큰 방 전면에만 원주가 사용된 것을 볼 수 있고, 미타사에서는 원주가 전혀 사용되지 않은 것을 볼 수 있다.

다음으로 일제강점기에 건립된 대방을 대상으로 살펴보면 큰방전면 쌍익사형인 개운사 대방의 경우 고종년간과 동일하게 큰 방과 익사를 중심으로 건물 전면 위주로 원주가 사용되고 나머지는 방주가 사용되고 있다. 그러나 큰방전면 단익사형인 흥국사 대방은 모두 원주로만 구성되고 있고, 큰방전면 무익사형인 봉은사 대방 역시도 내부 2곳에 쓰인 방주를 제외하고는 모두 원주로만 구성되고 있음을 볼 수 있어 위계와 관련한 대방의 기둥 구성에 변화가 왔음[267]을 엿볼 수 있으며, 이는 1895년 4월 승려의 도성 출입이 공식적으로 허용된 이래 사찰의 위상이 변화하면서 그 경제적 상황이 호전됨으로 인해 건축 기법에도 변화가 온 것으로 생각된다.

【사진 3-8】 흥국사 대방 전면 마루
(고양시 지축동 소재, 촬영일자 : 1999. 1. 12)

---

265) 김성도·주남철, 앞의 논문, p. 177 참조
266) 보광사와 흥국사에서 예외적으로 큰 방 후면에도 원주를 사용한 것을 볼 수 있지만, 전체적으로 큰 방과 익사를 중심으로 건물 전면 위주로 원주가 사용되었다고 하겠다.
267) 큰방전면 무익사형의 대방만을 대상으로 살펴보면, 1864년 건립된 용궁사 대방에서는 큰 방 앞을 중심으로 원주가 구성되고 있고, 1884년에 건립된 미타사 대방에서는 전부 방주만으로 구성되었으나, 1908년의 청원사 대방과 1909년의 양평 용문사 대방에서는 건물 전면으로 원주 구성이 확대되고 있음을 볼 수 있고, 1941년 지어진 봉은사 대방에서는 건물 전체로 확대된 것을 살필 수 있다.

　한편 내부에 구성되는 마루를 고찰하면 고종년간 건립된 것으로서 마루 구성을 파악할 수 있는 대방의 경우 용궁사의 경우를 제외한 나머지 모두에서 우물마루로 구성되고 있다. 고종 원년에 건립된 용궁사 대방의 경우, 고종년간의 전통적인 사찰 전각의 마루가 예외없이 장마루가 아닌 우물마루로 구성되었던 사실을 참고할 때[268], 이후 보수하면서 변형된 것임을 알 수 있겠다[269]. 반면 일제강점기에 건립된 것으로서 마루 구성을 파악할 수 있는 봉은사와 고양 흥국사 대방의 경우 우물마루와 장마루가 혼성되어 사용된 것을 볼 수 있다[270].

　이상 기둥 분석을 통해 고종년간에 건립된 대방은 대개 원주와 방주로 혼성됨을 알 수 있으며, 대방 이외의 사찰 전각이 그 위계[271]와 전면 방위[272]를 위주로 차별성을 부여하는 것에 반해 대방에서는 큰 방과 익누의 주요 구성 요소와 전면 방위에 비중을 두어 기둥을 차별화하여 구성하였음을 고찰할 수 있다. 반면 일제강점기에 건립된 봉은사 대방 및 고양 흥국사 대방에서는 원주의 사용이 건물 전체로 확대되고 있는 것을 살필 수 있어 대방 구성 요소별 기둥 형태의 차별화에 변화가 온 것을 엿볼 수 있으며, 이는 사찰 경제력의 신장에 의한 것으로 보인다.

　또한 마루 분석을 통해 고종년간 건립된 대방에서는 우물마루가 사용된 것을 볼 수 있었으며, 일제강점기에 건립된 대방에서는 장마루가 혼용된 것을 알 수 있었다.

---

268) 김성도, 앞의 논문, p.31 참조

269) 전통적 전각 의장 분석에서 용궁사 관음전은 대방 전면에 위치하여 주불전으로 역할하고 있음에도 전체 초석이 방형초석으로 구성되고, 그 벽체도 심벽과 방화장으로 구성되며, 마루 구성이 장마루로 되었음을 살펴보았다(김성도, 앞의 논문, p.31 주석 86) 참조). 이것은 일제강점기에 건립된 보문사 관음전의 의장 구성과 그다지 다르지 않으나, 고종조의 주불전 위계와 관련한 의장 구성에서는 크게 벗어나는 바, 이를 통해 후대에 재건된 것을 추론할 수 있다. 따라서 이 건물이 재건되던 당시에 대방의 툇마루도 함께 개수되면서 변형된 것으로 추정된다.
참고로 1909년 건립된 양평 용문사 대방의 큰 방 전면 툇마루도 우물마루로 구성되어 있다. 그런데 건립년대가 고종 이전의 것인 석남사와 천축사 대방을 살펴보면, 전자의 경우 툇마루가 장마루로 구성되고 있으며, 후자의 경우 좌측익누는 장마루로 우측익누는 우물마루로, 그리고 툇마루는 장마루로 구성된 것을 볼 수 있는데, 이들에서는 마루뿐 아니라 공포부도 다양한 형태가 나타나고 있어, 후대에 여러 차례 중수하면서 변형된 결과임을 알 수 있다.

270) 1926년 이후에 건립된 전통적인 전각에서의 마루 구성이 예외 없이 장마루만으로 이루어진 것(김성도, 앞의 논문, p.31 참조)과 달리 대방에서는 혼용되고 있음을 볼 수 있다. 건립년대가 분명하지 않은 고양 흥국사 대방의 경우 전체적으로 우물마루로 구성되는 가운데 차양 아랫 부분의 마루가 장마루로 구성되고 있으며, 1941년 건립된 봉은사 대방은 실측조사보고서 작성 당시 전측면 툇마루는 우물마루로, 후면 툇마루는 장마루로 구성되고 있다.
전자의 경우 우물마루와 장마루가 혼성되는 과정을 보여주는 중요한 자료라 하겠는데, 전체적으로 기존의 우물마루 구성을 바탕으로 하면서 조심스럽게 장마루가 덧붙여진 것을 볼 수 있으며, 이는 앞서 만일회비 건립(1924년)을 전후한 무렵에 증축되었을 것으로 추정한 내용과 부합된다 하겠다. 이와 관련하여 우물마루로 구성된 후면 툇마루 좌우의 부엌 후면과 승방 후면에 현재 장마루가 설치되고 있는데, 기둥자리의 인방 흔적 등을 통해 원래 방이었던 부분이 후대에 마루로 바뀐 것임을 쉽게 알 수 있다.
후자의 경우 전면 및 좌측면 툇마루는 우물마루로 후면 툇마루는 장마루로 혼성되어 있는데, 그 건립 시기가 일제강점기 마지막 무렵인 1941년임을 고려하면, 장마루만으로 구성된 전통적인 전각의 마루 구성과는 차이를 보임을 알 수 있다. 이것은 생활공간으로서의 특성이 강한 대방에서 전통적인 우물마루의 우수성을 절감하여 눈에 잘 띄지 않는 후면만을 장마루로 구성한 것으로 해석된다.

271) 전각이 주불전인가, 보살전인가, 혹은 신중각인가에 따른 위계를 말함

272) 측후면보다 전면의 위계를 높게 처리한 것을 말함

### (3) 벽체

　서울·경기 일원의 사찰에 건립된 대방 건축의 제1차 구성요소 분석에서 측면과 후면의 벽체 구성은 특히 주목되는 요소 중 하나[273]인데, 이를 표 3-5에서 정리하였다.

　우선 고종년간에 건립된 9동의 대방을 대상으로 각 벽체 구성을 살펴보면 심벽만으로 구성된 경우는 1동뿐이며, 이외에 방화장[274]과 심벽이 혼용된 경우가 4동, 방화장과 판벽이 혼용된 경우가 1동, 그리고 방화장과 판벽 및 심벽이 모두 혼용된 것이 3동으로 나타나고 있다.

　방화장(防火墻)은 9동 가운데 8동에서 이용[275]되었으며, 사용 위치를 살펴보면 부엌과 익사(翼舍)에서 가장 많이 사용[276]되고 있다. 이외에도 굴뚝이 위치한 곳의 승방 벽(僧房壁)에 방화장이 사용되는 경우도 1동[277] 보이며, 건물 전면에 사용되는 경우도 1동[278] 나타나고 있다[279].

　방화장에 활용된 석재(石材)를 보면 보광사, 백련사, 흥국사, 운수암, 용궁사, 그리고 미타사 대방의 경우 막돌이 이용되었으며, 이외에 경국사 대방에서는 사고석이, 그리고 흥천사 대방에서는 판석이 각각 사용된 것을 알 수 있다. 막돌로 방화장을 구성하는 경우 대개 아래는 큰 막돌을, 위는 작은 막돌을 이용하였으며, 백련사 대방[280]을 제외하면 면회줄눈을 둔 경우가 2동, 두지 않은 경우가 2동, 그리고 한 벽면에 면회줄눈을 둔 것과 두지 않은 것이 함께 나타나는 경우가 1동 보이고 있다.

　다음으로 판벽(板壁)은 9동 가운데 4동에서 나타나고 있으나, 이 중 보광사 대방에서만 벽체에 판재(板材)가 적극적으로 활용[281]되고 있고, 나머지 3동에서는 문 양측편에 부수적으로 이용되고 있을 뿐

---

273) 흥천사 실측조사보고서 서문(p.42)에는 고종년간 건립된 불전의 공통점이 정리되어 있다. 그 내용 가운데 벽체 구성과 관련하여 "전면은 창호로 개방되나 좌우 측면과 후면은 판벽으로 구성된다"는 것과 "일부 전각에서는 측면과 후면이 사고석 쌓기 벽체로 마감된다"는 사실이 밝혀져 있다.
274) 방화장은 벽체에 처음 나타나는 것으로 벽체의 목재부를 방화적으로 하기 위해 축조되었으며, 한양에 화재가 빈번하여 세종 8년 2월 20일(1426)에 처음 건축되기 시작하였다. 이에 대하여는 한국주택건축(주남철著, 일지사, p.186) ⑤벽체와 인방조를 참조할 것.
　이와 관련하여 방화장을 담장의 의미로 잘못 알고 있는 경우가 있는데, 이것은 담장이 아닌 벽체에 사용된 것이며, 화방벽이라 지칭되기도 한다.
275) 화계사 대방의 경우 승려와의 인터뷰 및 굴뚝 모습을 통해서만 과거에 부엌이 있었던 사실을 알 수 있을 뿐 현재는 여러 차례의 개수로 인해 부엌의 모습을 찾을 수 없는 상태이다. 따라서 이러한 사정을 고려하면 방화장이 나타나지 않고 있는 이 건물도 과거 방화장이 사용되었을 가능성을 배제할 수 없겠다.
276) 방화장(防火墻)이 부엌에 사용된 경우는 용궁사, 흥천사, 흥국사, 백련사 대방에서 볼 수 있고, 익사(翼舍, 익누를 포함)에 사용된 경우는 보광사, 흥국사, 운수암, 백련사 대방에서 볼 수 있다. 흥국사와 백련사 대방의 경우에는 부엌과 익누(翼樓)에 모두 방화장이 사용되고 있다.
277) 용궁사 대방에서 볼 수 있다.
278) 미타사 대방에서 볼 수 있다.
279) 고종년간 서울·경기 일원에 건립된 전통적인 사찰 전각의 경우 주불전(主佛殿)과 보살전(菩薩殿) 및 신중각(神衆閣)에서 방화장이 그다지 나타나지 않는 사실(김성도·주남철, 앞의 논문, p. 178 참조)과 비교할 때 대방에서는 방화장이 상당히 많이 활용된 것을 알 수 있는데, 이것은 대방 내에 부엌이 포함되는 것에 따른 결과라 할 수 있겠다.
280) 백련사 대방의 경우 사찰에서 소장한 1967년 2월 당시의 사진 모습으로는 방화장에 쓰인 막돌에 면회줄눈이 사용되었는지의 유무를 판단하기 어렵다.
281) 판벽과 방화장으로 벽체를 구성한 보광사 대방의 경우 외벽과 내벽 모두 수직 판재를 사용하여 벽체를 구성하였다. 이처럼

### 표 3-5. 각 대방의 벽체 구성

| 대상 건축물 | 벽체 구성 | 위 치 | 비 고 | 분류 |
|---|---|---|---|---|
| 화계사 대방 | 심벽 | 전체 | • 부엌이 승방으로 바뀌기 이전의 원래 모습은 현재 알 수 없음 | 큰방전면단익사형 / 고종조 대방 |
| 보광사 대방 | 방화장 + 판벽 | 우측 익누 하부<br>건물 전면 일부, 좌측면 전체 및 후면 일부 | • 우측 익누 하부의 벽체는 판벽 위에 모진 막돌을 이용해 면회줄눈을 두어 방화장 구성<br>• 아래는 큰 막돌, 위로 갈수록 작은 막돌로 구성<br>• 판재를 적극 채용한 건물로 부엌 벽체도 판벽으로 구성 | |
| 백련사 대방 | 방화장 + 판벽 + 심벽 | 건물 부엌측(건물 전면 및 좌측면)과 건물 우측 익누의 전면<br>건물 전면의 부엌문 좌우양측<br>기타 전측후면 | • 강화군 하점면 소재<br>• 1967년 2월 사진에 의하면 부엌측(건물 전면 및 좌측면)과 건물 우측익누 전면에 막돌을 이용한 방화장이 구성되었고 골판문으로 된 부엌문이 건물 전면에도 구성되었으며, 부엌문 양측편에 판벽이 구성<br>• 현재는 방화장이 벽돌로 대체됨 | |
| 흥천사 대방 | 방화장 + 심벽 | 건물 좌측면<br>기타 | • 부엌측(건물 좌측면)에 방화장 설치<br>• 전면 양익누 하부는 개방하고 그 안측 전면을 판석으로 처리<br>• 방화장은 판석으로 구성<br>• 현재 건물 우측후면의 툇마루부는 큰 방의 일부가 되어 있고, 외부에 벽체를 두어 건물 좌측면과 마찬가지로 판석으로 마감 | |
| 흥국사 대방 | 방화장 + 판벽 + 심벽 | 누하부 및 건물 양측면 일부<br>건물 전면 양익누의 판문 좌우양측<br>건물 후면 및 양측면 | • 남양주시 별내면 소재<br>• 부엌문 측면 모습은 실측조사보고서 및 전통사찰총서의 사진을 통해 살펴볼 수 있음<br>• 부엌측(건물 좌측면)에 방화장 일부 설치<br>• 건물전면 양익사의 전측면과 후면 양익사의 측면도 방화장(下 막돌, 上 벽돌) 구성<br>• 방화장은 모진 막돌을 이용해 면회줄눈을 두어 구성. 부분적으로 건물 측면에서는 최상부를 사고석으로 구성하였고 건물 전면에서는 상부를 벽돌로 처리<br>• 아래는 큰 막돌, 위로 갈수록 작은 막돌로 구성 | 큰방전면쌍익사형 |
| 경국사 대방 | 방화장 + 심벽 | 건물 전면 양익누 하부 일부<br>나머지 전체 | • 현재 측면의 방형 기둥에 반원형 기둥을 덧붙여 원형 기둥처럼 보이도록 하였고 내부 공간도 터서 하나의 큰 방으로 만들었으며 큰 방 하부도 창고로 이용할 수 있도록 석재 마감 벽체를 설치한 상태로서 변형이 심하여 이전의 벽체 구성 파악 곤란<br>• 방화장은 사고석으로 면회줄눈을 두어 구성. 건물 우측 익누 하부의 경우 견치석 쌓기를 하고 면회줄눈을 둔 경우도 보이고 있음 | |
| 운수암 대방 | 방화장 + 심벽 | 건물 전면 양익사의 전면과 우측익사의 우측면<br>기타 건물 측후면 | • 건물 전면의 양익사에 방화장을 구성 방화장은 둥근 막돌을 이용해 면회줄눈 없이 구성<br>• 작은 막돌로 구성된 최상부를 제외하면 전체적으로 큰 막돌이 골고루 분포 | |
| 용궁사 대방 | 방화장 + 판벽 + 심벽 | 건물 전면좌측 하부 및 건물 좌우양측<br>건물 좌측면의 부엌문 좌우양측<br>후면외 건물 전면 좌측 상부와 건물 우측면 일부 | • 부엌(건물전면 및 좌측면)과 굴뚝이 위치한 승방측(건물 우측면)에 방화장 설치. 방화장은 모진 막돌을 이용해 면회줄눈 없이 구성<br>• 아래는 큰 막돌, 위로 갈수록 작은 막돌로 구성 | 큰방전면무익사형 |
| 미타사 대방 | 방화장 + 심벽 | 건물 전면<br>기타 측후면 | • 건물 전면을 방화장으로 구성<br>• 방화장은 둥근 막돌을 이용하였고 면회줄눈을 둔 것과 두지 않은 것이 함께 나타남<br>• 현재 건물 좌측면은 벽돌벽으로 증축하여 망자의 초상화를 두는 공간으로 활용하고 있음 | |
| 흥국사 대방 | 방화장 + 심벽 | 건물 부엌측(건물 전면 및 좌측면)<br>기타 | • 고양시 지축동 소재<br>• 부엌측(건물 전면 및 좌측면)에 방화장 설치 방화장은 2/3지점까지 면회줄눈을 둔 사고석쌓기로 구성하였고, 그 위는 벽돌로 구성<br>• 현재 전면좌의 부엌부는 큰방의 일부로 개조되어 이전에 부엌문이 있던 곳은 방화장이 설치된 벽체로 변형 구성됨 | 큰방전면단익사형 / 일제강점기 대방 |
| 개운사 대방 | – | – | • 현재 이건되면서 내부 공간도 하나의 큰 방으로 구성되는 등 변화가 심하여 이전의 벽체 구성 파악이 곤란 | 큰방전면쌍익사형 |
| 봉은사 대방 | 방화장 + 판벽 + 심벽 | 건물 부엌측(건물 전후면 및 우측면)<br>건물 우측면의 부엌문 좌우양측<br>기타 | • 부엌측(건물 전후면 및 우측면)에 방화장 설치. 방화장은 2/3지점까지는 모진 막돌을 이용해 면회줄눈 없이 구성하였고, 상부는 전벽돌로 구성 | 큰방전면무익사형 |

【사진 3-9】 보광사 대방 좌측면 벽체
(촬영일자 : 1998. 4. 27)

【사진 3-10】 흥국사 대방 좌측면 벽체
(남양주시 별내면 소재, 촬영일자 : 1998. 4. 6)

【사진 3-11】 용궁사 대방 좌측면 벽체
(촬영일자 : 1998. 4. 20)

이다. 이와 관련하여 고종년간 서울·경기 일원에 건립된 사찰 내 전통적 전각의 경우 주불전과 보살전에서 모두 판벽이 널리 활용되었던 사실[282]과 비교할 때 대방에서는 판벽이 그렇게 활용되지 않았음을 알 수 있다.

이러한 벽체 구성과 관련하여 고종조에 건립된 대방의 유형에 따른 특별한 차이점은 보이지 않는다.

일제강점기에 건립된 대방의 경우에는 이건 이후 변형 정도가 심한 개운사 대방을 제외한 봉은사와 흥국사에서만 당시 벽체 구성 상황을 살펴볼 수 있겠다. 봉은사 대방에서는 방화장과 판벽 및 심벽이

---

내외벽체를 심벽을 활용하지 않고 판재만으로 구성하였다는 점에서 건식공법을 매우 적극적으로 채택하여 활용한 측면을 읽을 수 있겠다.

282) 김성도·주남철, 앞의 논문, p. 178 참조

혼용되고 있고, 흥국사 대방에서는 방화장과 심벽이 혼용되고 있다. 방화장은 두 경우 모두 부엌부에서 이용된 것을 볼 수 있으며[283], 방화장에 활용된 석재는 봉은사 대방의 경우 막돌을 흥국사 대방의 경우에는 사고석을 이용하고 있으면서 전자의 경우에는 면회줄눈을 두지 않고 구성하였고, 후자의 경우에는 면회줄눈을 두어 구성하고 있는 바, 고종조에 건립된 대방의 벽체 구성 형식이 그대로 이 시기까지 계속된 것으로 보인다.

【사진 3-12】 봉은사 대방 우측면 벽체
(촬영일자 : 1999. 3. 13)

한편 대방을 구성하는 요소 중 하나인 부엌을 대상으로 그 벽체에 형성된 환기창 구성을 살펴보면, 표 3-6과 같다. 고종년간에 건립된 대방만을 대상으로 할 때 여기서 특징적인 것으로 익누가 구성되어 있는 보광사와 흥천사, 흥국사 대방에서 홍살이 사용된 것을 볼 수 있으며, 특히 흥천사와 흥국사의 경우 부엌문 상부의 가운데 홍살 끝에 삼지창 무늬가 구성된 것을 알 수 있다. 이러한 홍살과 삼지창은 사찰의 금강문(金剛門)이나 천왕문(天王門)에서도 나타나고 있는 의장 요소[284]인데, 전자의 경우 그 입구의 상부나 내부에 있는 신장(神將)들 전면으로 설치되고 있으며, 후자의 경우 신장이 지닌 것에서도 볼 수 있다[285]. 이들 홍살과 삼지창은 권위를 지니거나 성스러운 영역임을 알리고 수호하는 것을 상징하는 표식으로 해석되며[286], 이러한 상징성을 갖는 의장적 요소를 대방의 부엌부에 활용하면서 환기창의 역할까지도 담당하도록 한 것을 볼 수 있다.

---

283) 개운사 대방의 경우 이건 이전의 사진 모습을 통해 양 익누에도 방화장이 구성된 것을 볼 수 있으나, 그 구체적인 구성 재료 등은 파악이 곤란하다고 하겠다.
284) 하동 쌍계사의 금강문과 천왕문에서는 삼지창과 함께 구성된 홍살을 볼 수 있다.
285) 홍살은 금강문, 천왕문과 같은 사찰 건축물 이외에도 서원이나 향교, 능의 문에도 사용되는데, 김지민(한국의 유교건축, 도서출판 발언, 1993)은 "성스러운 영역임을 밝히는 구조물로 이해할 수 있다"라고 하여 그 기능에 대하여 논하고 있다. 이외에도 홍살은 주택의 대문 위쪽에 사용되어 그 권위를 높이는데 활용되는 것을 볼 수 있다.
286) 흥천사 대방의 부엌 골판문 양쪽 모두에 그려져 있는 신장의 모습 또한 이를 뒷받침하는 것이라 하겠다.

## 표 3-6. 각 대방 부엌의 환기창 구성

| 대상 건축물 | 환기창 구성 | 위 치 | 비 고 | 분류 | |
|---|---|---|---|---|---|
| 화계사 대방 | - | - | • 부엌이 승방으로 바뀌기 이전의 모습은 현재 파악 불가 | | 고종조대방 |
| 보광사 대방 | 홍살<br>+<br>살창 | 건물 후면의 부엌문 상부<br>건물 좌측 부엌부의 전측후면 | • 건물 후면의 부엌문 상부는 홍살로 구성(여기서는 삼지창이 설치되어 있지 않음)<br>• 건물 좌측면의 부엌문 상부와 기타 부엌부의 전측후면 판벽 상부는 살창으로 구성<br>• 건물 좌측면 및 후면 부엌문은 판장문<br>• 참고로 만세루 전면 및 우측면의 방화장 상부는 살창으로 구성 | 큰방<br>전면<br>단익<br>사형 | |
| 백련사 대방 | 2짝 및 4짝<br>미서기창<br>(아자창) | 건물 좌측면의 부엌부 | • 강화군 하점면 소재<br>• 건물 좌측면의 부엌문 상부는 4짝 미서기창이 설치되었으며, 부엌문 좌우 양측 벽체 상부에도 2짝 및 4짝 미서기창이 설치<br>• 건물 좌측면 및 후면 부엌문은 판장문 | | |
| 흥천사 대방 | 홍살 | 건물 좌측면의 부엌부 | • 건물 좌측면의 부엌문 상부와 부엌문 좌우의 양측 벽체 상부는 홍살로 구성<br>• 부엌문 상부의 가운데 홍살 끝에 삼지창 설치<br>• 건물 좌측면 및 후면 부엌문은 판장문<br>• 현재는 개수로 인해 대방 부엌문 및 상부 홍살이 없어지고 사천왕 벽화로 장식된 벽체로 바뀌었으며, 부엌문 좌우측의 벽체 상부 홍살도 없어지고 벽체로 구성되었음 | 큰방<br>전면<br>쌍익<br>사형 | |
| 흥국사 대방 | 홍살<br>+<br>두짝미서기창<br>(아자살) | 건물 좌측면의 부엌문 상부<br>건물 좌측면의 부엌문 측면 | • 남양주시 별내면 소재<br>• 건물 좌측면에 있는 부엌문 상부의 가운데 홍살 끝에는 삼지창 설치<br>• 건물 좌측면의 부엌문은 판장문<br>• 현재 대방 내부는 터서 하나의 큰 방으로 이루어지는 등 개수로 인해 건물 후면에 있던 또 하나의 부엌문 모습은 파악 불가 | | |
| 경국사 대방 | - | - | • 개수로 인해 현재 부엌 모습 파악 불가 | | |
| 운수암 대방 | 쌍여닫이창<br>(정자살) | 건물 좌측면 | • 건물 좌측면 및 후면에 설치된 부엌문(골판문) 상부에는 환기용 창호도 보이지 않음 | | |
| 용궁사 대방 | 살창<br>+<br>쌍여닫이창<br>(골판)<br>외여닫이창<br>(띠살) | 건물 후면의 부엌문 상부<br>건물 전면 좌측의 부엌부 | • 건물 후면의 부엌문 상부는 환기용 살창이 설치되었지만, 건물 좌측면의 부엌문 상부는 판벽 처리<br>• 건물 좌측면 및 후면 부엌문은 판장문 | 큰방<br>전면<br>무익<br>사형 | |
| 미타사대방 | 살창 | 건물 우측면의 부엌문 옆 | - | | |
| 흥국사 대방 | 살창<br>+<br>완자 고정창 | 건물 좌측면의 부엌부 | • 고양시 지축동 소재<br>• 건물 좌측면의 부엌부(좌측)는 원래 부엌의 기능에 맞추어 살창으로 구성되었으나, 현재는 부엌을 큰 방으로 편입하면서 아(亞)자 고정창으로 바꿔 달음. 그러나 살창을 꽂았던 흔적이 그대로 남아 있어 이전 모습 파악이 가능 | 큰방<br>전면<br>단익<br>사형 | 일제강점기대방 |
| 개운사 대방 | - | - | • 현재 이건되면서 내부공간도 하나의 큰 방으로 구성되는 등 변화가 심하여 이전의 벽체 구성 파악이 곤란 | 큰방<br>전면<br>쌍익<br>사형 | |
| 봉은사 대방 | 살창 | 건물 우측면의 부엌부 | - | 큰방<br>전면<br>무익<br>사형 | |

【사진 3-13】 흥천사 대방 좌측면 부엌문 상부 홍살
(출처 : 흥천사실측조사보고서)

【사진 3-14】 보광사 대방 후면 부엌문 상부 홍살
(촬영일자 : 1998. 4. 27)

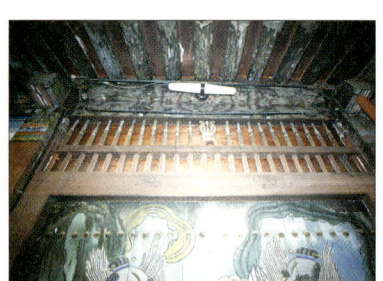

【사진 3-15】 흥국사 대방 좌측면 부엌문 상부 홍살
(남양주시 별내면 소재, 촬영일자 : 1998. 12. 13)

【사진 3-16】 용궁사 대방 후면 부엌문 상부 살창
(촬영일자 : 1999. 1. 8)

## 3. 공포부

    기둥 위에 결구(結構)되는 공포부(栱包部)를 대상으로 하여 서울·경기 일원에 있는 사찰의 대방에 구성된 공포양식을 정리하면 표 3-7과 같다.
    먼저 고종년간 건립된 대방만을 대상으로 살펴보면 대부분 익공양식과 민도리계가 함께 사용되고 있다. 공포양식으로는 초익공양식이 쓰인 경우가 4동, 이익공양식이 쓰인 경우가 3동, 그리고 민도리계만으로 구성된 경우가 2동 있다.
    대방의 유형에 따라 살펴보면 큰방전면 단익사형과 큰방전면 쌍익사형 간에는 크게 차이가 없음을 볼 수 있으며, 두 유형 모두 큰 방과 익누를 중심으로 건물 전면 위주로 익공양식이 사용되었음을 볼 수 있다[287].

표 3-7. 각 대방의 공포양식과 사용위치

| 대상 건축물 | 공포 형식 | 사용 위치 | 분 류 | |
|---|---|---|---|---|
| 화계사 대방 | 초익공 | 큰 방 앞 툇마루 전면, 전면 돌출 우측 익누 건물 좌측의 부엌 전면 및 좌측 일부 | 큰방전면 단익사형 | 고종조 대방 |
| | 납도리계 | 나머지 부분 | | |
| 보광사 대방 | 굴도리계 | 전체 | | |
| 백련사 대방 (강화군 하점면) | 이익공 | 큰 방 앞 툇마루 전면, 전면 돌출 우측 익누 건물 좌측의 부엌 전면 | | |
| | 납도리계 | 나머지 부분 | | |
| 흥천사 대방 | 이익공 | 큰 방 앞 툇마루 전면, 전면 돌출 좌우 양익루 | 큰방전면 쌍익사형 | |
| | 납도리계 | 나머지 부분 | | |
| 흥국사 대방 (남양주시 별내면) | 이익공 | 큰 방 앞뒤 툇마루 전면, 전면 돌출 좌우 양익누 | | |
| | 굴도리계 | 나머지 부분 | | |
| 경국사 대방 | 초익공 | 큰 방 전면의 외주부, 전면 돌출 좌우 양익누 | | |
| | 납도리계 | 나머지 부분 | | |
| 운수암 대방 | 초익공 | 큰 방 앞 툇마루 전면, 전면 돌출 좌측 익사 | | |
| | 납도리계 | 나머지 부분 | | |
| 용궁사 대방 | 초익공 | 큰방 앞 툇마루 전면 | 큰방전면 무익사형 | |
| | 납도리계 | 나머지 부분 | | |
| 미타사 대방 | 납도리계 | 전체 | | |
| 흥국사 대방 (고양시 지축동) | 물익공 | 전체 | 큰방전면 단익사형 | 일제강점기 대방 |
| 개운사 대방 | 초익공 | 전체 | 큰방전면 쌍익사형 | |
| 봉은사대방 | 초익공 | 전체 | 큰방전면 무익사형 | |

다음으로 공포부와 관련하여 익공 쇠서 구성 형식을 살펴보면, 표 3-8과 같다. 이것을 보면, 초익공양식이 사용된 대방의 경우 조선 이래의 법식으로 구성되거나 수서에 그 아랫면을 연봉으로 조각하거나 또는 앙서에 그 윗면을 연꽃으로 조각하는 경우가 나타나는 것을 볼 수 있다.

반면 이익공양식이 사용된 대방의 경우에는 조선시대 이래의 법식대로 주두와 재주두 및 익공부재로 구성한 것, 하부 쇠서는 앙서로 하고 그 윗면을 연꽃으로 조각하였고 상부 쇠서는 수서로 하고 그 아랫면을 연봉으로 조각한 것, 그리고 기둥 상부에 주심포계의 헛첨차처럼 익공 부재만 2개 꽂아서 파격적으로 구성한 것이 각각 1동씩 나타나고 있다. 이 경우 그 유구 수가 3동밖에 되지 않으므로 어떠한 익공 쇠서 구성법칙을 거론할 수는 없겠지만, 당시 대방 이외의 사찰 내 일반 전각의 익공 쇠서

---

287) 이에 대해서는 「조선말기 서울·경기 일원의 사찰대방건축에 관한 연구」(p.236)에서 밝힌 바 있다. 이를 보면 익공으로 공포를 짠 곳은 대방의 구성 요소 중 큰 방과 익사의 두 요소이며, 부엌 및 승방 등 다른 구성 요소에는 대개 납도리를 이용한 민도리계가 사용되었다.

표 3-8. 각 대방의 익공 쇠서 구성

| 대상건축물 | 공포형식 | 익공쇠서구성 | 사용 위치 | 분 류 | |
|---|---|---|---|---|---|
| 화계사 대방 | 초익공 | 앙서-연꽃 | • 건물 전면의 경우 앙서 위에 연꽃을 새긴 초익공을 기둥 머리에 구성하고, 그 위에 초엽이 새겨진 부재로 장식<br>• 건물 좌측면의 경우 앙서 위에 연꽃을 새긴 초익공만을 기둥머리에 꽂아 장식 | 큰방전면 단익사형 | 고종조 대방 |
| 보광사 대방 | 민도리계 | - | - | | |
| 백련사 대방 | 이익공 | 주두없이 초익공 위 이익공 | • 강화군 하점면 소재<br>• 화반은 복화반 위 소로로 구성<br>• 기둥 머리가 굴도리를 받는 특별한 형식<br>• 기둥 상부에 익공 부재를 2개 꽂아서 구성 | | |
| 흥천사 대방 | 이익공 | 수서-연봉(上)<br>앙서-연꽃(下) | • 주두 하나에 익공 쇠서를 두개 두어 이익공 형성<br>• 화반은 복화반 위 소로로 구성 | 큰방전면 쌍익사형 | |
| 흥국사 대방 | 이익공 | 초익공 위 주두, 그 위 2익공과 재주두 위치 | • 남양주시 별내면 소재<br>• 화반은 복화반 위 소로와 운공을 결구하여 구성 | | |
| 경국사 대방 | 초익공 | 수서-연봉 | • 화반없이 창방과 장혀 사이를 소로로 구성 | | |
| 운수암 대방 | 초익공 | 수서-연봉 | • 화반없이 창방과 장혀 사이를 밀착시키고 소로로 장식 | | |
| 용궁사 대방 | 초익공 | 초익공 위 주두 | • 화반없이 창방과 장혀 사이를 소로로 구성 | 큰방전면 무익사형 | |
| 미타사 대방 | 민도리계 | - | - | | |
| 흥국사 대방 | 몰익공 | 몰익공 위 주두 | • 고양시 지축동 소재<br>• 화반없이 창방과 장혀 사이를 소로로 구성 | 큰방전면 단익사형 | 일제강점기 대방 |
| 개운사 대방 | 초익공 | 초익공 위 주두 | • 화반없이 창방과 장혀 사이를 소로로 구성 | 큰방전면 쌍익사형 | |
| 봉은사 대방 | 초익공 | 앙서-연꽃 | • 화반없이 창방과 장혀 사이를 소로로 구성 | 큰방전면 무익사형 | |

구성 방식과는 차이가 보이는 것을 고찰할 수 있다. 즉, 고종년간 건립된 2익공양식의 전통적 사찰 전각에서의 익공 쇠서 구성을 보면, 주불전인 경우 익공 쇠서에 연꽃이나 연봉을 조각하지 않고 조선시대 이래의 법식을 지켰던 반면, 보살전·신중각의 경우 상하 모두 앙서에 연꽃 조각으로 구성되던가 아니면 수서에 연봉 조각으로 구성[288]되었는데, 대방에서는 이러한 구성에서 벗어나고 있다고 하겠다. 그러나 당시 사찰 전각의 쇠서 구성에 있어서 보편화된 법식으로서 앙서 윗면에 연꽃이 조각되고 수서 아랫면에 연봉이 조각되는 쇠서 구성 방식은 대방에도 도입되어, 일부이지만 흥천사, 경국사, 운수암 대방에서 사용된 것을 볼 수 있다.

---

288) 김성도·주남철, 고종년간 서울·경기 일원의 사찰전각의장에 관한 연구, p. 181 참조

제 3장 | 의장 고찰

【사진 3-17】 화계사 대방 전면 익공
(출처 : 화계사 실측조사보고서)

【사진 3-18】 백련사 대방 전면 공포
(강화군 하점면, 촬영일자 : 1998. 5. 4)

【사진 3-19】 흥천사 대방 전면 공포
(촬영일자 : 1998. 10. 4)

【사진 3-20】 흥국사 대방 좌측 익누부 공포
(남양주시 별내면, 촬영일자 : 1998. 4. 6)

【사진 3-21】 경국사 대방 전면 공포
(촬영일자 : 1998. 2. 23)

【사진 3-22】 운수암 대방 전면 공포
(촬영일자 : 1998. 3. 29)

【사진 3-23】 용궁사 대방 전면 공포
(촬영일자 : 1998. 4. 20)

    다음으로 일제강점기에 건립된 대방의 경우를 보면 세 유구 모두 민도리계가 혼용되지 않고 익공만으로 사면이 구성되고 있어 고종년간 건립된 대방의 양식에 변화가 온 것을 엿볼 수 있다. 즉 고종조 당시의 경우 큰 방과 익누를 중심으로 또한 건물 전면을 위주로 하여 익공(翼工)이 짜여졌으나, 일제강점기에 지어진 대방은 이러한 틀에서 벗어나 건물 사면 전체에 익공이 구성되어 있어 화려하게 장식되고 있음을 볼 수 있다. 이것은 앞서 봉은사와 고양 흥국사 대방의 기둥이 사면 모두 원주로 구성되고 있는 것과 그 맥락을 같이하는 것으로서 당시 사찰의 위상 변화에 따른 경제력 신장과 관련된 것으로 보인다. 익공 쇠서 구성과 관련하여는 그 유구 수가 절대적으로 부족하지만 앙서 위에 연꽃을 조각한 초익공 양식으로 구성된 봉은사 대방과 조선시대 이래의 법식을 따라 초익공 양식으로 구성된 개운사 대방을 볼 때 초익공의 경우 고종조 이래의 익공 구성 양식이 그대로 이용된 것으로 보이며, 단지 흥국사 대방에서 몰익공 양식이 나타나고 있는 것이 주목된다.

【사진 3-24】 흥국사 대방 우측 익누부 공포
(고양시 지축동 소재, 촬영일자 : 1999. 1. 12)

【사진 3-25】 개운사 대방 전면 공포
(촬영일자 : 1999. 3. 13)

【사진 3-26】 봉은사 대방 전면 우측 귀공포
(촬영일자 : 1999. 3. 13)

한편 고종년간 건립된 사찰 전각의 입면에는 봉두(鳳頭)가 결구되어 주요한 의장 요소가 되는 경우를 볼 수 있는데[289], 이 시기의 일부 대방에도 익공이 짜여진 곳에 봉두가 결구되어 사용된 예를 살펴볼 수 있으며, 이는 일제강점기까지도 나타나고 있는 바, 이를 정리하면 표 3-9와 같다.

표 3-9. 각 대방의 봉두 설치 여부

| 대상건축물 | 봉두유무 | 공포형식 | 비 고 | | 분 류 | |
|---|---|---|---|---|---|---|
| 화계사 대방 | 無 | 초익공 | • 기둥 위 보머리에 봉두 대신 초엽을 조각한 부재를 꽂아 장식 | 큰방전면 단익사형 | 고종조 대방 | |
| 보광사 대방 | 無 | 민도리계 | • 보머리 직절(直切) | | | |
| 백련사 대방 | 無 | 이익공 | • 강화군 하점면 소재<br>• 보머리 직절(直切) | | | |
| 흥천사 대방 | 有 | 이익공 | • 초익공 위 보머리에 봉두를 꽂아 장식 | 큰방전면 쌍익사형 | | |
| 흥국사 대방 | 無 | 이익공 | • 남양주시 별내면 소재 | | | |
| 경국사 대방 | 有 | 초익공 | • 초익공 위 보머리에 봉두를 꽂아 장식 | | | |
| 운수암 대방 | 有 | 초익공 | • 초익공 위 보머리에 봉두를 꽂아 장식<br>• 단청 채색은 하지 않았으나 형태상 봉두임을 쉽게 인식할 수 있음 | | | |
| 용궁사 대방 | 無 | 초익공 | • 초익공 위 운공형 초공이 장식도 겸함 | 큰방전면 무익사형 | | |
| 미타사 대방 | 無 | 민도리계 | • 보머리 사절(斜切) | | | |
| 흥국사 대방 | 無 | 몰익공 | • 고양시 지축동 소재 | 큰방전면 단익사형 | 일제강점기 대방 | |
| 개운사 대방 | 無 | 초익공 | - | 큰방전면 쌍익사형 | | |
| 봉은사 대방 | 有 | 초익공 | • 초익공 위 보머리에 봉두를 꽂아 장식 | 큰방전면 무익사형 | | |

고종년간 건립된 대방에서 봉두가 사용된 곳은 흥천사, 경국사, 운수암 대방으로 모두 큰방전면 쌍익사형에 해당하는 것임을 알 수 있고 사용 형태는 보머리에 꽂혀 순수하게 의장재로만 사용되고 있

---

[289] 앞의 논문 p.181~182 참조

으며, 일제강점기에 건립된 대방에서는 큰방전면 무익사형인 봉은사 대방에서 보머리에 봉두가 꽂혀 사용되고 있는 것을 볼 수 있다.

【사진 3-27】 흥천사 대방 전면 봉두
(촬영일자 : 1998. 2. 24)

【사진 3-28】 운수암 대방 전면 봉두
(촬영일자 : 1998. 3. 29)

이상 서울·경기 일원의 사찰에 건립된 대방을 대상으로 공포부를 살펴보았다. 고종년간 건립된 대방을 대상으로 그 구성을 보면 대개 익공양식과 민도리계를 혼용하여 사용한 것을 알 수 있고, 대방의 구성 요소 중 큰 방과 익누를 중심으로 건물 전면을 위주로 익공 구성을 하였으며, 익공 쇠서 구성도 당시의 전통적 사찰 전각 살미 구성에 영향을 받아 앙서 윗면에는 연꽃을 수서 아랫면에는 연봉을 조각하는 경우가 나타난 것을 볼 수 있었고, 또한 큰방전면 쌍익사형에서만 익공 위 보머리에 봉두를 꽂아 장식하고 있음을 고찰할 수 있었다. 이에 반해 일제강점기에 건립된 대방의 경우 민도리계와의 혼용없이 사면 전체를 익공으로 구성하는 경우가 나타나고 있는데, 이는 사찰의 위상 변화에 따른 경제력 신장이 건축적으로 표출된 것으로 볼 수 있겠다.

## 4. 지붕부

고종년간 건립된 서울·경기 일원의 전통적인 사찰 전각에 나타나는 특징 중 하나로 지붕에 설치된 용두(龍頭), 취두(鷲頭) 등과 같은 지붕 장식부재를 들 수 있다[290]. 이러한 장식 부재는 고종조 이래 일제강점기까지의 시기에 건립된 일부 대방에서도 나타나고 있는데, 이에 대해 표 3-10에서 정리하였다.

---

290) 이와 관련하여 고종년간의 특징으로서 "불전의 용마루, 추녀마루에 용두 등의 장식 기와를 둔 곳이 보인다."라는 내용이 흥천사 실측조사 보고서 서문에 기술되어 있다.

## 제 3장 | 의장 고찰

표 3-10. 각 대방의 지붕 장식 부재 형태

| 대상건축물 | 지붕장식부재 | 위치 | 비 고 | 분 류 | |
|---|---|---|---|---|---|
| 화계사 대방 | - | - | - | 큰방전면 단익사형 | 고종조 대방 |
| 보광사 대방 | - | - | - | | |
| 백련사 대방 | - | - | • 강화군 하점면 소재 | | |
| 흥천사 대방 | 용두 | 용마루 위 | - | 큰방전면 쌍익사형 | |
| 흥국사 대방 | 용두 | 용마루 위 | • 남양주시 별내면 소재 | | |
| 경국사 대방 | 용 결합형 취두 + 용두 | 용마루 위 | • 몸채 용마루 위 : 용과 결합된 형태의 취두를 이용하여 반대방향으로 설치<br>• 양익사 용마루 위 : 용두 | | |
| 운수암 대방 | - | - | - | | |
| 용궁사 대방 | - | - | - | 큰방전면 무익사형 | |
| 미타사 대방 | 용두 | 용마루 위 | - | | |
| 흥국사 대방 | - | - | • 고양시 지축동 소재 | 큰방전면 단익사형 | 일제강점기 대방 |
| 개운사 대방 | 용두 | 용마루 위 | • 원래 용두가 있었으나 이건 이후 없어짐 | 큰방전면 쌍익사형 | |
| 봉은사 대방 | 용두 | 용마루 위 | - | 큰방전면 무익사형 | |

　고종조에 건립된 대방의 경우 큰방전면 쌍익사형에서는 4동 가운데 3동에서 용두 혹은 취두가 용마루 위에 설치된 것을 볼 수 있고, 큰방전면 무익사형에서도 용두가 설치된 예를 1동 볼 수 있는 반면, 큰방전면 단익사형의 경우 지붕 장식 부재가 설치된 예가 보이지 않는다. 따라서 그 유구 수가 충분하지는 않지만 주로 큰방전면 쌍익사형에서 지붕 용마루 위에 용두와 같은 지붕 장식 부재를 두었음을 알 수 있고, 큰방전면 무익사형에서도 나타나고 있음을 볼 수 있다. 이러한 지붕 장식 구성 형식은 일제강점기까지 지속되었던 것으로 보이는데, 이 시기에 건립된 큰방전면 쌍익사형인 개운사 대방과 큰방전면 무익사형인 봉은사 대방에서 그 예를 볼 수 있다.

【사진 3-29】 경국사 대방 용마루 상부
(촬영일자 : 1998. 12. 26)

【사진 3-30】 봉은사 대방 용마루 상부
(촬영일자 : 1999. 3. 13)

마지막으로 대방의 지붕 내부 천장을 대상으로 그 구성을 살펴보면, 표 3-11과 같다.

표 3-11. 각 대방의 천장 구성 형태

| 대상건축물 | 천장구성 | 위치 | 비 고 | 분 류 | |
|---|---|---|---|---|---|
| 화계사 대방 | 평천장(벽지마감) | 큰 방 및 승방 | • 부엌을 승방으로 개수하여 부엌 상부의 이전 모습 파악 불가 | 큰방전면 단익사형 | 고종조 대방 |
| 보광사 대방 | 평천장(널반자) + 연등천장 + 빗천장 및 우물천장 | 큰 방 및 승방 부엌 만세루 | • 내외부 벽체 및 천장 부위에 걸쳐 넓은 장판재가 보편적으로 사용됨 | | |
| 백련사 대방 | 우물 및 굽인천장 + 연등 및 우물천장 + 평천장 | 큰 방 누 지대방 | • 강화군 하점면 소재<br>• 큰 방의 경우 가운데는 굽인천장으로, 양측면은 우물천장으로 구성<br>• 부엌은 개수하여 현재 종무소로 사용하므로 이전 모습 파악 불가 | | |
| 흥천사 대방 | 평천장 (합판에 단청마감) | 큰 방 | • 내부 개수로 부엌 상부의 이전 모습 파악 불가 | 큰방전면 쌍익사형 | |
| 흥국사 대방 | 평천장 (벽지마감 + 널반자) | 큰 방 툇마루 상부 | • 남양주시 별내면 소재<br>• 개수로 인해 이전 부엌 등의 상부 모습 파악 불가 | | |
| 경국사 대방 | 평천장 (함석판) | 큰 방 | • 개수로 인해 이전 부엌 등의 상부 모습 파악 불가 | | |
| 운수암 대방 | 평천장(벽지마감) + 연등천장 | 큰 방 및 승방 부엌 | - | 큰방전면 무익사형 | |
| 용궁사 대방 | 평천장 + 연등천장(벽지마감) | 큰 방 및 승방 부엌 | - | | |
| 미타사 대방 | 빗천장 및 평천장 (벽지마감) | 큰 방 | • 큰 방 전후면의 툇마루부가 개수로 인해 큰 방으로 넓혀지면서 평천장이었던 큰 방 천장에 툇마루부의 빗천장이 포함되어 혼용됨 | | |
| 흥국사 대방 | 평천장 (벽지마감) + 연등 및 우물천장 | 큰 방 누 | • 고양시 지축동 소재<br>• 개수로 인해 이전 부엌 등의 상부 모습 파악 불가 | 큰방전면 단익사형 | 일제강점기 대방 |
| 개운사 대방 | - | - | • 이건으로 이전 모습 파악 불가 | 큰방전면 쌍익사형 | |
| 봉은사 대방 | 평천장(널반자) + 연등천장 | 큰 방 부엌 | • 현재 부엌 상부는 이전과 달리 베니어판에 흰색페인트마감으로 구성 | 큰방전면 무익사형 | |

고종년간 건립된 대방에서는 전체적으로 큰 방과 승방에 평천장이 주로 사용되었음을 볼 수 있다. 익누의 경우는 내부 개수로 인해 이전의 모습을 확실히 알 수 없는 흥천사, 흥국사 및 경국사 대방과 익누가 없는 용궁사 및 미타사 대방을 제외하면, 보광사 대방에서는 우물천장에 빗천장이 혼용[291]되었고, 백련사 대방에서는 우물천장에 연등천장이 혼용되었으며, 이외에 운수암 대방에서 평천장이 사용된 것을 볼 수 있다. 또한 부엌의 경우에는 그 이전 모습을 알 수 없는 화계사, 백련사, 흥천사, 흥국

---

291) 견성암 대방(1882년)의 익누에서도 빗천장과 우물천장이 혼용된 것을 볼 수 있다.

사, 경국사 대방을 제외하면, 나머지 보광사, 운수암 및 용궁사 대방에서 연등천장이 주로 사용[292]된 것을 볼 수 있다.

일제강점기에 건립된 대방의 경우 이건 및 내부 개조로 그 원형을 볼 수 없는 개운사 대방을 제외한 봉은사와 고양 흥국사 대방에서 큰 방과 부엌 및 익누의 천장 구성을 엿볼 수 있는데, 고종조 당시의 내부 천장 구성 방법이 계속되었던 것으로 보인다.

【사진 3-31】 보광사 대방 만세루 상부 천장
(촬영일자 : 1998. 4. 27)

【사진 3-32】 흥국사 대방 우화루 상부 천장
(고양시 지축동 소재, 촬영일자 : 1999. 1. 12)

## 5. 소결

고종년간 이래 일제강점기까지 서울·경기 일원의 사찰에 건립된 현존 대방을 대상으로 유형 구분 도입과 제1차 구성 요소 분석을 통해 각 시기별 그 의장상 특성 및 대방 이외의 전통적 사찰 전각과의 차이점 등을 고찰할 수 있었는데, 고종년간과 일제강점기의 시기를 구별하여 정리하도록 한다.

우선 고종년간 건립된 대방의 특성은 다음과 같다.

첫째 대방의 일반적인 특성을 정리하면, 대방의 기단 구성은 다듬돌이 주로 이용되고 있고, 초석에는 방형의 다듬돌초석 사용이 일반화되었으며, 위에 세우는 기둥의 경우 원주와 방주가 혼용되었는데, 주요 공간 구성 요소인 큰 방과 익누에 비중을 두어 차별화된 기둥 구성을 하였다. 벽체에는 대개 방화장이 형성되었으며, 그 위치를 보면 대부분 부엌과 익누에서 주로 사용되었다. 공포 양식은 일반적으로 익공과 민도리계가 혼용되었는데, 이 역시 기둥의 경우처럼 주요 공간 구성 요소인 큰 방과 익누에 비중을 두어 차별화된 공포 구성을 하였다. 그리고 툇마루 및 누마루의 바닥 구성은 우물마루로 하였으며, 천장의 경우 큰 방 및 승방은 평천장으로 구성하였다.

---

[292] 부엌 천장의 경우 고종 이전에 건립된 석남사 및 견성암 대방에서도 연등천장으로 구성되고 있고, 일제강점기에 건립된 봉은사 대방에서도 마찬가지이므로, 조선말기 대방이 나타난 이래 부엌 천장 구성에서의 가장 일반적 형태였던 것을 알 수 있겠다.

　둘째 큰방전면 쌍익사형과 큰방전면 단익사형에 있어서 차이점이 나타나는 의장 요소에는 전면쪽 초석 구성 형태, 공포 부재 위 의장재로서 봉두의 설치 유무, 그리고 지붕 장식 부재 유무가 있다.
　전면쪽 초석 구성의 경우 큰방전면 쌍익사형에서는 대개 익누에 방주형초석을, 큰 방에 방형다듬돌초석을 사용하여 두 형식의 초석이 혼합 구성되고 있지만, 큰방전면 단익사형에서는 익누나 큰 방 모두 방형다듬돌초석이나 막돌초석만으로 구성되고 있다.
　또한 의장재로서 공포 부재 위 보머리에 꽂히는 봉두는 큰방전면 쌍익사형에서만 나타나고 큰방전면 단익사형에서는 보이지 않으며, 용마루 위에 얹히는 지붕 장식 부재도 큰방전면 쌍익사형에서만 나타나고 큰방전면 단익사형에서는 보이지 않는다.
　셋째 대방과 대방 이외의 전통적 전각 간에 차이점을 나타내는 의장 요소에는 의장상 위계 구성 방식, 벽체에 있어서 판벽의 활용도, 그리고 익공 쇠서 구성이 있다.
　의장상 위계 구성의 경우 건물의 위계와 전면 방위를 위주로 차별성을 부여하고 있던 전통적 전각과 달리, 대방은 전면 방위도 고려하면서 주요 구성 요소인 큰 방과 익누를 위주로 하고 있다. 또한 벽체 구성을 보면 당시 사찰 전각에서는 판벽이 널리 활용되었던 반면, 대방에서는 그다지 많이 활용되지 않고 있다. 그리고 사찰 전각에서 나타나는 익공 쇠서 구성 방식의 틀도 대방에서는 지켜지지 않고 있다.
　네째 권위를 지니거나 성스러운 영역임을 알리고 그 수호를 상징하는 표식으로 해석되는 홍살과 삼지창이 대방의 부엌부에 의장적 요소로 활용되면서 환기창의 역할까지도 담당한 것을 볼 수 있다. 보광사, 흥천사 및 흥국사 대방의 부엌에서 환기창으로 홍살이 사용되었으며, 특히 흥천사와 흥국사의 경우 부엌문 상부의 가운데 홍살 끝에 삼지창 무늬도 함께 구성되고 있다.

　다음으로 몇 안되는 유구로부터 살펴본 일제강점기에 건립된 대방의 특성은 다음과 같다.
　첫째 고종조 이래의 형식이 일제강점기까지도 계속되었던 것으로 볼 수 있는 것으로는 다듬돌로 구성된 기단과 초석 구성 형식, 벽체 구성 형식, 지붕 장식 및 내부 천장 구성 형식 등이 있겠다.
　둘째 기둥과 공포부의 경우 기존의 건축 의장 표현 방식에 커다란 변화가 생긴 것을 엿볼 수 있다. 기둥을 대방 구성 요소별 위계에 따른 방주와의 혼용 없이 전체적으로 원주로 구성하고, 민도리계와의 혼용없이 건물 사면 전체를 익공으로 구성한 당시의 대방에서 이를 고찰할 수 있으며, 이는 사찰의 위상 변화와 이에 따른 사찰 경제력의 호전에 의한 것으로 보인다.
　셋째 고종조에 건립된 대방의 유형에 따른 구성 형식이 혼용되는 것을 엿볼 수 있다. 큰방전면 단익사형인 흥국사의 경우 고종조에는 큰방전면 쌍익사형에서만 구성되던 장주형 초석이 사용되고 있으며, 큰방전면 무익사형인 봉은사 대방에서는 익누가 없는 유형임에도 지붕을 구성함에 있어서 쌍익사형에서 형성되는 전면 양측 돌출 합각지붕 형식을 채택하고 있는 것을 볼 수 있다.
　네째 고종조에 건립된 대방의 툇마루가 우물마루로 구성된 것에 반하여 이 시기에 건립된 대방에서는 우물마루와 장마루가 혼용된 경우가 나타나고 있다.

제 4 장 | 일본의 정토계 사찰 공간

The Characteristics of Space at Japanese Buddist Temples of the Jeongto Sect

# 제 4 장
# 일본의 정토계 사찰 공간

538년 12월 백제 성왕이 왜에 불교를 전하면서, 일본 불교는 처음 시작되었다[293]. 이후 오랜 기간에 걸쳐 중국 불교 수입, 일본 전통 종교인 신토[294](神道)와의 결합 등이 이루어지는 가운데 처음 전래될 당시와 다른 모습으로 전개된 일본 불교는 1945년 이전까지 13종 56파[295]로 구성되어 있었다.

이들 13종을 보면, 법상종(法相宗, 홋소오슈우), 화엄종(華嚴宗, 케곤슈우), 율종(律宗, 릿슈우)[296], 천태종(天台宗, 텐다이슈우), 진언종(眞言宗, 신곤슈우)[297], 융통염불종(融通念佛宗, 유우즈우넨부쯔슈우), 정토종(淨土宗, 죠오도슈우), 정토진종(淨土眞宗, 죠오도신슈우), 시종(時宗, 지슈우), 임제종(臨濟宗, 린자이슈우), 조동종(曹洞宗, 소오토오슈우), 일련종(日蓮宗, 니찌렌슈우)[298], 황벽종(黃檗宗, 오오바쿠슈우)[299]이 있다[300].

---

293) 백제 성왕이 왜에 불교를 전했던 538년 12월을 일본에서는 불교가 최초로 전래된 공식적인 시기로 삼고 있다. 이와 관련해서는 김성도·片桐正夫, 19세기 일본 불교 건축의 특성 연구 – 수도권 일원 사찰의 불전 건축 의장을 중심으로, 대한건축학회논문집, 2006.7., p.163 및 別冊歷史讀本 事典シリーズ 日本佛敎總覽, 新人物往來社, 1995, p.16 참조할 것.
294) 이 글에서 일본어 표기는 "Table of the C.K. System for Japanese"를 원칙으로 하였다.
295) 종(宗)의 경우 보다 큰 포괄적인 교단에 사용하며, 파(派)의 경우 그 속에 포함되는 보다 작은 분파에 사용되는 경우가 많지만, 조동종(曹洞宗, 소오토오슈우)과 황벽종(黃檗宗, 오오바쿠슈우)처럼 그 밑에 파가 없는 것도 적지 않다.
296) 법상종(法相宗, 홋소오슈우), 삼론종(三論宗, 산론슈우), 화엄종(華嚴宗, 케곤슈우), 율종(律宗, 릿슈우), 구사종(俱舍宗, 쿠샤슈우), 성실종(成實宗, 죠오지쯔슈우)을 南都6宗이라고 하는데, 이 가운데 東大寺를 본산으로 하는 華嚴宗, 藥師寺와 興福寺로 유명한 法相宗, 그리고 唐招提寺를 본산으로 하는 율종의 3종만이 현재까지 전하고 있다.
297) 사이쵸오(最澄 767-822)가 히에이잔(比叡山)에서 개창한 天台宗과 쿠우카이(空海 774-835)가 코야산(高野山)에서 개창한 眞言宗의 2宗은 헤이안(平安)시대에 크게 번성하였다.
298) 헤이안말기부터 카마쿠라시대에 걸쳐 정토계 4宗으로서 良忍(1072-1132)의 融通念佛宗, 法然(1133-1212)의 淨土宗, 親鸞(1173-1262)의 淨土眞宗, 一遍(1239-1289)의 時宗, 禪宗 2宗으로서 榮西(1141-1215)의 臨濟宗, 道元(1200-1253)의 曹洞宗, 그리고 日蓮(1222-1282)의 日蓮宗, 이렇게 모두 7宗이 만들어졌다.
299) 무로마찌(室町 1338-1572)시대에는 각 종의 내부에서 분파는 있었지만, 새롭게 만들어진 종(宗)은 없었으며, 에도(江戶)시대 초기에 이르러 명나라 승려 인겐(隱元 1592-1673)이 전한 黃檗宗이 새로 추가되었다. 이에 따라 나라(奈良)의 3종과 헤이안(平安)의 2종, 카마쿠라(鎌倉)의 7종, 그리고 에도(江戶)의 1종, 도합 13종이 되었다.
300) 井筒 雅風외 18人, 大法輪選書：日本佛敎宗派のすべて, 大法輪閣, 昭和56年, p.2~4

이 가운데 정토종은 나무아미타불을 외치면 어떤 큰 죄를 지어도 일체의 고통에서 구원받으며 밝고 편안한 나날을 보낼 수 있고, 정토 세계에 태어날 수 있다고 믿는 아미타여래 신봉 신앙으로서, 아미타여래(아미타불)를 본존으로 삼고 있다[301]. 정토진종도 서방극락정토의 지배인인 아미타여래를 본존[302]으로 삼고 있고, 융통염불종 역시 아미타여래를 중심[303]으로 하고 있으며, 이들은 모두 염불을 외는 것을 위주로 하고 있다. 시종[304] 또한 마찬가지이다.

다양한 종파로 형성된 일본 불교계에서 이러한 정토계 사찰에 나타나는 외부 공간 구성을 보면[305] 일반적으로 산문(山門)을 지나 사찰 경내 안쪽에 위치한 주불전에 본존인 아미타여래를 봉안하여 이를 중심으로 삼고, 주불전 앞쪽 주변으로 기타 전각들을 두고 있다[306]. 이는 현존하는 정토계 사찰은 물론이고 과거 사찰의 모습을 그린 자료 등을 통해서도 잘 살펴볼 수 있다.

현재 일본의 수도권[307] 일원에 있는 정토계 사찰로서 메이지(明治)시대 이전에 건립된 건축물이 일부라도 남아 전하는 것에는 시종(時宗)의 경우 무료오코오지(無量光寺[308])의 말사인 죠오간지(乘願寺[309])가, 정토종(淨土宗)의 경우 유우텐지(祐天寺[310])와 조오죠오지(增上寺[311]) 및 죠오신지(淨眞寺[312]) 정도만이 있다[313]. (사진 4-1~10 참조)

여기서 죠오간지(乘願寺)는 산문(山門) 바로 뒤편으로 주불전(本堂, 1776년 건립)[314]이 위치하고 있

---

301) 앞의 책, p.84~88 참고로 정토종에서 주 경전은 佛說無量壽經 , 佛說觀無量壽經, 佛說阿彌陀經의 삼부경(三部經)으로, 이들은 모두 염불의 중요성을 밝히고 있다.
302) 정토진종의 경우 나무 조각상이나 그림으로 본존의 형체를 표현한 形象 본존과 이름만으로 표현한 名號 본존이 있다. 일반 사원에 있는 본존은 대부분 나무 조각상으로 된 아미타불이지만, 신도의 가정에 있는 불단에 봉안한 본존은 그림으로 그 형체를 나타내거나 이름만으로 나타낸 것이 대부분이다. 名號 본존은 6자 이름인 경우 "南無阿彌陀佛", 9자 이름인 경우 "南無不可思議光如來", 10자 이름인 경우 "歸命盡十方無碍光如來"인데, 대부분 본존을 6자 이름으로 하고 있다. 이러한 정토진종만이 갖는 특징에 대해서는 앞의 책 p.104~107 참조할 것.
303) 융통염불종에서는 아미타여래를 중심으로 하여 이를 보살 10체가 둘러싸고 있는 그림인 11尊天得如來畵像이 본존이 된다. 이에 대한 자세한 사항은 앞의 책 p.123~127 참조
304) 이에 대한 자세한 사항은 앞의 책 p.32~134 참조할 것
305) 이를 통해 우리나라 염불계 사찰에서 성립된 후, 기존 통불교 체계 속에 자리잡은 염불 공간인 대방 건축의 독창성을 보다 잘 이해할 수 있겠다.
306) 사찰에 따라서는 개조(開祖)인 호오넨(法然)의 상을 안치한 미에이도오(御影堂)를 더 크게 지어 이것이 주불전처럼 보이는 경우도 있다. 앞의 책 p.99 참조
307) 東京都의 경우 23區 27市 5町 8村에 이르는 넓은 지역에 해당한다. 그리고 수도권은 東京都를 중심으로 政令에서 정한 주변 지역을 일체로 한 광역 지역이다. 이 지역에서 사찰 건물은 메이지(明治)정권의 불교 말살 정책인 하이부쯔키샤쿠(廢佛毀釋)에 이은 제2차 세계대전과 關東대지진으로 인해 얼마 남지 않았는데, 그마저도 최근 들어 경제 발전과 더불어 철거되면서 새로운 건축물로 대체되는 상황을 맞고 있다. 이에 따라 東京都에서는 근세건축물을 대상으로 긴급조사를 하여 그 보고서를 1989년에서야 작성하였고, 이러한 조사 결과가 책으로 발간된 것은 극히 최근이다.
308) 카나가와켄(神奈川縣) 사가미하라시(相模原市) 타이마(當麻) 578 소재
309) 오오메시(靑梅市) 카쯔누마(勝沼) 3-114 소재
310) 도쿄 메구로쿠(目黑區) 나카메구로(中目黑) 5-24-53 소재
311) 도쿄 미나토쿠(港區) 시바코오엔(芝公園) 4-7-35 소재
312) 도쿄 세타가야쿠(世田谷區) 오쿠사와(奧澤) 7-41-3 소재
313) 수도권 이외 지역으로서 교토 우지시(宇治市)에 있는 아미타당인 鳳凰堂(1053 건립)의 경우도 정토종 사찰인 平等院의 주불전이지만, 이 책에서는 수도권 지역에 현존하는 건물을 중심으로 다루었다.

고, 유우텐지는 니오오몬(仁王門, 1735년 건립)과 아미다도오(阿彌陀堂, 1724년 건립)가 현재까지 남아서[315], 이러한 정토계 사찰의 일반적인 배치를 살펴볼 수 있다.

【사진 4-1】 죠오간지(乘願寺) 산문과 뒷편의 혼도오(本堂) 모습
(촬영일자 : 2003. 10. 5)

【사진 4-2】 죠오간지(乘願寺) 혼도오(本堂) 정면 모습
(촬영일자 : 2003. 10. 5)

【사진 4-3】 유우텐지(祐天寺) 니오오몬(仁王門) 전측면
(촬영일자 : 2003. 12. 14)

【사진 4-4】 유우텐지(祐天寺) 혼도오(本堂) 정면 모습
(촬영일자 : 2003. 12. 14)

---

314) 일본 불교에서는 본존을 안치한 주불전의 명칭이 선종인 경우 부쯔덴(佛殿), 밀교인 경우 혼도오(本堂) 등 종파에 따라 다르며, 이를 통칭해서 부쯔도오(佛堂)라 지칭하는데, 이하 이 글에서는 주불전으로 표현하도록 한다. 여기서 특히 乘願寺 本堂은 方丈形本堂으로서, 이에 대해서는 金成都・片桐正夫, 江戸近郊における新たな佛堂形式の成立に關する一考察 －１７c 方丈型本堂の成立の背景, 日本建築學會 2004年大會(北海道) 學術講演梗概集, pp.197~198, 2004. 7.31 참조할 것.

315) 本堂을 포함하여 다른 전각들은 1894년 발생한 화재로 소실되었으며, 현재 있는 本堂은 1898년에 재건된 것을 재차 개축한 것이다.

특히 에도시대의 최고 권력자였던 토쿠가와(德川)가문의 보리사[316]로서 정토종을 총괄하였던 조오죠오지(增上寺)[317]는 정토종 사찰 배치의 전형을 살펴볼 수 있는 중요한 사찰인데, 에도시대 모습을 그린 자료를 통해[318], 산문인 산게다쯔몬(三解脫門)을 들어서면 그 뒤로 아미타여래를 본존불로 봉안한 주불전이 구성된 일반적인 정토계 사찰의 공간 배치를 볼 수 있다.(그림 4-1 및 사진 4-5~6 참조)

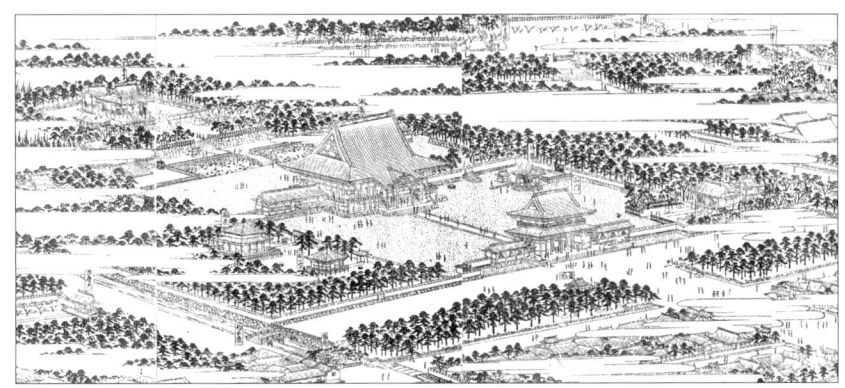

【그림 4-1】 에도시대 조오죠오지(增上寺)의 배치(출처 : 江戶名所圖繪)

일본 정토계 사찰에서는 이러한 일반적인 공간 구성 이외에도 독특한 공간 구성을 한 경우도 나타나는데, 죠오신지(淨眞寺)[319]에서 이를 볼 수 있다. 이 사찰에서는 혼도오(本堂)에 석가불을 본존으로 봉안하였고, 이에 마주하여 안쪽으로 산부쯔도오(三佛堂) 건물 3동을 일렬로 두어 여기에 아미타여래 좌상을 각각 3구씩 모두 9구를 봉안하여[320], 석가불과 아미타여래가 서로 마주보고 있다. 이에 따라 아미타여래가 봉안된 주불전(三佛堂)과 석가불이 봉안된 주불전(本堂)이 서로 마주보는 가운데, 아미

---

316) 토쿠가와(德川) 가문의 장제(葬祭)를 전담한 사찰을 말한다. 에도시대의 본사(本寺)는 이러한 菩提寺와, 幕府의 후원을 받아 토쿠가와 가문의 항구적 번영과 체제 유지 기원을 담당한 祈願寺, 이들의 그리고 두 역할을 모두 지닌 사찰의 세 유형으로 나뉘어 번창한 것을 알 수 있다. 이와 관련해서는 文京區史卷二, 文京區役所, 昭和43年, p.704 참조
317) 정토종 7대 본산의 하나. 에도시대에 처음 겐요존노오(源譽存應)가 토쿠가와이에야스(德川家康)의 귀의를 받아 대가람으로 조성. 토쿠가와(德川)가문의 보리사(菩提寺)로서, 또 關東 18檀林의 필두로서 흥성하였으며, 에도시대 總錄所로서 정토종을 통제하였다.
318) 이 사찰에는 산문인 산게다쯔몬(三解脫門, 1622년 건립)을 포함하여 몇몇 전각이 현재까지 남아 전하지만, 제2차 세계대전으로 인해 주불전을 포함해 상당 수 전각이 불탔다. 따라서 전쟁으로 피해를 당하기 이전의 사찰 모습은 에도시대 모습을 그린 그림이나 지도 등을 통해 알 수 있겠다.
319) 쿠혼부쯔(九品佛)로 널리 알려져 있는 죠오신지(淨眞寺)는 1678년 카세키(珂碩)上人이 개창하였으며, 1667년에 제작된 아미타상을 봉안한 三佛堂은 1698년에 건립되었다.
320) 이와 관련해서는 日本建築學會編, 總覽 日本建築 3 東京, 新建築社, 1987년과 埼玉縣・千葉縣・東京都教育委員會編著, 近世社寺建築調査報告書集成 第4卷 關東地方의 近世社寺建築 2 埼玉・千葉・東京, 東洋書林, 2003年 6月 30日 및 神奈川縣教育委員會・村上訒一 編著, 近世社寺建築調査報告書集成 第5卷 關東地方의 近世社寺建築 3 神奈川, 東洋書林, 2003年 7月 10日 참조할 것

제 4장 | 일본의 정토계 사찰 공간

【사진 4-5】 조오죠오지(增上寺) 산게다쯔몬 (三解脫門) 전면
(촬영일자 : 2003. 6. 14)

【사진 4-6】 조오죠오지(增上寺) 신축 주불전 전면
(촬영일자 : 2003. 6. 14)

타여래가 지배하는 세계인 극락정토가 9구의 불상이 놓인 3동의 건물 속에서 상징적으로 구현되고 있다[321]. 이에 대하여 일본에서는 독창적인 사례로서 대내외적으로 적극 알리고 있다. (그림 4-2 및 사진 4-7~10 참조)

이상 간략하나마 일본 수도권 일원의 정토계 사찰에서 성립된 공간 구성을 살펴보았는데, 건물을 단순 배치한 이러한 일본과의 사례 비교를 통해 조선말기 정토 신앙의 성행으로 서울 경기 일원에 성립된 우리나라 대방 건축의 고유한 문화적 독창성을 더욱 명확하게 인식할 수 있겠다.

【사진 4-7】 죠오신지(淨眞寺) 혼도오(本堂) 전측면 모습
(촬영일자 : 2003. 11. 2)

【사진 4-8】 죠오신지(淨眞寺) 산부쯔도오 下品堂 전측면
(촬영일자 : 2003. 11. 2)

---

321) 건물(三佛堂)은 전면에서 바라볼 때 좌측부터 下品堂, 中品堂, 上品堂의 3동으로 구성하여 3단계로 대별한 후, 내부 공간을 다시 3단계로 세분화하여, 전체적으로는 하품하생·하품중생·하품상생·중품하생·중품중생·중품상생·상품하생·상품중생·상품상생의 9단계 영역으로 구분하였고, 여기에 아미타여래 9구를 안치하였다. 이것은 극락구품(極樂九品)을 건축적으로 실현한 것이라 하겠다.

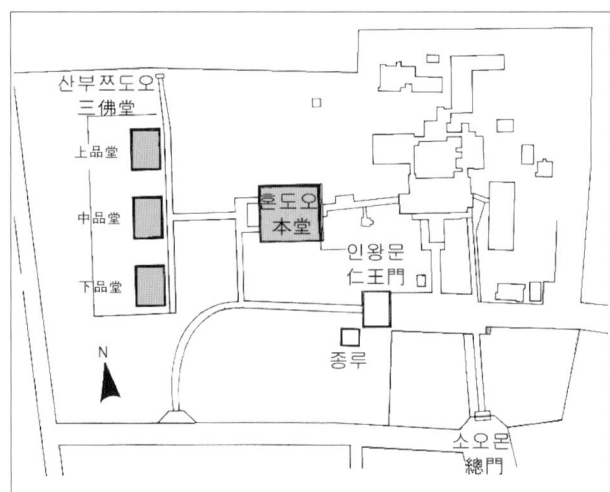

【그림 4-2】 죠오신지(淨眞寺) 배치도

【사진 4-9】 죠오신지(淨眞寺) 산부쯔도오 中品堂 정면
(촬영일자 : 2003. 11. 2)

【사진 4-10】 죠오신지(淨眞寺) 산부쯔도오 中品堂 내 불상 3구
(촬영일자 : 2003. 11. 2)

## 맺음말

　이 글은 20세기 전반의 일제강점기에 겪은 뼈아픈 역사로 인해 우리의 건축 역사가 일시 단절되면서 필연적으로 등장한 21세기 한국 건축에 대한 고민을 원점에서 풀어 나가려는 노력 과정에서, 그 일부로서 시작되었다. 즉 19세기 이래로 20세기 전반기를 거치는 동안에도 단절 없이 우리의 건축 역사가 그대로 존속 발전되어 온 사찰 건축 분야는 한국 건축 역사의 정통성 확립이라는 학술적 측면뿐 아니라 근대기에 형성된 우리의 건축 공간 미학에 대한 자료 수집과 이의 현대적 활용이라는 실용적 측면 모두에서 매우 중요한 연구 대상이었다. 이에 따라 19세기 이래의 사찰 건축 연구를 진행하는 가운데, 당시 서울 경기 일원에서 한 시대를 풍미하였던 염불 사조에 주목하여, 그 시대성을 대표하는 건축물로서 성립된 대방(염불당)을 이 글의 주제로 삼아 단행본으로 발간하게 되었다.

　이 대방은 염불사조가 크게 성행하였던 조선 말기에 염불 전용 불전으로서 서울·경기 일원에 등장하여, 선당·강당과 함께 3법당의 하나로서 중심 영역에 구성되었던 불전이며, 과학적 합리성과 함께 문화사적으로도 독창성을 갖춘 건축물이었다. 그 앞에 놓인 주불전을 극락 9품 중 가장 높은 서방정토를 의미하는 공간으로 설정하고, 그 실제적 혹은 상징적 예불 대상으로 삼아 바라보면서 서방정토(극락) 왕생을 위해 염불 수행을 하도록 구성되었다. 또 주불전에서 행하는 법회 의식을 대방 내 큰 방에 앉아서 시청각적으로 제대로 인식할 수 있는 거리인 22m 이내로 이루어졌다. 더욱이 대방 앞에 만들어진 누에서는 앉았을 때 앞마당의 조경을 상세히 감상할 수 있는 가시거리(15m)와 편안한 조망 각도인 하향각(30°)을 동시에 충족하도록 구성되어, 누에 앉아서 앞마당 화단 끝단에 있는 꽃과 같은 조경 식재를 상세하고 편안하게 감상할 수 있도록 시각적으로 배려되어 있다.

　조선말기를 대표하는 우리나라 전통 건축물로서 독특한 건축공간을 형성했던 대방은 불교계의 이해 부족으로 90년대 중반이후 점차 사라져 이제는 일부만 남아 전하는 바, 이러한 우리 문화에 대하여 올바른 이해 속에 보다 많은 이들의 관심과 애정이 필요한 시기가 아닐 수 없다.

# INTRODUCTION

In the late Joseon dynasty, the temple(佛殿) was developed in two ways: One was the development of the existing traditional temple in which having been adopted progressed techniques by the introduction of a dried method construction and, from this, the curtailment of construction-period of it and so on. The other was the appearance of a new style temple having been called "Daebang(大房)".

The Daebang was a new-type complex temple that the living function such as the monks' rooms and kitchen was attached to the function of yeombul(i.e. pray to Amitabha) and reception having been done in Keunbang (i.e. one large room located in the middle of the main body of the Daebang) and Ikru(翼樓, projecting floored-room at the side of the Daebang). This temple, the building for yeombul, was evolved from the Ru(樓, two-storied building which was opposite to the main temple) under the necessity of space for yeombul and reception by the yeombul-prevalent and reception-valued social background at that time. Therefore it was composed of Keunbang for yeombul and Ikru for reception, and, for this reason, it was called Rubang(ru+bang) sometimes, but on the other hand it was made without Ikru making the space for yeombul the prime object in case of small temples.

And this rational and green building as one of Korean traditional wooden architecture was really the pride of modern global and local heritage showing the cultural creativity.

In this book are revealed the formative background and transition in those days as well as the substantials, the formation of space, and the characteristics of the inner and outer space and the design of it in Buddhist temples of Seoul and Gyeonggi province from the 19th to the mid-20th century. And, for this, existing Daebang building and records in all 45 temples (33 cases in the late Joseon dynasty and 12 cases from 1910 to 1945) in which it was built are analyzed.

## CONTENTS

PREFACE ............................................................................................. 3

**Chap.1 APPEARANCE OF DAEBANG AND ITS ORIGIN** ............ 9
1. The formative background and definition of the Daebang in Seoul
   and Gyeonggi province ............................................................... 11
2. Yukbang in Seonamsa and the system of Byeolbang ................. 26
3. The formation of floor plan of the Daebang in Seoul and Gyeonggi province ..... 28
4. Research for the origin of the Daebang from Geonbongsa and Hongjeam ....... 31

**Chap.2 THE CHARACTERISTICS OF INNER AND OUTER SPACE OF DAEBANG** ........ 53
1. The characteristics of outer space of Daebang ........................... 53
2. The characteristics of inner space of Daebang ........................... 78
3. Result ........................................................................................ 95

**Chap. 3 : THE CHARACTERISTICS OF EXTERIOR DESIGN** ....... 97
1. The design of the platform ........................................................ 99
2. The exterior design in the part of base, column, and wall ........ 101
3. The design of the Gongpo(the bracket system) ........................ 112
4. The design of the part of roof .................................................. 118
5. Result ...................................................................................... 121

**Chap. 4 : THE CHARACTERISTICS OF SPACE AT JAPANESE BUDDHIST TEMPLES
OF THE JEONGTO SECT** ............................................ 123

CONCLUDING REMARKS ............................................................ 129
SUMMARY ..................................................................................... 132
BIBLIOGRAPHY ............................................................................ 135
INDEX ............................................................................................ 140

# SUMMARY

Daebang in Seoul and Gyeonggi province, evolved from the ru(樓) which was located at the front of the main temple such as Geukrakbojeon(極樂寶殿) under the necessity of space for yeombul (i.e. pray to Buddha) and reception by the yeombul-prevalent and reception-valued social background in the late Joseon dynasty, was a temple for yeombul.

Therefore it was composed of Keunbang(i.e. one large room) for yeombul and Ikru(翼樓; projecting floored-room of the Daebang) for reception, and, for this reason, it was called Rubang(ru+bang) sometimes, but on the other hand it was made without Ikru making the space for yeombul the prime object.

In this building, the space for yeombul and reception was given much more weight than the others, so circular columns and Ikgong style were used at Keunbang and Ikru which were the main elements, and square columns and Mindorigye style were used at the other elements such as monks' rooms.

This building was made in the main domain of sachal (寺刹, i.e. a generic name of Buddhist precincts consisting of temple dormitories and various kinds of temple buildings) as one of 3 important temples together with Jwaseondang(坐禪堂, i.e. a generic name of temple building for meditation) and Ganghakdang (講學堂, i.e. a generic name of temple building for lecture) in those days. And under the financial support such as manilhwe-jeondap (萬日會田畓, i.e. dry fields and paddy fields which were donated to the monk to support yeombul for about 27 years), it was managed independently in a sachal by hwaju (化主; an official title of the monk in charge in those days). Therefore, the formation of space of this building having been affected by these, it became a complex temple equipped with a kitchen and monks' bedrooms in itself.

Daebang is composed of one keunbang (one large room for praying to Buddha), toetmaru(es) (退抹樓, i.e. the floor made in front or rear toetgan) made in front or in the rear or both in front and rear side of it, monks' rooms for hwaju and other priests, a right side wing room for guest reception and a left side wing room for monks' refreshment, and other auxiliary rooms such as storage and attic.

Among these, a keunbang, toetmaru(es), a room for hwaju, a kitchen and auxiliary rooms are its basic elements and it could be divided into three types according to the number of projecting side wing room attached to the basic elements of it: First, there is a building type attached two side wing rooms in front of keunbang in addition to the common elements, for example those of Cheonchuksa, Heungcheonsa and so on. Second,

# SUMMARY

there is a building type attached one side wing room in front of keunbang in addition to the common elements, for example those of Hwagyesa, Bogwangsa and so on. The third, there is a building type with no side wing room in front of keunbang, for example those of Weontongam, Yonggungsa and so on.

This study aims at finding out the formative background and transition in the late Joseon dynasty as well as the substantials, the formation of space, and the characteristics of the inner and outer space and the design of it in Buddhist temples located in Seoul and Gyeonggi province from the 19th to the mid 20th century by analyzing the existing buildings.

The result of this study shows that the daebang was a rational and green architecture and it could be summarized as follows:

The time of appearance of Daebang in Seoul and Gyeonggi province was the 19th century when the yeombul was prevalent, and we could see the existing oldest one in Cheonchuksa(天竺寺) built in 1812.

The standard type of approach to the main domain in the sachal (寺刹) with daebang was the left-side access of daebang. In this case, both the master's room for hwaju and a projecting-side wing room for reception that needed privacy were on the right side, the opposite of the road, to secure a private life. With this, we could see that the rational planning of space was accomplished from the facts that by locating the hwaju's room between the side wing room for reception and the keunbang for yeombul it was possible for hwaju to control these two rooms effectively and by placing a kitchen beside a keunbang it was possible for servants to maximize a good service for food in its floor plan.

In the central domain in temples having been composed of both a main temple and a daebang, the former was regarded as a practical or symbolic worship object of the latter and these two buildings were settled within the distance of 75 feet each other. It is the maximum length between a stage and an auditorium for us to see and listen to the actors in designing a theatre. In an aspect of human visual perception, it is not different with the plan of a theater. With this, the degree of view looking downward at the front window of the side wing room(s) of daebang was usually within the limit of 30° and this downward angle permits us to look out easily without any movement of one's head or eyes, and the distance from the window of the side wing room to the brink of the front court of it was within the limits of 49 feet, the maximum length to see the details of the actors in designing a theater. These tell us that the architects in those days understood the characteristics of human optical perception and utilized it.

Besides these scientific and rational plan in which the human visual perception was considered, we could see a phase of green architecture from the facts that the exact geometric optical axis was not urged between a daebang and a main temple and these two buildings were placed in sympathy with the geographical features to preserve the nature, and, as a result, it was possible to minimize damage to the earth.

Daebang, a rational, scientific and green architecture having harmonized with aesthetics, was the pride of Korean cultural heritages in modern times.

# 참고문헌

## □ 사료

- 「見聖庵雨花樓記」
- 「高靈山普光寺三重建樓上樑文」
- 「金剛山乾鳳寺事蹟」
- 「金剛山乾鳳寺事蹟及重刱曠章總譜」
- 「金剛山乾鳳寺重刱記」
- 「金剛山乾鳳寺樂西庵重建記」
- 「金剛山乾鳳寺釋迦如來靈牙塔奉安碑」
- 「大韓國江原道金剛山杆城郡乾鳳寺事蹟碑」
- 「釋迦如來齒狀立塔碑銘並序」
- 「普門寺法堂重建記」
- 「積石寺事蹟碑」
- 「竹山郡七賢山七長寺重建記」
- 「興國寺萬歲樓房重建記功文」

## □ 단행본

- 姜萬吉, 고쳐 쓴 한국근대사, 서울 : 창작과 비평사, 1998
  \_\_\_\_\_, 한국근대사, 2판, 서울 : 창작과 비평사, 1984
- 京畿道, 경기도지정문화재 실측조사보고서 上·下, 1996
  \_\_\_\_\_, 경기도지정문화재 실측조사보고서, 1989
  \_\_\_\_\_, 畿內寺院誌, 1988
- 문화재청, 해인사홍제암 정밀실측조사보고서, 2004
- 고려대학교민족문화연구소, 韓國現代文化史大系 Ⅱ
  - 學術·思想·宗敎, 서울 : 고대민족문화 연구소 출판부, 1976
- 高城郡, 乾鳳寺址 地表調査 報告書, 1990
- 近代史硏究會編, 韓國中世社會 解體期의 諸問題 (上)
  - 朝鮮後期史 硏究의 展望과 課題, 1판, 서울 : 한울, 1987
- 吉相, 弘法院, 불교대사전, 2001

- 金東旭, 韓國建築工匠史硏究, 1판, 서울 : 技文堂, 1993
  _____, 한국건축의 역사, 1판, 서울 : 기문당, 1997
- 金奉烈, 朝鮮時代 寺刹建築의 殿閣構成과 配置 形式 硏究, 서울대박사학위논문, 1989
- 김성도, 韓國傳統木造建築의 營造規範에 관한 硏究, 고려대석사학위논문, 1988
  _____, 조선시대말과 20세기 전반기의 사찰 건축 특성에 관한 연구, 고려대박사학위논문, 1999
- 金煐泰, 韓國佛敎史槪說, 경서원, 1986
- 金正秀, 韓國宗敎建築에 관한 硏究, 연세대박사학위논문, 1974
- 김지민, 한국의 유교건축, 서울 : 도서출판 발언, 1993
- 남도불교문화연구회, 仙巖寺, 승주군, 1992
- 박언곤, 한국의 누, 1판, 서울 : 대원사, 1991
- 변태섭, 한국사통론, 삼영사, 2000
- 사찰문화연구원, 보문사, 1판 , 서울 : 사찰문화연구원, 1996
  _____, 전통사찰총서 ③ 경기도, 초판, 서울 : 사찰문화연구원출판국, 1993
  _____, 전통사찰총서 ④ 서울의 전통사찰, 2판, 서울 : 사찰문화연구원출판국, 1996
  _____, 전통사찰총서 ⑤ 인천·경기도의 전통사찰 Ⅱ, 초판, 서울 : 사찰문화연구원출판국, 1995
- 서울특별시, 奉元寺 실측조사 보고서, 1990
  _____, 奉恩寺 실측조사 보고서, 1990
  _____, 서울 六百年史 -文化史蹟編, 1987
  _____, 서울 六百年史 제 2 권, 1987
  _____, 華溪寺 실측조사 보고서, 1988
  _____, 興天寺 실측조사 보고서, 1988
- 서울特別市史編纂委員會, 서울通史 上·下, 2판, 서울특별시, 1972
  _____, 서울略史, 서울특별시, 1963
- 水原市史編纂委員會, 水原市史, 1986
- 신영훈, 사원건축, 1판, 서울 : 대원사, 1989
- 安啓賢, 韓國佛敎史硏究, 1판, 서울 : 동화출판공사, 1982
- 禹貞相·金煐泰, 韓國佛敎史, 進修堂, 1970
- 耘虛龍夏, 불교사전, 1판, 동국대학교부설역경원, 1998
- 尹一柱敎授 論文集編纂會編, 韓國近代建築史硏究, 서울 : 技文堂, 1987
- 이능화, 朝鮮佛敎通史 上·下, 慶熙出版社, 1968
- 李大蓮, 乾鳳寺及乾鳳寺末寺史蹟, 漢城圖書株式會社, 1928
- 李洋純, 韓龍雲의 社會思想에 관한 一硏究, 이화여대석사논문, 1978
- 이응묵, 빛깔있는 책들 103-10 요사채, 1판, 서울 : 대원사, 1991
- 장기인, 한국건축대계 Ⅳ 韓國建築辭典, 2판, 서울 : 普成閣, 1995

## 참고문헌

- 朱南哲, 한국건축의장, 3판, 서울 : 一志社, 1997
- _____, 한국주택건축, 서울 : 일지사, 1996
- 中央僧伽大學, 韓國佛敎關係論文目錄, 1982
- 韓國文化開發社, 朝鮮寺刹史料 上·下, 1972
- 한국불교대사전편찬위원회, 한국불교대사전 5, 2판, 서울 : 명문당, 1993
- _____, 韓國佛敎大辭典(전 7 권) 壹, 寶蓮閣, 1982
- 한국사상전집 6 韓國의 近代思想, 12판, 서울 : 삼성출판사, 1986
- 한국정신문화연구원, 한국민족문화대백과사전 16, 1992
- 한국현대사편찬위원회, 韓國現代史 8 新社會 100년, 서울 : 新丘文化社, 1971
- _____, 韓國現代史 9 年表로 보는 現代史, 서울 : 신구문화사, 1972
- 한용운, 조선불교유신론, 운주사, 1992
- 韓沽劤, 韓國通史, 26판, 서울 : 을유문화사, 1983
- 韓鍾萬, 박한영과 한용운의 韓國佛敎 近代化思想, 원광대학교, 1971
- 한찬석, 陜川海印寺誌, 創人社, 1949
- 黃善明, 朝鮮宗敎社會史硏究, 서울 : 일지사, 1987
- 홍윤식, 한국의 가람, 도서출판 민족사, 1997
- 嘉永·慶應 江戶切繪圖, 人文社, 2003年
- 江田俊雄, 朝鮮佛敎史の硏究´東京 : 國書刊行會, 1977
- 高橋亨, 李朝佛敎, 豊島 : 國書刊行會, 昭和48年
- 宮川英二, 建築的 空間, 서울 : 기문당, 1986
- 日本建築學會編, 總覽 日本建築 3 東京, 新建築社, 1987
- 東京都敎育廳社會敎育部文化課編, 東京都の近世社寺建築 : 近世社寺建築緊急調査報告書, 東京都敎育廳社會敎育部文化課, 1989
- 橫浜市文化財總合調査會近世社寺重要遺構調査團編, 橫浜の近世社寺建築 : 橫浜市近世社寺 建築調査報告書 2 寺院編, 橫浜市敎育委員會文化財課, 1991
- 埼玉縣·千葉縣·東京都敎育委員會 編者, 近世社寺建築調査報告書集成 第4卷 關東地方の近世 社寺建築 2 埼玉·千葉·東京, 東洋書林, 2003
- 神奈川縣敎育委員會·村上訒一 編者, 近世社寺建築調査報告書集成 第5卷 關東地方の近世社寺 建築 3 神奈川, 東洋書林, 2003
- 市古夏生·鈴木健一 校訂, 新訂 江戶名所圖會5, 筑摩書房, 1997年
- 日本圖會全集 江戶名所圖繪第1冊-4冊, 日本隨筆大成刊行會, 1928
- 井筒 雅風외 18人, 大法輪選書 : 日本佛敎宗派のすべて, 大法輪閣, 1981
- 芦原義信, 建築의 外部空間(Exterior Design in Architecture), 서울 : 기문당, 1985
- 朝鮮總督府, 朝鮮寺刹史料 上, 1911

- 靑柳南冥, 朝鮮宗敎史, 大阪 : 駸駸堂, 1911
- Kim, Seong-do, A study on the Characteristics of Space of the Daebang Building in Buddhist Temples of Seoul and Kyonggi Province in the Late Chosun Dynasty, Post proceedings of the World Conference on Cultural Design, Yonsei University Press, 2001.
- Chiara, Joseph De · Callender, John Hancock, Time-Saver Standards for Building Types, Second Edition, New York : McGraw Hill Book Company, 1980
- Ham, Roderick, Theatres, London : Architectural Press, 1987
- Neufert, Ernst, Architect's Data, Second English Edition, New York : Halsted Press, 1980

## □ 정기 간행물

- 국립문화재연구소, 韓國建築史硏究資料 제17호 한국의 古建築, 1995
- 金東旭, 17世紀 朝鮮朝 宮闕 內殿건물의 室內構成에 관한 硏究, 大韓建築學會論文集, 8권, 10호, 1992.10.
  \_\_\_\_\_, 공사기간상으로 고찰한 조선후기의 건축기술, 大韓建築學會誌, 1987.12.
  \_\_\_\_\_, 朝鮮時代 造營組織 硏究 (1), 大韓建築學會誌, 27권 112호, 1983.6.
  \_\_\_\_\_, 朝鮮時代 造營組織 硏究 (2), 大韓建築學會誌, 27권 113호, 1983.8.
  \_\_\_\_\_, 朝鮮時代 造營組織 硏究 (3), 大韓建築學會誌, 27권 115호, 1983.12.
- 金奉烈, 近世紀 佛敎寺刹의 建築計劃과 構成要素 硏究 －首都圈 願堂寺刹을 중심으로, 建築歷史學會, 4권, 2호, 1995
  \_\_\_\_\_, 교의적 해석을 통해 본 조선사찰의 전각구성, 大韓建築學會論文集, 4권, 4호, 1988. 8.
- 金奉烈 · 李光魯, 極樂淨土信仰과 淨土系寺刹의 伽藍構造, 大韓建築學會論文集, 4권, 4호, 1988. 8.
- 金成都, 19世紀から20世紀前半期までのソウル · 京畿地域の寺院大房の外部空間に關する硏究, 日本建築學會計劃系論文集, No. 566, Apr., 2003.
  \_\_\_\_\_, 朝鮮末期 乾鳳寺 伽藍의 構成과 變遷에 관한 硏究, 大韓建築學會論文集, 18권, 2호, 2002.2
- 金成都 · 朱南哲, 高宗年間 서울 · 경기 일원의 寺刹殿閣意匠에 관한 硏究, 大韓建築學會論文集, 14권, 12호, 1998.12.
  \_\_\_\_\_, 高宗年間 서울 · 경기 일원의 寺刹大房意匠에 관한 硏究, 大韓建築學會論文集, 15권, 4호, 1999. 4.
  \_\_\_\_\_, 19세기이래 20세기 전반기의 서울 · 경기 일원에 건립된 寺刹 大房 建築의 평면 계획

　　　　　특성에 관한 연구, 대한건축학회논문집(계획계), 18권 7호, 2002. 7.
• 김성도 · 片桐正夫, 19세기 일본 불교 건축의 특성 연구 – 수도권 일원 사찰의 불전 건축 의장을
　　　　　중심으로, 대한건축학회논문집(계획계), 22권 7호, 2006.7.
• 金聖雨 · 鄭仁鍾, 仙巖寺 六房建築의 形式과 性格, 大韓建築學會論文集, 13권, 10호, 1997. 10.
• 金泳培, 韓末 漢城府 住居形態의 社會的 性格, 大韓建築學會論文集, 7권, 2호, 1991.2.
• 金正秀, 佛敎建築計劃에 관한 硏究 – 佛殿의 機能, 建築士, 1977.9.
　　＿＿＿, 佛敎建築計劃에 관한 硏究 – 堂, 房, 樓, 閣, 庵子, 門, 石造物, 佛具, 建築士, 1978.5.
　　＿＿＿, 佛敎建築計劃에 關한 硏究, 建築士, 1979.4.
• 문화재관리국 문화재 연구소, 韓國建築史硏究資料 제12호 한국의 古建築, 1990
　　＿＿＿, 韓國建築史硏究資料 제14호 한국의 古建築, 1992
　　＿＿＿, 文化財案內文案集, 1991
• 신영훈, 安城郡 七長寺의 調査. 考古美術, 5권, 10호, 1964
• 林忠伸 · 崔壹 · 金奉烈, 敎義的 解釋을 통해 본 朝鮮寺刹의 殿閣 構成, 大韓建築學會論文集,
　　　　　4권, 4호, 1988.8.
• 안영배, 한국 불사 건축공간의 구성형식 분류에 관한 고찰, 大韓建築學會論文集,
　　　　　3권, 5호, 1987. 10.
• 田鳳熙, 朝鮮後期 住居史에 있어서 겹집화 現象에 관한 연구, 大韓建築學會論文集,
　　　　　12권, 10호, 1996.10.
• 趙泳鈇 · 金一鎭, 鄕校建築에서 樓의 機能과 建立狀況에 관한 硏究, 大韓建築學會論文集,
　　　　　11권, 2호, 1995.2.
　　＿＿＿, 鄕校에서 樓의 建築的 構成과 變遷에 관한 硏究, 大韓建築 學會論文集,
　　　　　11권, 4호, 1995.4.
• 朱南哲, 李朝末부터 1945年度까지의 韓國의 住宅 變遷, 大韓建築學會誌, 14권, 38호, 1970.12.
• 朱南哲 · 金成都, 朝鮮末期 서울 · 경기 일원의 寺刹大房建築에 관한 硏究, 大韓建築學會論文集
　　　　　14권, 11호, 1998.11.
• 최상헌, 傳統住居建築 內部空間과 人體치수와의 상관성에 관한 연구 – 演慶堂 및 朝鮮上流 住宅의
　　　　　比較分析을 통하여, 大韓建築學會論文集, 10권, 11호, 1994.11.

# 찾아보기

가람배치 · · · · · · · · · · · · · · · · · · · · · · · · · · · · · · · · · · · · · · · · 9, 34
가시거리 · · · · · · · · · · · · · · · · · · · · · · · · · · 73, 74, 77, 86, 129
강당(講堂) · · · · · · · · · · · · · · · · · · · · · · · · · · · · · 11, 13, 17, 129
강률 · · · · · · · · · · · · · · · · · · · · · · · · · · · · · · · · · · · · · · · · · · · · · · 9
강학당(講學堂) · · · · · · · · · · · · · · · · · · · · · · · · · · · · · · · · · · · · 18
개운사 · · · · · · · · · · · · · · · · · · · · · · · · · · · · · · · · · · · · · · · · · · · 53
　　　102, 105, 109, 116, 119, 121, 57, 97, 99, 101, 104, 108, 111, 113, 114, 116, 117, 119, 120
건봉사 · · · · · · · · · · · · · · · · · · · · · · · · · · · · · · · · · · · · · · · · · · 31
　　　32, 33, 34, 35, 36, 37, 38, 39, 40, 41, 42, 43, 44, 45, 46, 47, 49, 50, 51,
건봉사급건봉사말사사적 · · · · · · · · · · · · · · · · · · · · · · · · · · · 37
겹집 · · · · · · · · · · · · · · · · · · · · · · · · · · · · · · · · · 91, 92, 93, 94, 95
경국사 · · · · · · · · · · · · · · · · · · · · · · · · · · · · · · · · · · · · · · · · · · · 12
　　　16, 19, 21, 22, 29, 30, 55, 58, 63, 69, 71, 76, 77, 83, 91, 97, 99, 101, 102, 104, 107, 108, 111, 113, 114, 115, 117, 119, 120, 121
工자형 평면 · · · · · · · · · · · · · · · · · · · · · · · · · · · · · · · · · · · 43, 49
공포 · · · · · · · · 98, 112, 113, 118, 121, 122, 114, 115, 116, 117
관세음보살 · · · · · · · · · · · · · · · · · · · · · · · · · · · · · · · · · · · · 22, 23
관음전 · · · · · · · · · · · · · · · · · · · · · · · · · · · · · · · · · · · · · · · · · · · 19
　　　21, 22, 23, 24, 26, 35, 36, 37, 39, 45, 46, 50, 51, 58, 71, 75
굴도리 · · · · · · · · · · · · · · · · · · · · · · · · · · · · · · · · · · · · · · · 113, 114
굴법당 · · · · · · · · · · · · · · · · · · · · · · · · · · · · · 19, 22, 58, 71, 74, 75
굴절축 · · · · · · · · · · · · · · · · · · · · · · · · · · · · · · · · · · · · · · · · · · · 74
극락보전 · · · · · · · · · · · · · · · · · · · · · · · · · · · · · · · · 19, 22, 58, 71
금강산건봉사낙서암중건기 · · · · · · · · · · · · · · · · · · · · · · · · · · 37
금강산건봉사사적 · · · · · · · · · · · · · · · · · · · · · · · · · · · 34, 35, 36
금강산건봉사사적급중창광장총보 · · · · · · · · · · · · · · · · · · · 34
금강산건봉사중창기 · · · · · · · · · · · · · · · · · · · · · · · · · · · · 34, 37
기단 · · · · · · · · · · · 50, 74, 76, 77, 98, 99, 100, 101, 121, 122
기둥 · · · · · · · · · · · · · · · · · · · · · · · · · · · · · · · · · · · · · · · · · · · · · 21
　　　30, 49, 58, 69, 71, 72, 76, 77, 91, 92, 93, 95, 101, 103, 104, 105, 106, 108, 112, 113, 114, 116, 117, 121, 122
길상문자 · · · · · · · · · · · · · · · · · · · · · · · · · · · · · · · · · · · · · · · · · 89

낙서암 · · · · · · · · · · · 32, 33, 35, 36, 37, 38, 42, 44, 45, 46, 47, 50
납도리 · · · · · · · · · · · · · · · · · · · · · · · · · · · · · · · · · · · · · · · · · · 113
누각(樓閣) · · · · · · · · · · · · · · · · · · · · · · · · · · · · · · · · · · 9, 11, 13
누고 · · · · · · · · · · · · · · · · · · · · · · · · · · · · · · · · · · · · · · · · · · · · · 9
누방 · · · · · · · · · · · · · · · · · · · 10, 14, 15, 16, 19, 21, 22, 23, 69
ㄷ자형 · · · · · · · · · · · · · · · · · · · · · · · · · · · · · · · · · · 43, 78, 89, 96
다듬돌바른층쌓기 · · · · · · · · · · · · · · · · · · · · · · · · · · · · · 100, 99
다카하시(高橋亨) · · · · · · · · · · · · · · · · · · · · · · · · · · · · · · · · · · 26
단익사형(單翼舍形) · · · · · · · · · · · · · · · · · · · · · · · · · · · · · · · · 29
　　　69, 78, 98, 99, 100, 101, 102, 103, 104, 105, 108, 111, 112, 113, 114, 117, 119, 120, 122
달마전(達摩殿) · · · · · · · · · · · · · · · · · · · · · · · · · · · · · · · · · · · · 27
대방 · · · · · · · · · · · · · · · · · · · · · · · · · · · 9, 22, 53, 54, 58, 59, 97
대법당 · · · · · · · · · · · · · · · · · · · · · · · · · · · · · · 35, 36, 39, 42, 45, 46
대웅보전 · · · · · · · · · · · · · · · · · · · · · · · · · · · · · · · · · · 19, 22, 58, 71
대웅전 · · · · · · · · · · · · · · · · · · · · · · · · · · · · · · · · · · · · · · · · · · · 10
　　　11, 12, 13, 19, 22, 36, 39, 40, 41, 45, 46, 58, 69, 71, 74, 76, 91, 97
도선사 · · · · · · · · · · · · · · · · · · · · · · · · · · · · · · · · · · · · · · · · · · · 19
돌출 누(突出樓) · · · · · · · · · · · · · · · · · · · · · · · · · · · · · · · · 16, 17
막돌 · · · · · · · · · · · 99, 100, 101, 102, 103, 107, 108, 110, 122
막돌바른층쌓기 · · · · · · · · · · · · · · · · · · · · · · · · · · · · · · · · · · · 99
막돌초석 · · · · · · · · · · · · · · · · · · · · · · · · · · · · · 101, 102, 103, 122
막돌허튼층쌓기 · · · · · · · · · · · · · · · · · · · · · · · · · · · · · · · · · · · 99
만세루방(萬歲樓房) · · · · · · · · · · · · · · · · · · · · · · · · · · · · · 23, 24
만일연원 · · · · · · · · · · · · · · · · · · · · · · · · · · · · · · · · · · · · · · · · · 37
만일염불회 · · · · · · · · · · · · · · · · · · · · 31, 32, 34, 41, 45, 46, 50, 91
만일원 · · · · · · · · · · · · · · · · · · · · · · · · · · · · · · · · · · · · · · · · 37, 40
만일회(萬日會) · · · · · · · · · · · · · · · 13, 18, 22, 35, 37, 45, 50, 51
만일회전답(萬日會 田畓) · · · · · · · · · · · · · · · · · · · · · · · · · · · · 18
망월사 · · · · · · · · · · · · · · · · · · · · · · · · · · · · · · · · · · · · · · · · · · · 19
메이지 시대 · · · · · · · · · · · · · · · · · · · · · · · · · · · · · · · · · · · · · · 124
면회줄눈 · · · · · · · · · · · · · · · · · · · · · · · · · · · · · · · · · · 107, 108, 110
명적암 · · · · · · · · · · · · · · · · · · · · · 20, 29, 30, 58, 68, 69, 70, 80, 90
몰익공 · · · · · · · · · · · · · · · · · · · · · · · · · · · · · · · · · · 113, 114, 116, 117
무료오코오지 · · · · · · · · · · · · · · · · · · · · · · · · · · · · · · · · · · · · 124

# INDEX

무우전(無憂殿) ······················································· 27
무익사형(無翼舍形) ············································· 29
　　　30, 43, 69, 78, 90, 92, 98, 99, 100, 101, 102, 104, 105,
　　　108, 111, 113, 118, 119, 122
미타사 ······································································ 12
　　　16, 17, 19, 21, 22, 29, 30, 56, 58, 63, 68, 69, 71, 72,
　　　76, 85, 91, 97, 99, 99, 101, 103, 104, 105, 107, 108,
　　　111, 113, 114, 115, 117, 119, 120
민도리 ································ 112, 114, 116, 117, 118, 121, 122
발징화상(發徵和尙) ············································· 32
방주(方柱) ············· 101, 102, 103, 104, 105, 106, 121, 122
방주형초석 ································· 101, 102, 103, 122,
방형다듬돌초석 ······························ 101, 102, 103, 122
방형대략다듬돌초석 ································ 101, 102
방화장 ·························· 99, 107, 108, 109, 110, 111, 121
백련사 ······································································ 12
　　　16, 17, 18, 19, 20, 21, 22, 23, 29, 30, 56, 58, 69, 78,
　　　85, 91, 97, 99, 101, 104, 107, 108, 111, 113, 114, 115,
　　　117, 119, 120
법당 ·········································································· 9
　　　10, 14, 15, 17, 18, 19, 20, 21, 22, 23, 26, 35, 36, 39,
　　　42, 45, 46, 58, 71, 74, 75, 91, 129,
법요 ·········································································· 9
법회 ········································································ 9, 13, 78, 129
별가제(別家制) ······················· 27, 43, 44, 45, 46
별방제(別房制) ····················· 26, 27, 28, 43, 44, 46
보광사 ···································································· 10
　　　11, 12, 14, 16, 19, 21, 22, 29, 30, 55, 58, 62, 69, 71,
　　　72, 73, 74, 76, 77, 78, 82, 90, 91, 97, 99, 100, 101,
　　　104, 107, 108, 109, 110, 111, 112, 113, 114, 117, 119,
　　　120, 121, 122,
보현사 ···································································· 47
봉영사 ···································································· 12
　　　16, 17, 19, 22, 29, 30, 55, 58, 68, 69, 71, 84, 91, 93
봉은사 ······································· 47, 53, 57, 67
　　　89, 97, 99, 100, 101, 102, 104, 105, 106, 108, 109,
　　　110, 111, 113, 114, 116, 117, 118, 119, 120, 121, 122,
부엌 ·········································································· 9
　　　12, 17, 18, 19, 20, 28, 29, 30, 43, 49, 58, 68, 69, 70,
　　　78, 89, 90, 91, 92, 94, 95, 100, 104, 107, 108, 110,
　　　111, 112, 113, 120, 121, 122,
불단 ····················· 9, 11, 14, 43, 45, 46, 73, 74, 91, 94
빗천장 ·································································· 120
사고석 ············································· 107, 108, 110
사나사 ···································································· 19
사명당 ···························· 31, 32, 37, 46, 48, 49, 51
사유재산제 ··································· 26, 27, 43
사찰령 ················································· 20, 40, 44
살창 ················································· 111, 112
삼지창 ·········································· 110, 111, 122
상량기 ···································································· 48
상운사 ···································································· 19
서봉사 ···································································· 32
석남사 ············································· 12, 16
　　　17, 19, 20, 22, 29, 30, 54, 58, 68, 69, 70, 71, 87, 91
선당(禪堂) ······································· 13, 18, 129
선방(禪房) ········································ 11, 13, 20, 40
선종 ········································································ 47
설선당(說禪堂) ···················································· 27
쇠서 ································· 113, 114, 116, 118, 122
수국사 ···································································· 19
수서 ········································· 113, 114, 118
승방 ········································································ 9
　　　17, 18, 20, 28, 29, 30, 43, 49, 68, 69, 78, 89, 90, 94,
　　　95, 107, 108, 111, 120, 121,
시축(視軸) ····································· 75, 77
심검당(尋劒堂) ···················································· 27
심벽 ····································· 107, 108, 109, 110
쌍익사형(雙翼舍形) ············································· 28
　　　43, 69, 79, 89, 96, 98, 99, 100, 101, 102, 103, 104,
　　　105, 108, 111, 112, 113, 114, 117, 118, 119, 120, 122
아도화상(阿道和尙) ············································· 32

# 찾아보기

앙서 · · · · · · · · · · · · · · · · · · · · · · · · · · · 113, 114, 116, 118
양택론 · · · · · · · · · · · · · · · · · · · · · · · · · · · · · · · · · · · 89, 98
어실각 · · · · · · · · · · · · · · · · · · · · · · · · · 32, 33, 35, 36, 45
에도시대 · · · · · · · · · · · · · · · · · · · · · · · · · · · · · · · · · · · · 126
역ㄷ자형 평면 · · · · · · · · · · · · · · · · · · · · · · · · · · · · · · · · 43
역승(役僧) · · · · · · · · · · · · · · · · · · · · · · · · · · · · · · · · 18, 78
연등천장 · · · · · · · · · · · · · · · · · · · · · · · · · · · · 48, 120, 121
염불공간 · · · · · · · · · · · · · · · · · · · · · · · · · · · · · · · · · · 15, 91
염불당(念佛堂) · · · · · · · · · · · · · · · · · · · · · · · · · · · · · · · · · 9
    11, 13, 15, 17, 18, 20, 22, 23, 24, 25, 26, 28, 31, 35,
    36, 37, 38, 39, 40, 43, 44, 46, 50, 51, 53, 78, 90, 93,
    94, 95,
영자전 · · · · · · · · · · · · · · · · · · · · · · · · · · · · · · · · · · · · · · · 48
예불 · · · · · · · · · · · · · · · · · · · · · · 9, 10, 11, 73, 74, 77, 94, 95
옹호각 · · · · · · · · · · · · · · · · · · · · · · · · · · · · · · · · · · · · · · · · 23
요사 · · · · · · · · · · · · · · · · · · · · · · · · · · · · · · · · · · · · · · · · · · · 9
    10, 11, 12, 18, 19, 20, 21, 22, 25, 37, 38, 40, 43, 44,
    51, 58, 69
요사채 · · · · · · · · · · · · · · · · · · · · · · · · · · · · · · · · · · · · · · · · · 9
용궁사 · · · · · · · · · · · · · · · · · · · · · · · · · · · · · · · 10, 12, 14, 16
    17, 19, 20, 22, 29, 30, 54, 58, 60, 69, 71, 72, 73, 75,
    76, 81, 90, 91, 97, 99, 100, 101, 104, 105, 106, 107,
    108, 109, 111, 112, 113, 114, 116, 117, 119, 120, 121
용두 · · · · · · · · · · · · · · · · · · · · · · · · · · · · · · · · · · · · · 118, 119
용마루 · · · · · · · · · · · · · · · · · · · · · · · · · · · · · · · · · 49, 119, 122
용문사 · · · · · · · · · · · · · · · · · · · · · · · · · · · · · · · · · · · · · · · · · 12
    16, 17, 19, 21, 22, 29, 30, 56, 58, 68, 69, 70, 71, 72,
    86, 91
용주사 · · · · · · · · · · · · · · · · · · · · · · · · · · · · · · · · · · · · · · 14, 15
우물마루 · · · · · · · · · · · · · · · · · · · · · · · · 48, 104, 106, 121, 122
우물천장 · · · · · · · · · · · · · · · · · · · · · · · · · · · · · · · · · · · · · · 120
운수암 · · · · · · · · · · · · · · · · · · · · · · · · · · · · · · · · · · · · · · · · · 12
    16, 17, 18, 20, 21, 22, 23, 29, 30, 55, 58, 67, 68, 70,
    78, 84, 89, 91, 92, 97, 99, 100, 101, 102, 104, 107,
    108, 111, 113, 114, 115, 117, 118, 119, 120, 121
원각사 · · · · · · · · · · · · · · · · · · · · · · · · · · · · · · · · · · · · · · · · · 32

원당(願堂) · · · · · · · · · · · · · · · · · · · · · · · · · · · · 10, 32, 33, 45
원주(圓柱) · · · · · · · · · · · · · · · 103, 104, 105, 106, 116, 121, 122
원통암 · · · · · · · · · · · · · · · · 16, 17, 18, 20, 22, 29, 30, 58, 68, 69
유우텐지 · · · · · · · · · · · · · · · · · · · · · · · · · · · · · · · · · · 124, 125
육대방(六大房) · · · · · · · · · · · · · · · · · · · · · · · · · · · · · · · 26, 27
육방(六房) · · · · · · · · · · · · · · · · · · · · · · · · · · · · · · · · · · · 26, 27
의장 · · · · · · · · · · · · · · · · · · · · · · 11, 97, 98, 110, 117, 121, 122
이익공 · · · · · · · · · · · · · · · · · · · · · · · · · · · · · · 112, 113, 114, 117
익누(翼樓) · · · · · · · · · · · · · · · · · · · · · · · · · · · · · · · · · · · · · · 16
    17, 26, 28, 29, 30, 48, 49, 68, 69, 76, 77, 78, 89, 91,
    92, 94, 95, 101, 102, 103, 104, 106, 108, 110, 113,
    115, 116, 118, 120, 121, 122
인법당 · · · · · · · · · · · · · · · · · · · · · · · · · · · · · · · · · · · 9, 18, 23
일본 불교 · · · · · · · · · · · · · · · · · · · · · · · · · · · · · · · · · · 123, 124
일제강점기 · · · · · · · · · · · · · · · · · · · · · · · · · · · · · · · · · · · · · · 11
    20, 21, 34, 37, 41, 44, 45, 46, 53, 58, 68, 70, 72, 76,
    77, 78, 95, 97, 98, 100, 102, 103, 105, 106, 109, 116,
    117, 118, 119, 121, 122
자통홍제존자(慈通弘濟尊者) · · · · · · · · · · · · · · · · · · · · · 31, 48
장마루 · · · · · · · · · · · · · · · · · · · · · · · · · · · · · 58, 104, 106, 122
장주형 초석 · · · · · · · · · · · · · · · · · · · · · · · · · · · · · · · · 102, 122
적석사 · · · · · · · · · · · · · · · · · · · · · · · · · · · · · · · · · · · · · · 20, 56
전등사본말사지 · · · · · · · · · · · · · · · · · · · · · · · 10, 12, 19, 20, 97
전퇴집 · · · · · · · · · · · · · · · · · · · · · · · · · · · · · · · · · · · · 91, 93, 95
전후퇴집 · · · · · · · · · · · · · · · · · · · · · · · · · · · · · · · · · · 91, 93, 95
접대공간 · · · · · · · · · · · · · · · · · · · · · · · · · · · · · · · · · · · · · · · · 15
정수사 · · · · · · · · · · · · · · · · · · · · · · · · · · · · · · · · · · · · · · · · · 19
정양소(靜養所) · · · · · · · · · · · · · · · · · · · · · · · · · · · · · · · · · · · 27
정자(亭子) · · · · · · · · · · · · · · · · · · · · · · · · · · · · · · · · · · · 14, 111
丁자형 · · · · · · · · · · · · · · · · · · · · · · · · · · · · · · · · · · · · · · · · · 96
정조 · · · · · · · · · · · · · · · · · · · · · · · · · · · · · · · · · · · · · · · · · 14, 19
정토종 · · · · · · · · · · · · · · · · · · · · · · · · · · · · · · · · · · · 123, 124, 126
조선불교유신론 · · · · · · · · · · · · · · · · · · · · · · · · · · · · · · · · · · 40
조선시대 · · · · · · · · · · · · · · · · · · · · · · · · · · · · · · · · · · · · · · · · · 9
    11, 31, 32, 34, 41, 53, 68, 71, 77, 95, 113, 114, 116
조오죠오지 · · · · · · · · · · · · · · · · · · · · · · · · · · · · · · · 124, 126, 127

# INDEX

좌선당(坐禪堂) · · · · · · · · · · · · · · · · · · · · · · · · · · · 18
죠오간지 · · · · · · · · · · · · · · · · · · · · · · · · · · · 124, 125
죠오신지 · · · · · · · · · · · · · · · · · · · 124, 126, 127, 128
주지제 · · · · · · · · · · · · · · · · · · · · · · · · · · · · · · · · · · 44
주불전 · · · · · · · · · · · · · · 11, 13, 14, 17, 18, 19, 20
    22, 23, 24, 26, 33, 36, 36, 37, 38, 39, 40, 41, 43, 45,
    46, 48, 50, 51, 53, 58, 68, 70, 71, 72, 73, 74, 75, 76,
    77, 89, 91, 94, 95, 104, 109, 114, 124, 126, 127
중정(中庭) · · · · · · · 11, 13, 68, 69, 70, 74, 78, 89, 90, 95, 96
지붕 · · · · · · · · · · · · · · · · · · · · 49, 98, 118, 119, 120, 122
지장사 · · · · · · · · · · · · · · · · · · · · · · · · · · · · · · · · · · 12
    16, 17, 19, 22, 29, 30, 56, 58, 68, 69, 70, 71, 87, 91
직선축 · · · · · · · · · · · · · · · · · · · · · · · · · · · · · · · · · · 74
쪽마루 · · · · · · · · · · · · · · · · · · · · · · · · · · · · · · · · · · 14
참선 · · · · · · · · · · · · · · · · · · · · · · · · · · · · · · 13, 35, 40
창방 · · · · · · · · · · · · · · · · · · · · · · · · · · · · · · · · · 49, 114
창파당(滄波堂) · · · · · · · · · · · · · · · · · · · · · · · · · · · 27
천보루(天保樓) · · · · · · · · · · · · · · · · · · · · · · · · 14, 15
천불전(千佛殿) · · · · · · · · · · · · · · · · · · · · · · · · · · · 27
천축사 · · · · · · · · · · · · · · · · · · · · · · · · · · · · · · · · · · 12
    16, 17, 18, 20, 22, 23, 28, 29, 30, 54, 58, 69, 78, 79,
    91, 92
청련사 · · · · · · · · · · · · · · · · · · · · · · 20, 57, 67, 69, 79
청원사 · · · · · · · · · · · · · · · · · · · · · · · · · · · · · · · · · · 12
    14, 16, 17, 19, 20, 22, 29, 30, 56, 58, 64, 68, 69, 71,
    73, 75, 76, 86, 90, 91
초익공 · · · · · · · · · · · · · · · · · · · 112, 113, 114, 116, 117
취두 · · · · · · · · · · · · · · · · · · · · · · · · · · · · · · · · 118, 119
칠장사 · · · · · · · · · · · · · · · · · · · 10, 13, 19, 21, 22, 23, 24
태청루 · · · · · · · · · · · · · · · · · · · · · · · · · · · · · 19, 21, 22
통불교(通佛敎) · · · · · · · · · · · · · · · · · · · · · · · · · · · 11
툇마루 · · · · · · · · · · · · · · · · · · · · · · · · · · · · · · · · · · 28
    29, 30, 49, 72, 76, 77, 78, 90, 91, 94, 101, 104, 108,
    113, 120, 121, 122
판벽 · · · · · · · · · · · · · · · · · · · · · · 107, 108, 109, 111, 122
판석 · · · · · · · · · · · · · · · · · · · · · · · · · · · · · · · · · 107, 108

팔상전 · · · · · · · · · · · · · · · · · · · · 33, 35, 38, 42, 43, 45
평면 · · · · · · · · · · · · · · · · · · · · · · · · · · · · · · · · · · · · · 12
    15, 28, 29, 30, 31, 43, 48, 49, 68, 69, 70, 78, 89, 90,
    92, 96, 98
평천장 · · · · · · · · · · · · · · · · · · · · · · · · · · · 48, 120, 121
풍수지리 · · · · · · · · · · · · · · · · · · · · · · · · · · · · · · 89, 96
하향각 · · · · · · · · · · · · · · · · · · · · · · · · · · · · · · · · 77, 96
한용운 · · · · · · · · · · · · · · · · · · · · · · · · · · · · · · · · · · 40
해인사 · · · · · · · · · · · · 31, 32, 43, 46, 47, 48, 50, 51, 93, 94, 95
행각(行閣) · · · · · · · · · · · · · · · · · · · · · · · · · · · · · · · 14
현등사 · · · · · · · · · · · · · · · · · · · · · · · · · · · · · · · · · · 19
홍살 · · · · · · · · · · · · · · · · · · · · · · · · · · · 70, 111, 112, 122
홍제암 · · · · · · · · · · · · 31, 32, 43, 46, 47, 48, 50, 51, 93, 94, 95
화계사 · · · · · · · · · · · 11, 12, 14, 16, 19, 22, 29, 30, 54, 5 8
    61, 69, 71, 72, 73, 74, 76, 77, 78, 82, 90, 91, 97, 99,
    100, 101, 104, 108, 111, 113, 114, 115, 117, 119, 120
화주(化主) · · · · · · · · · · · · · · · · · · · · · · · · · · · · · · · 18
    26, 28, 29, 44, 45, 68, 70, 78, 89, 90, 94, 95
환기창 · · · · · · · · · · · · · · · · · · · · · · · · · · 110, 111, 122,
홍국사(고양) · · · · · · · · · · · · · · · · · · · · · · · · · · · · · 52
    57, 58, 65, 68, 69, 70, 71, 72, 75, 76, 77, 88, 97, 99,
    101, 102, 103, 104, 105, 106, 108, 111, 113, 114, 116,
    117, 119, 120, 120, 121
홍국사(남양주) · · · · · · · · · · · · · · · · · · · · · · · · · · · 10
    12, 13, 16, 19, 21, 22, 23, 24, 29, 30, 55, 56, 62, 69,
    71, 72, 74, 76, 77, 78, 83, 89, 90, 91, 97, 99, 100, 101,
    104, 105, 107, 108, 109, 110, 111, 112, 113, 114, 115,
    117, 119, 120
홍천사 · · · · · · · · · · · · · · · · · · · · · · · · · · · · · · · · · · 12
    16, 19, 21, 22, 29, 30, 54, 58, 61, 69, 71, 72, 76, 77,
    78, 81, 89, 91, 97, 99, 101, 104, 107, 108, 110, 111,
    112, 113, 114, 115, 117, 118, 119, 120, 120, 122

# 한국건축문화유산
## 사찰대방건축
### THE DAEBANG BUILDING IN BUDDHIST TEMPLES OF KOREA

지은이 · 사진 : 김 성 도

초판인쇄 : 2007년 6월 5일
초판발행 : 2007년 6월 11일

펴 낸 곳 : 도서출판 고려
펴 낸 이 : 권 영 석
출판등록 : 1994년 8월 1일(제 2-1794호)
주　　소 : 서울시 중구 인현동2가 192-30 신성상가 306호
전　　화 : 02-2277-1424　　팩스 : 02-2277-1947
E - m a i l : koprint@hanmail.net
I S B N : 978-89-87936-18-5-03540

---

※ 잘못된 책은 바꾸어 드립니다.
※ 값은 뒤표지에 있습니다.
※ 저작권자의 허락 없이 이 책의 일부 또는 전체를 무단
　　복제, 전제, 발췌하면 저작권법에 의해 처벌을 받습니다.